W0364953

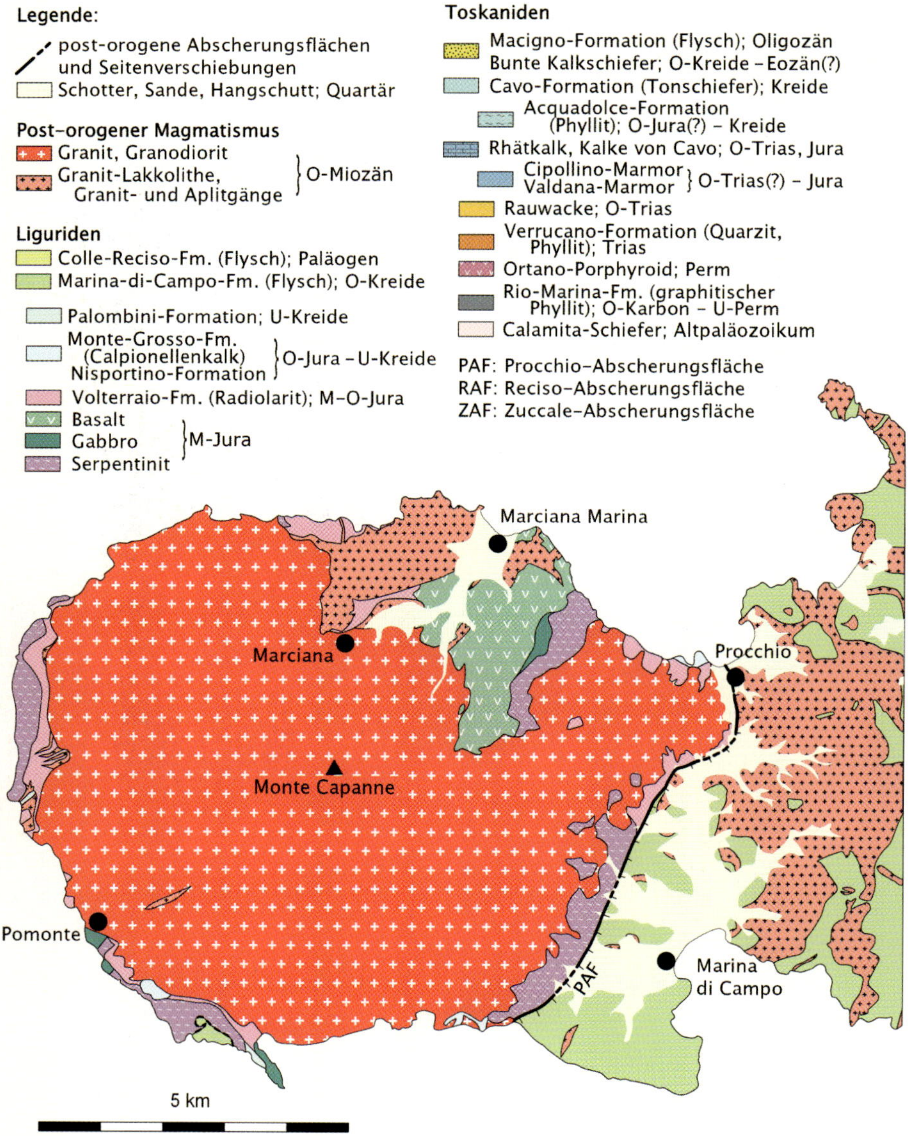

Geologische Karte von Elba

(Grundlage: Trevisan & Marinelli, 1967)

SAMMLUNG GEOLOGISCHER FÜHRER

Herausgegeben von Peter Rothe

Band 98

GEBRÜDER BORNTRAEGER • BERLIN • STUTTGART • 2008

SAMMLUNG GEOLOGISCHER FÜHRER

Tektonische Gliederung

(Einheiten 1–5: s. Tabelle 1)

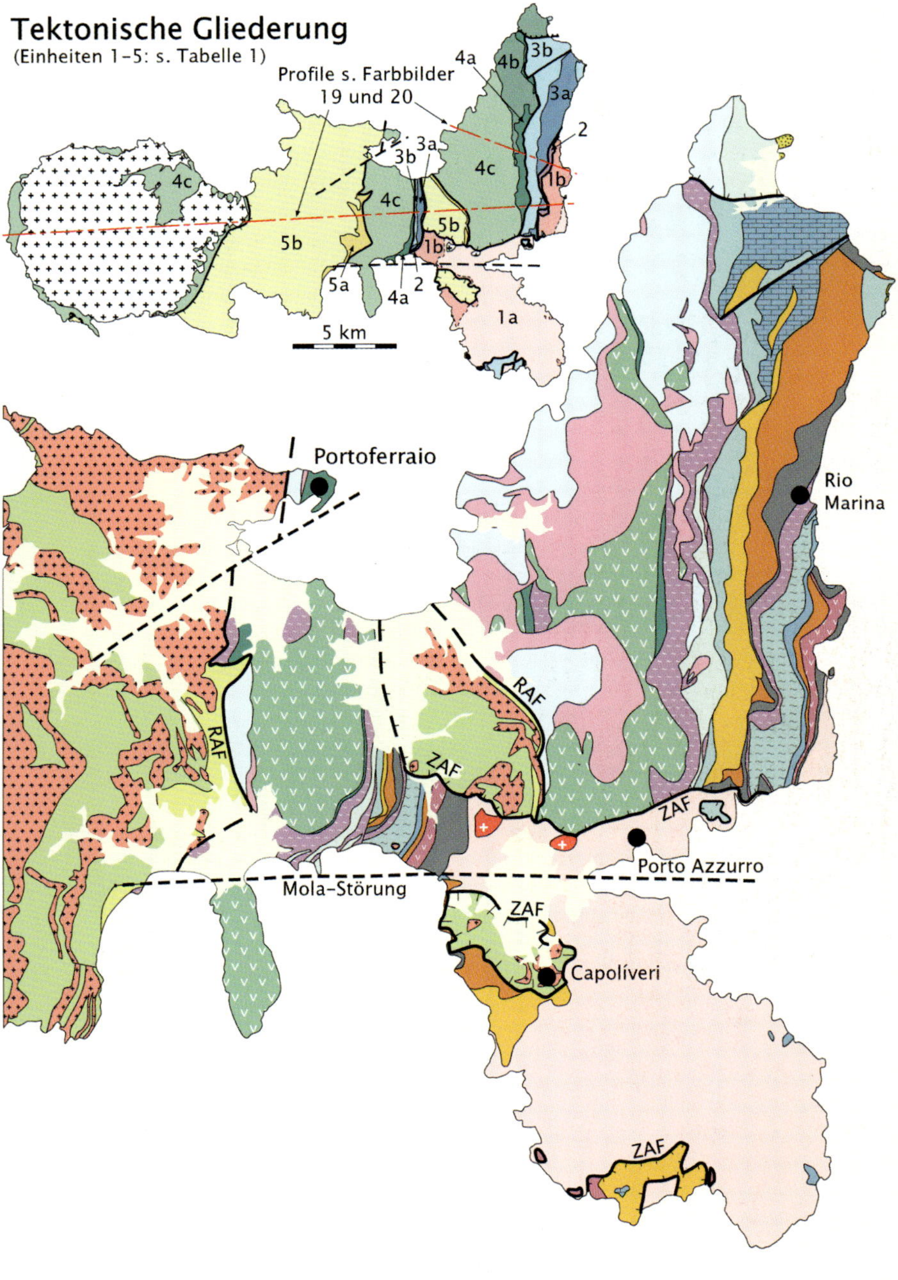

Elba

Geologie, Struktur, Exkursionen und Natur

von

Wolfgang Frisch, Martin Meschede
und Joachim Kuhlemann

mit 104 Farbbildern, 24 Abbildungen, 3 Tabellen und vielen Routenkärtchen im Text sowie einer geologischen Karte, einer Übersichtskarte und einer Zeittafel im Vorsatz vorn und hinten

GEBRÜDER BORNTRAEGER • BERLIN • STUTTGART • 2008

Titelbild: Capo Bianco bei Portoferraio (Exkursionspunkt 26)

ISBN 978-3-443-15082-2 / ISSN 0343-737 X
© 2008 by Gebrüder Borntraeger, Berlin-Stuttgart
Alle Rechte, auch die der Übersetzung, des auszugsweisen Nachdrucks, der Herstellung von Mikrofilmen und der photomechanischen Wiedergabe, vorbehalten.
Gedruckt auf alterungsbeständigem Papier nach ISO 9706-1994
Verlag: Gebrüder Borntraeger Verlagsbuchhandlung, Johannesstraße 3A, D-70176 Stuttgart
E-mail: mail@schweizerbart.de
Internet: http://www.borntraeger-cramer.de
Satz u. Druck: Tutte Druckerei GmbH, Salzweg b. Passau

Inhalt

Vorwort

Dieses Buch will nicht nur ein geologischer Führer sein, der geologische Aufschlüsse der Insel Elba beschreibt, sondern vielmehr auch ein Lehrbuch, das dem Leser am Objekt viele verschiedene geologische Erscheinungen und Prozesse näher bringt – sei es, dass es sich um die Abfolgen eines Ozeanbodens und seiner darauf abgelagerten Tiefseesedimente, Sedimente eines Schelfmeeres, tektonische Erscheinungen, metamorphe Umwandlungen von Gesteinen, die Abfolge geologisch sehr junger granitischer Intrusionen oder um die berühmten Eisenerzlagerstätten handelt. Der Führer soll einen breiten Interessentenkreis ansprechen: geologische Fachleute ebenso wie interessierte Laien, Sammler (obwohl das Sammeln auf Elba nicht erlaubt ist), Lehrer oder Studierende – viele Universitätsinstitute führen regelmäßig Kurse auf Elba durch. Er enthält zudem zahlreiche neue wissenschaftliche Erkenntnisse der Autoren, die auf langjährigen Untersuchungen im Gelände beruhen und zum Teil hier erstmals veröffentlicht werden.

Die Exkursionspunkte sind alle gut erreichbar (ein Fahrzeug sollte man aber zur Verfügung haben) und leicht zu finden. Vielfach sind sie landschaftlich von herausragender Schönheit und viele laden zu einem angenehmen Bad in felsigen Buchten oder an kurzen, felsgesäumten Stränden ein. Diese Vorzüge werden dem Leser ebenfalls mitgeteilt, was für die Planung eines Tages, der Interessantes mit Angenehmem verbinden soll, sehr von Nutzen sein kann.

Der Führer vermittelt nicht nur geologisches Wissen. Die vorangestellten Kapitel befassen sich vielmehr mit Geschichte, Klima, Flora und Fauna. Die Geschichte wurde etwas ausführlicher dargestellt, ist sie doch sehr abwechslungsreich und spiegelt die besondere geographische und wirtschaftliche Stellung der Insel schon seit der Antike wider. Sie wurde schließlich von der Geologie der Insel ganz wesentlich mitgeprägt: die Eisenerzvorkommen spielten schon zur Zeit der Etrusker und Römer eine herausragende Rolle für die damalige Welt und waren auch noch in den beiden Weltkriegen des 20. Jh. von überregionaler Bedeutung. Aus diesem Grund gab es während der letzten dreitausend Jahre um Elba immer wieder ein Gezerre der Großmächte.

Der Führer will Wissen auf breiter Basis vermitteln. Da Elba gerade im deutschen Sprachraum ein bevorzugtes Reiseziel ist, hoffen wir, dass er eine gute

Verbreitung findet und die Begeisterung für die Geologie der Insel wie der Geologie im Allgemeinen fördert.

Tübingen und Greifswald, im November 2007

Wolfgang Frisch
Martin Meschede
Joachim Kuhlemann

1. Einführung

Elba ist die größte der sieben Perlen, die die Liebesgöttin Venus verlor, als sie dem Meer entstieg (Abb. 1). Mit einer Fläche von 223 km^2 ist sie mehr als dreimal so groß wie die sechs anderen Inseln des Toskanischen Archipels zusammen. Ihre längste Erstreckung beträgt 29 km, die Länge der zergliederten Küste

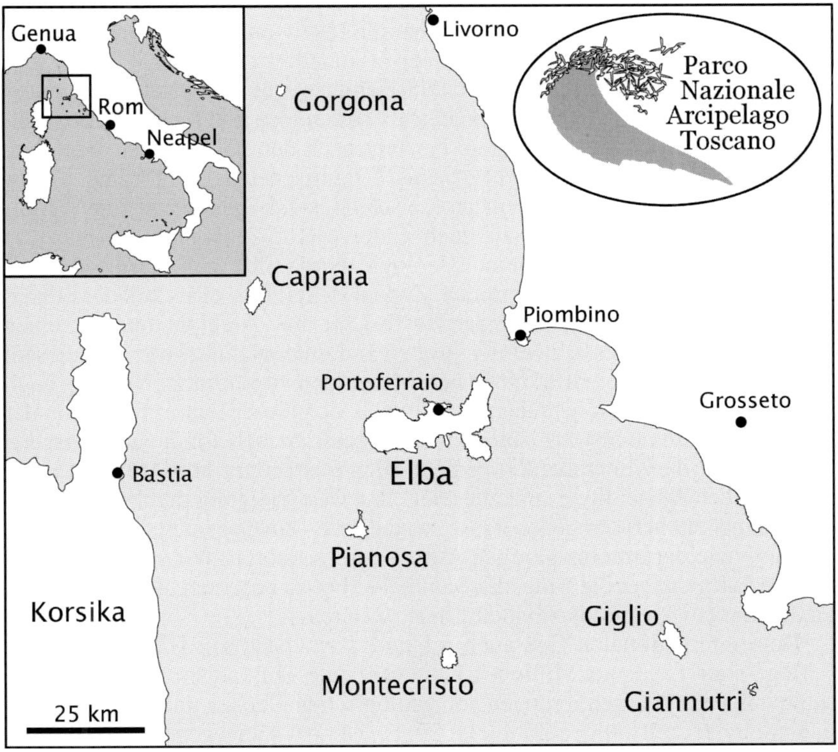

Abb. 1: Die sieben Perlen des toskanischen Archipels, Nationalparkzeichen.

wird mit 147 km angegeben. Elba hat etwa 30 000 Einwohner, diese Zahl gilt aber wohl nur für den Winter ...

Elba bietet nicht nur dem Geologen, sondern allgemein dem Naturliebhaber oder kulturell Interessierten eine Menge an Sehens- und Erlebenswertem. Der Gebirgsstock des Monte Capanne (Farbbild 1) oder der lange Rücken des Nordostsporns der Insel bieten dem Wanderer und Naturbeobachter viele Möglichkeiten. Viele Ortschaften strahlen mit ihren engen Gässchen und baulichen Details einen besonderen Reiz aus (Farbbilder 2-4), wenngleich kulturgeschichtlich wirklich bedeutende Bauwerke eher selten sind.

Während der quartären Vereisungen war Elba keine Insel, vielmehr war sie zusammen mit der Nachbarinsel Pianosa mit dem italienischen Festland verbunden. Durch die Bindung von Wasser in den Eismassen sank während der Hauptvereisungen der Meeresspiegel bis zu 125 m ab. Die knapp 10 km breite Meeresstraße von Piombino, die heute die Insel vom Festland trennt, weist hingegen eine Wassertiefe von nur knapp 50 m auf.

Geologisch ist Elba Teil der Apennin-Halbinsel mit den gleichen Einheiten wie das Festland – vor allem den beiden als Toskaniden und Liguriden bezeichneten geologischen Großeinheiten, benannt nach den italienischen Regionen Toscana und Liguria entlang der tyrrhenisch-ligurischen Küste. Darüber hinaus bietet Elba aber auf engem Raum geologische Besonderheiten und eine Vielfältigkeit, die die Insel geradezu zu einem Eldorado für Geologen machen.

Nicht zuletzt auch wegen seiner Geologie wurde Elba in die „World Heritage List“ der UNESCO aufgenommen. Zudem steht die Insel als Teil des „Parco Nazionale Arcipelago Toscano“, der den Toskanischen Archipel mitsamt seinen Meeresgebieten umfasst, zu einem großen Teil unter Naturschutz. Aus diesem Grund ist es nicht nur strikt untersagt, Mineralien zu sammeln, sondern auch geologische Proben zu nehmen. Deshalb hält sich dieser Führer bezüglich der Mineralfundpunkte bewusst zurück und konzentriert sich auf die geologischen Hintergründe der Mineralvorkommen und das Verständnis ihres Auftretens. Die geologischen Aufschlüsse sind allesamt ohne Beschädigung durch den Geologenhammer auf hervorragende Weise zu studieren – im Gegenteil: Beprobungen würden viele der oft einzigartigen Aufschlüsse zerstören. Wir verknüpfen mit diesem Führer daher die Bitte, das Sammelverbot zu beachten und sich einfach an der einmaligen Naturschönheit Elbas zu erfreuen.

Dem internationalen Gebrauch folgend wird Osten mit E abgekürzt. Ma („Mega-anni“) bedeutet Millionen Jahre vor heute. Himmelsrichtungen im Zusammenhang mit Orientierungen von geologischen Flächen und Linearen werden mit einer dreistelligen Zahl (N: 000, E: 090 usw.) angegeben. Bei Fallwerten bedeutet z.B. 225/30, dass eine Fläche oder ein Linear 30° steil in Richtung SW (225°) einfällt.

Im Text finden sich Hinweise auf die Schwarzweiß-Abbildungen („Abb.“) sowie die in den Farbtafeln enthaltenen Farbbilder, deren Auffinden über die Kopfzeilen der Farbtafeln erleichtert wird. Die geologische Farbkarte und die tektonische Gliederung auf den vorderen Umschlaginnenseiten sollten immer wieder zu Rate gezogen werden; auf sie wird im Text nicht eigens verwiesen. Ebenso sind die geologische Zeittabelle und das Kärtchen mit den Exkursionspunkten auf den hinteren Umschlaginnenseiten für den häufigen und schnellen Zugriff gedacht. Verweise im Text und bei den Farbbildern auf einzelne Exkursionpunkte erfolgen unter dem Kürzel „EP“ und der entsprechenden Nummer des Exkursionspunkts. Jeder Exkursionspunkt ist mit Hilfe eines Lagekärtchens und der genauen Koordinaten, wie sie mit einem GPS-Gerät ermittelt werden können, leicht und sicher zu finden.

Das Buch enthält kein Glossar, aber über das Stichwortverzeichnis findet man schnell zu den Begriffen im Text und zu jenen Stellen, wo diese allgemein verständlich erklärt werden.

Besonderer Dank gebührt Prof. Dr. Bernd Lammerer von der Ludwig-Maximilians-Universität München, der den Erstautor dieses Führers vor vielen Jahren für die Geologie der Insel Elba begeistert hatte. Wir danken auch Prof. Dr. Hans-Jürgen Gawlick, Montan-Universität Leoben, für die kritische Durchsicht des Manuskripts und wertvolle Hinweise. Dem Verlag danken wir für die gute Zusammenarbeit und die schöne Ausstattung des Führers.

2. Geschichte und Kulturgeschichte Elbas

2.1 Die vorgeschichtliche Zeit

Die ältesten Spuren des Menschen auf Elba sind Steinwerkzeuge (vor allem Steinäxte und Klingen aus Obsidian – einem rhyolithischen Gesteinsglas – und Chalcedon – einer feinkristallinen Abart von Quarz) aus der mittleren Altsteinzeit (ca. 200 000–40 000 Jahre vor heute). Funde im Fosso Reale östlich von Porto Azzurro, bei Lacona, bei Marina di Campo und bei Sant‘Andrea (Abb. 2) stammen aus dem Moustérien, das von der letzten Zwischeneiszeit (Eem-Warmzeit) bis in die mittlere Würm-Eiszeit reicht (ca. 125 000–40 000 Jahre vor heute). Sichere Datierungen gibt es nur aus der Endzeit dieser Periode (ca. 55 000–40 000 Jahre vor heute). Zu dieser Zeit war Elba von Neandertalern besiedelt, die in festen Behausungen lebten.

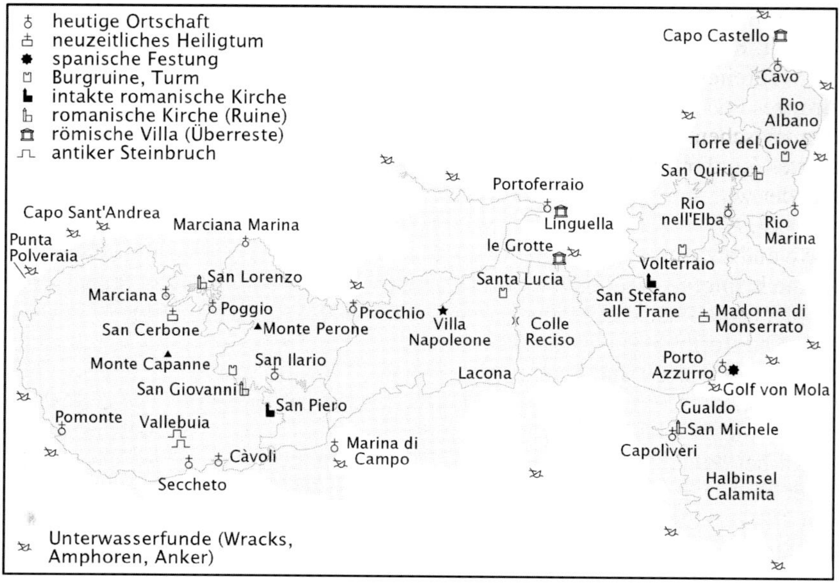

Abb. 2: Kulturgeschichtliche Denkmäler Elbas (nach Carta geo-mineralogica dell'Isola d'Elba 1995).

Als Elba während der Vereisungsphasen zusammen mit Pianosa eine große Halbinsel war, die sich vom toskanischen Festland gegen die zusammengewachsene Insel „Korsardinien" vorschob, konnten neben dem Menschen auch Bär, Flusspferd, Nashorn und viele Pflanzen über die Landbrücke Elba erreichen. Um 30 000 Jahre vor heute wanderte der Crô-Magnon-Mensch, unser direkter Vorfahre, nach Elba ein – vermutlich hat er sich auf der Insel nie mit dem Neandertaler getroffen. Vor 12 000 Jahren endete die kontinentale Phase Elbas endgültig. Ein Wandern zwischen dem Festland und der Insel war nun für die großen Säugetiere nicht mehr möglich, was allmählich die bis dahin geübte jägerische Lebensweise in den Hintergrund drängte. In der Jungsteinzeit (ca. 10 000 bis 4000 Jahre vor heute) wurde die Bevölkerung dichter und hinterließ immer zahlreicher werdende Zeugnisse, wie Funde von der Halbinsel Calamita, bei Lacona, am Colle Reciso, bei San Ilario, Càvoli und andernorts zeigen. Die Inselbewohner hatten nun die Viehzucht, den Getreidebau, die Schifffahrt und die Keramikherstellung erlernt. Jungsteinzeitliche Pfeilspitzen, Klingen und Äxte wurden ab etwa 6000 v. Chr. aus Sandstein, Diorit und Obsidian hergestellt. Keramik gewann zunehmend an Bedeutung.

Verbreitet finden sich Siedlungsreste und andere Spuren aus der Kupfer-, Bronze- und Eisenzeit. Als Kupferzeit (oder Kupfersteinzeit) bezeichnet man den zwischen Jungsteinzeit und Bronzezeit liegenden Abschnitt, in dem unlegiertes Kupfer zur Herstellung von Waffen, Gegenständen und Schmuck verwendet wurde und der in Italien mehrere Jahrhunderte um etwa 2000 v. Chr. umfasst. Aus ihr stammen Gegenstände aus Kupfer und Keramik, die z.B. bei Cavo und auf der Halbinsel Calamita gefunden wurden. Auf Elba gibt es mehrere kleine Kupfervererzungen. Es ist wahrscheinlich, dass diese bereits früh, in der Kupfer- oder Bronzezeit, abgebaut wurden: am Colle Reciso in Mittelelba fand man Gussformen aus dieser Zeit. In Mittelitalien ist in der Übergangsperiode zwischen Steinzeit und Bronzezeit um 2000–1800 v. Chr. die nach einem Gräberfeld in der Nähe des Bolsenasees benannte Rinaldone-Kultur bezeichnend. Spuren dieser Kulturepoche finden sich auch über die Insel verstreut, aber vor allem bei San Giuseppe zwischen Rio Marina und Rio nell'Elba, wo man in einer Grabanlage in einer Höhle reiche Keramik-Beigaben fand. Zu dieser Zeit war Elba bereits ein wichtiger Kreuzungspunkt von Handelswegen und hatte offenbar wirtschaftliche Bedeutung erlangt.

Im 2. Jahrtausend v. Chr. löste die von Osten her in den Mittelmeerraum eingeführte Herstellung von Bronze eine industrielle Revolution aus. In Mittel- und Süditalien bildete sich eine Kulturgruppe heraus, die als „apenninisch" bezeichnet wird, sich unter anderem aus der Rinaldone-Kultur entwickelt hatte und ihren Höhepunkt im 14. und 13. Jh. v. Chr. hatte. Auf Elba sind Relikte aus dieser Zeit selten und lückenhaft, denn nach der Blüte in der Rinaldone-Epoche scheint Elba wieder mehr in Vergessenheit geraten zu sein. Es hat den Anschein, dass das Kupfer – der Hauptbestandteil der Bronze – auf der Insel zur Neige gegangen war und dadurch der Handel mit dem Festland erlahmte. Rund um den Monte Capanne (z.B. bei Pomonte und am Monte Perone an der Capanne-Ostflanke) gibt es Überreste von hochgelegenen Siedlungen aus der späten Bronzezeit, die der Apenninischen Kultur zugeordnet werden. Äxte und andere Werkzeuge aus Bronze wurden teilweise auf die späte Bronzezeit um 1000 v. Chr. und die frühe Eisenzeit (ab ca. 800 v. Chr.) datiert.

Der Apenninischen Kultur werden auch bei Seccheto an der Capanne-Südseite und bei Lacona in Mittelelba gefundene megalithische Bauwerke (Gräber, Menhire, Mauern) zugeordnet. Der megalithische Charakter lässt Verbindungen zwischen den mythischen „Ilvates" (die im ligurisch-tyrrhenischen Raum siedelten und von denen sich der lateinische Name „Ilva" für Elba ableitet) und den bronzezeitlichen Megalithkulturen im Mittelmeerraum und in Westeuropa vermuten. In der späten Apenninischen Epoche erfolgte schließlich die allmähliche Besiedlung der Küste durch ägäische Völker, Phönizier und Etrusker.

Mit Beginn der Eisenzeit im frühen 1. Jt. v. Chr. setzte die erste, viele Jahrhunderte währende Epoche ein, in der die Bergbautätigkeit die Kultur der Insel wesentlich geprägt hat. Der Abbau von Eisenerz ist seit dem 8. Jh. v. Chr. nachgewiesen (so z.B. in Rio Albano), als die Villanova-Kultur (10.–8. Jh. v. Chr., benannt nach einem Urnengräberfeld bei Bologna) von der etruskischen Kultur abgelöst wurde. Die Menschen lebten zu dieser Zeit in Hütten in hochgelegenen Siedlungen an den Hängen des Monte Capanne, die sich an Wände und Höhlen anschmiegten und einen defensiven Charakter vermitteln.

2.2 Die etruskisch-römische Epoche

Im 9. und 8. vorchristlichen Jahrhundert etablierte sich in Mittelitalien eine Volksgruppe unbekannter Herkunft. Möglicherweise kam sie aus dem Orient, doch wird auch vermutet, dass sie bodenständig aus den Menschen der Villanova-Kultur hervorging. Ihre hochstehende Kultur bildet einen Kontrast zur vorangegangenen Zeit. Diese Menschen nannten sich Rasna oder Rasenna, von den Römern wurden sie als Etrusker (Etrusci oder Tusci – wovon sich die „Toskana“ ableitet), von den Griechen, von deren Kultur sie viel übernommen hatten, als Tyrrhener oder Tyrsener bezeichnet.

Die Etrusker waren die Ersten, die Eisen in großer Menge herstellen konnten (zuvor wurde es als Schmuck und für Gerätschaften benutzt), was zur Verwendung als Waffen mit all den politischen Konsequenzen führte. Elba erfuhr durch die Eisenerzgewinnung eine wirtschaftliche und kulturelle Blütezeit. Es entwickelte sich ein reger Schiffshandel, Schiffer und Händler aus dem gesamten Mittelmeerraum wurden angezogen. Die Etrusker kontrollierten die Eisenerzgewinnung auf Elba und auf dem Festland. Die Toskana ist voll von alten Gruben, Öfen und Abraumhalden, die zu jener Zeit eine äußerst rege Bergbautätigkeit belegen. Die Metallgewinnung und -verarbeitung begründeten Macht und Reichtum des etruskischen Zwölfstädtebundes. Qualität und Menge des elbanischen Erzes waren unübertroffen und gaben in der Mitte dieses Jahrtausends, zur Zeit der Hochblüte der etruskischen Kultur, der Insel eine herausragende Bedeutung.

Die Eisenerz-Lagerstätten Elbas befinden sich an der Ostküste. Das Erz konnte von dort aus leicht verschifft werden, wurde aber auch auf der Insel selbst verhüttet – und zwar sowohl in der Nähe der Lagerstätten als auch in Mittel- und Westelba. Die Öfen entwickelten sich zwischen 8. und 6. Jh. v. Chr.

von niedrigen Formen, die etwa 900 °C erreichten, zu fast 2 m hohen zylindrischen Formen, die etwa 1300 °C erreichten – noch nicht genug, um Eisen zu schmelzen (dies gelang erst im Mittelalter und in größerem Maßstab mit den Hochöfen und ihren unmittelbaren Vorläufern im 18./19. Jh.). Vielmehr wurde das ziemlich reine oxidische Erz (vor allem Hämatit) in den Schachtöfen unter Verwendung von Holzkohle und Blasebälgen reduziert, die so gewonnenen Erzklumpen wurden dann ausgeschmiedet. Bei 1300 °C wird der Großteil der silikatischen Beimengungen bereits ausgetrieben. Die Etrusker brachten es auf etwa 60 % Ausbeute des im Erz enthaltenen Eisens – ein Wert, den in der Folgezeit die Römer mit 40 % nicht erreichten.

Die Tage der elbanischen Eisenerzverhüttung waren aber gezählt, weil die Holzvorräte auf der Insel begrenzt und folglich irgendwann erschöpft waren. Aus diesem Grund verlagerte sich die Erzverhüttung nach Pupluna an der gegenüberliegenden Festlandsküste, 10 km nördlich des heutigen Hafens Piombino gelegen. Das etruskische Pupluna oder Fufluna, im 12. Jh. v. Chr. von griechischen Kolonisten gegründet, von den Römern später Populonium und heute Populonia genannt, entwickelte sich zur Industriemetropole, in der die Eisenerze Elbas und die Eisen- und Kupfererze des Festlands verhüttet wurden. Das benötigte Holz für die Öfen wurde mit Hilfe einer ausgeklügelten Forstwirtschaft mit systematischem Einschlag und Wiederaufforstung in einem zwanzigjährigen Rhythmus („Zwanzigfelderwirtschaft") gewonnen. Die antiken Schlackenhalden von Populonium wurden ab 1920 nochmals zur Erzgewinnung herangezogen. Unter den Schlackenschichten kamen etruskische Gräberfelder zum Vorschein, wodurch das Platzproblem mit dem Abraum im Altertum deutlich vor Augen geführt wird. Die Ausbeutung der alten Schlacken hielt bis in 1970er-Jahre an.

Rom war um 575 v. Chr. unter der Herrschaft des etruskischen Geschlechts der Tarquinier aus Einzelsiedlungen hervorgegangen (nach der Legende entstand es bereits 753), entwickelte sich aber bald zum Rivalen. Der Etruskerkönig Porsenna vehängte ein Exportverbot des Eisens nach Rom, und auch nachdem er die Stadt 504 v. Chr. erobert hatte, durften die Römer das Metall nur für landwirtschaftliche Zwecke nutzen und keine Waffen selbst herstellen – politische Druckmittel, die sich bis in die heutige Zeit bewährt haben. Die Blütezeit Etruriens ging aber in der ersten Hälfte des 5. Jh. zu Ende, in den folgenden Jahrhunderten vollzog sich der Niedergang.

Von ihrer Kolonie Syrakus auf Sizilien aus griffen die Griechen die Insel Elba wegen ihrer kriegstechnisch bedeutenden Lagerstätten Mitte des 5. Jh. v. Chr. an und besetzten und verwüsteten sie zeitweilig. Den Griechen verdanken wir die ersten überlieferten Namen auf Elba. Sie nannten die Insel Aithalia, die

Rußige (aithalos, *griech.* Ruß), was auf die zahlreichen Öfen zur Erzverhüttung hinweist, deren Rußfahnen weithin sichtbar waren. Der Hafen Argóo im Bereich der heutigen Hauptstadt Portoferraio verdankte seinen Namen den weiß leuchtenden Felsen (argós, *griech.* weiß strahlend) an der nahe gelegenen, zum offenen Meer hin ausgerichteten Steilküste (EP 26). Die Legende freilich besagt, dass der Name von den Argonauten stammt, die auf Jasons Schiff Argó (von argós, *griech.* schnell) das Mittelmeer durchkreuzten und auf der Suche nach dem Goldenen Vlies in der Bucht von Portoferraio landeten.

Die Elbaner zogen ihre Lehren aus den griechischen Überfällen und bauten ein Netz von hoch gelegenen Festungen in Sichtweite als Wacht- und Warnsystem. Spärliche Reste davon finden sich in Mittel- und Westelba. Ab dem 4. Jh. v. Chr. werden dann die Spuren der Römer, die die Griechen vertrieben, auf der Insel deutlich. Jahrhundertelange Kämpfe zwischen dem etruskischen Städtebund und Rom brachten Elba immer mehr unter römischen Einfluss. Mehrere Schlachten zwischen 303 und 264 v. Chr. führten zur dauerhaften Unterwerfung Etruriens durch Rom. Die elbanischen Festungen wurden verwüstet und angezündet. Die Punischen Kriege zwischen 264 und 146 v. Chr. brachten aber auch in der Folgezeit Unruhe und machten die erneute Errichtung von Verteidigungsanlagen auf der Insel nötig.

Aus der etruskisch-römischen Zeit gibt es verschiedenenorts Schlackenkegel aus der Erzverhüttung – eine klare Zuordnung der Schlacken zu dieser frühen Periode der Eisengewinnung ist aber nicht immer möglich. Im zweiten und ersten vorchristlichen Jahrhundert erreichte die Erzgewinnung auf Elba einen Höhepunkt und trug ganz wesentlich zu den kriegerischen Erfolgen der Römer bei. In der Kaiserzeit folgte dann eine Krise, der elbanische Bergbau kam aus ungeklärter Ursache zum Erliegen. Möglicherweise standen weder auf der Insel noch auf dem Festland Wälder für die Gewinnung der Holzkohle mehr zur Verfügung. Die Eisenerzgewinnung verlagerte sich nach Noricum (das um 15 v. Chr. dem Imperium eingegliedert wurde) und auf die Iberische Halbinsel. Vielleicht wollte Rom auch nur die nahe gelegenen elbanischen Lagerstätten als strategische Reserve schonen.

Wenn auch die Erzgewinnung zum Erliegen kam, so waren die Römer dennoch weiter an Elba interessiert: als Lieferant von Baustein, und zwar vor allem den Graniten an der Südseite des Monte Capanne. Antike Steinbrüche befinden sich bei Seccheto (Abb. 2). Hier sind noch Reste von antiken Säulen, die zum Teil im Entstehen begriffen waren, zu sehen. Säulen aus elbanischem Granit finden sich vielerorts in Rom; im Archäologischen Museum von Portoferraio ist ein Herkulesaltar zu bewundern.

Aufgrund seiner geographischen Position erfreute sich Elba in der Blütezeit des Imperiums eines blühenden Handels, nachdem die Staatsmacht in der ersten Hälfte des 1. Jh. v. Chr. die Piraterie unterbunden hatte und der Schiffsverkehr allgemein einen Aufschwung erlebte. Elbas Häfen waren in verschiedene Schifffahrtsrouten des westlichen Mittelmeers fest eingebunden. In der berühmten Tabula Peutingeriana, einer mittelalterlichen Kopie einer römischen Karte, ist der Hafen Portus longus („langer Hafen"), das heutige Porto Azzurro („blauer Hafen", ein Name, der erst zu Beginn des 20. Jh. eingeführt wurde und „Porto Longone" verdrängte), verzeichnet. Die bedeutendste Siedlung Elbas war schon damals das heutige Portoferraio, von den Römern angeblich Fabricia genannt, ein Name, der aber erst im 18. Jh. aufkam. Elbanische Siedlungen, deren Name mit Sicherheit auf die Römerzeit zurückgehen, sind Capolìveri (Caput liberum; „freies Haupt"? – die Bedeutung ist umstritten), Marciana (Marcius oder Marcianus, ein Name), Pomonte (Post montem, „hinterm Berg") und Rio (Rivus, „kleiner Fluss").

Aus der etruskischen Ära sind Gräber, Reste von Festungsanlagen, Werkzeuge und Keramik überliefert. Über dem Tal, in dem sich die Villa Napoleone südwestlich von Portoferraio befindet, thronte in etruskischer und etruskisch-römischer Zeit eine Festung (5.–2. Jh. v. Chr.). Bei Le Trane (nahe San Stefano), dessen Name vermutlich auf eine römische Ansiedlung namens Latrani zurück geht, wurde ein etruskisches Grab aus dem 6.–5. Jh. v. Chr. gefunden. In der Gegend um Capolìveri gibt es einen Gräberkomplex aus der Periode zwischen dem 3. vorchristlichen und dem 4. nachchristlichen Jahrhundert. In San Piero, wo die mittelalterliche Festungskirche Sankt Peter und Paul steht, befand sich ein römischer Tempel, der dem Glaucus gewidmet war (Glaukos war in der griechischen Mythologie ein Fischer, der zu einem Meeresgott erhoben wurde; andererseits wird er als Sohn des Meeresgottes Nereus beschrieben). Wenig südlich von Procchio befand sich vermutlich das antike Montemarsale, eine römische Gründung, die im Mittelalter von sarazenischen Piraten zerstört wurde.

Um die Zeitenwende wurden luxuriöse Villen gebaut. Nach dem Niedergang des Bergbaus hatte Elba offenbar eine gewisse touristische Wertschätzung erlangt. Reste dieser Villen finden sich in Portoferraio (Linguella), südlich der Bucht gegenüber von Portoferraio (le Grotte) und am Capo Castello bei Cavo (Abb. 2). Die Reste der Villa bei le Grotte zeigen Mauern, die in geometrischen Mustern aus lokalem Serpentinit und Kalkstein errichtet wurden. Die Villen wurden bis in die Spätantike genutzt und spätestens im 4. oder 5. Jh. aufgegeben. Ab der Mitte des 2. Jh. n. Chr. setzte der wirtschaftliche und demographische Niedergang Elbas ein. In der folgenden Endzeit des Imperiums wurde Elba christianisiert, Mönche ließen sich nieder.

Am Meeresgrund rund um Elba finden sich zahlreiche Schiffswracks aus der Antike (und natürlich späteren Zeiten) (Abb. 2). Die meisten antiken Schiffsfunde sind römischen Ursprungs aus der Zeit zwischen dem 1. vorchristlichen und dem 2. nachchristlichen Jahrhundert und brachten Amphoren, Anker und Bleigewichte zutage. Überreste von römischen Schiffen aus dem Golf von Procchio und vor dem Capo Sant'Andrea sind im Archäologischen Museum von Marciana ausgestellt. Vor der Punta Polveraia wurden phönizisch-punische Relikte gefunden. Vor der Küste von Porto Azzurro wurden neben römischen Schiffsresten aus der Kaiserzeit auch Funde aus der bis 125 v. Chr. griechischen Kolonie Massalia (Marseille) gehoben.

2.3 Die Zeit nach den Römern, Pisa und der Putsch der Appiani

Wenig bekannt ist über die Zeit des späten römischen Kaiserreichs und die „dunklen Jahrhunderte" nach dessen Zusammenbruch (476 n. Chr.) unter der Herrschaft der Ostgoten, Byzantiner, Langobarden und Franken. Nach dem Zusammenbruch des Imperiums wurde Elba zuerst Teil des Ostgotischen Reichs. Der aus Afrika stammende und später heilig gesprochene Cerbonius, der Bischof von Populonium wurde, floh 570 nach der Eroberung und Zerstörung der Stadt durch die Langobarden (die mit dem langen Beil – barte, *german.* Beil –, nicht die „Langbärte") nach Elba, wo er sich am Nordhang des Monte Capanne niederließ. Dort starb er um 573 und wurde nach Populonium zurückgebracht und begraben. Heute befindet sich seine Grabstätte in Massa Marittima. Zu dieser Zeit stand Elba im Gegensatz zum Festland vermutlich unter byzantinischem Einfluss. Die einsam im Wald nahe Marciana gelegene Kirche von San Cerbone, die in ihrer heutigen Form auf das 16. Jh. zurückgeht, erinnert an die Episode des Cerbonius (Abb. 2). Im 7. Jh. fiel dann auch Elba an die Langobarden. Langsam entwickelten sich neue Zentren auf Elba. Von den Langobarden gibt es keine direkten Zeugnisse, aber sie hinterließen ihre Spuren in verschiedenen Ortsnamen, wie Gualdo („Wald") bei Capolìveri.

755 beendete die Auseinandersetzung zwischen Pippin III. und den Langobarden deren Herrschaft. Durch die so genannte Pippin'sche Schenkung, die unter dubiosen Umständen zustande kam und den Kirchenstaat begründete, gelangten Elba und die anderen Inseln des Archipels unter die Herrschaft des Papstes. Pippins Nachfolger Karl der Große bestätigte die Schenkung. Bald kamen neue Gefahren vom Meer her auf Elba zu: die zerstörerischen Einfälle arabischer bzw. muselmanischer Piraten, die unter dem Namen Sarazenen bekannt

wurden und das ganze Mittelmeer unsicher machten. Im Tyrrhenischen Meer konnten nur die Stadtstaaten Pisa und Genua den Piraten Einhalt gebieten, wobei das Schicksal Elbas vor allem an Pisa gebunden war. Pisa lockte 874 eine muselmanische Flotte in einen Hinterhalt und trug einen großen Sieg davon. Diese und weitere gewagte Aktionen verschafften Pisa um 900 nach und nach die Kontrolle über den Archipel und zudem die Sympathie der Kirche. 1016 schenkte der Papst Elba der Republik Pisa.

Zu Beginn des neuen Jahrtausends war der Schrecken der Elbaner Al Mugehid, genannt Mughetto oder Musetto, der nicht nur Elba und die Festlandsküste, sondern sogar Pisa selbst bedrohte. In dieser Zeit versuchten die Pisaner, Elba mit einem System von Wachttürmen in Sichtweite militärisch zu sichern. So entstanden bereits um 1000 der Befestigungsturm San Giovanni bei San Ilario in Campo (Farbbild 2) und in Folge die Festungsanlagen von Volterraio im Ostteil der Insel (Farbbild 5; EP 16), Luceri (heute Santa Lucia südlich Portoferraio; der ursprüngliche Name ist nicht gesichert) und Marciana (Abb. 2). Im 11. und 12. Jh. entstand auch eine Reihe von – meist einzelstehenden – Kirchen im romanischen Stil, von denen zwei erhalten und noch in Gebrauch sind (San Piero in Campo, San Stefano alle Trane), andere dagegen sind nur als Ruinen zu besichtigen (San Giovanni bei San Ilario, San Lorenzo bei Marciana, San Michele bei Capolìveri) oder vollständig zerstört.

Unter den Pisanern erlebte Elba wieder einen gewissen wirtschaftlichen Aufschwung. Auch die Bergbaue wurden nach einem Jahrtausend der Stilllegung reaktiviert. Verbreitete Erzschlacken und Reste von Öfen zeugen von dieser auflebenden Aktivität. Ab dem 11. Jh. strömten Schmiede auf die Insel und die Bevölkerung nahm wieder zu. Es wurden auch die antiken Granitsteinbrüche bei Seccheto im Westteil der Insel erneut in Betrieb genommen – viele Bauwerke in Pisa zeugen davon. Auf einer liegen gebliebenen Säule im Vallebuia bei Seccheto sind die Arbeiten am Dom von Pisa dargestellt. Erstmals gibt es genaue Angaben über die Siedlungen auf Elba. Ein Dokument von 1162 zeigt neben mehreren Dörfern acht Siedlungszentren auf: Pomonte, Marciana, Giove (heute Poggio), Campo (nicht mehr existent), Ferraia (heute Portoferraio), Capolìveri, Grassera (bei Rio nell'Elba, nicht mehr existent), Rio. Spätestens ab 1259 erhielt Elba den Status einer Capitanìa (einer Art Bezirk oder Provinz), deren Verwaltungssitz Capolìveri war.

Im 12. Jh. bereitete Genua mit andauernden Überfällen neue Schwierigkeiten. Nach einer kurzen Periode der Ruhe eskalierte Mitte des 13. Jh. der Streit zwischen dem Heiligen Römischen Reich und der Kirche, wobei sich Pisa auf die Seite des Reichs, Genua auf die Seite der Kirche schlug. In der Seeschlacht von Meloria bei Livorno erlitt Pisa 1284 eine empfindliche Niederlage und verlor fast seine gesamte Flotte. Damit war der Niedergang Pisas eingeleitet. Zwei Belagerungen führten 1293 zur Besetzung Elbas durch die Genuesen. Um die wichtigste wirtschaftliche Stütze, das Eisen, nicht zu verlieren, kaufte Pisa Elba für eine hohe Summe wieder frei und unterzeichnete mit Genua 1299 ein Friedensabkommen. Zu Beginn des 14. Jh. war Pisa geschwächt und innerlich zerrissen. Dazu kam 1348 die verheerende Pestepidemie, die die Insel mit voller Härte traf. Die Bevölkerung Elbas ging vermutlich von 6000 auf 2000 zurück. Pisa setzte die Elbaner durch hohe Steuern zusätzlich unter Druck, was zu Rebellionen führte. In diese schwierige Zeit fällt ein Papstbesuch auf Elba: Gregor XI. landete 1376 auf der Rückreise vom Exil in Avignon nach Rom mit seiner Flotte im Golf von Mola (bei Porto Azzurro).

In der Republik Pisa putschte sich 1368 Pietro Gambacorti an die Macht. Die Krise des Staates erzeugte Instabilität, und Gambacorti verlor an Rückhalt. 1392 wurde er von seinem Kanzler Jacopo d'Appiani ermordet, der sich selbst aber als unfähig erwies, den von inneren und äußeren Feinden terrorisierten Staat zu lenken. Sein Sohn Gherardo d'Appiani verkaufte den Staat 1399 an den Herzog von Mailand und bekam von diesem als Dank für den Verrat Pisas Piombino, eine seit dem 12. Jh. bezeugte Stadt nahe Populonia, Elba, Pianosa und Montecristo. Der neue Staat konnte sich trotz seiner Schwäche vier Jahrhunderte lang (bis 1801) halten und bildete ab 1594 das Fürstentum Piombino (Principato di Piombino), nachdem die Appiani in den Fürstenstand erhoben worden waren. Die Macht fiel allerdings im 16. Jh. kurzfristig an die Medici, im 17. Jh. an die Familie Ludovisi und 1701 durch Heirat an die Familie Buoncompagni. In dieser Periode gelangte Elba immer mehr in das Interessensfeld der europäischen Großmächte.

Mit der Herrschaft der Appiani, die wenig Autorität genossen, verschlechterte sich die wirtschaftliche Lage zunächst. Bergbaue und Granitsteinbrüche wurden aufgelassen und die Eisenverarbeitung eingestellt, die pisanischen Verwaltungsstrukturen blieben jedoch intakt. Die Insel wurde erneut Ziel von Piratenüberfällen. Immerhin konnte 1442 der Angriff einer sarazenischen Flotte abgewehrt werden, nachdem Hilfstruppen aus Piombino zu Hilfe geeilt waren. Zum ersten Mal konnte die von den Pisanern gegen Ende des 13. Jh. ausgebaute Festung Volterraio ihre Uneinnehmbarkeit unter Beweis stellen, während das wenig befestigte Ferraio vollständig zerstört wurde. Die Festung Volterraio hatte bereits römische und möglichweise etruskische Wurzeln, der Name könnte sich aus dem Etruskischen ableiten: ful tur („hoher Fels").

Nur wenige Herrscher wie Jacopo III. unternahmen Anstrengungen, die Verteidigung zu verbessern, die Streitkräfte auszubauen und die Bevölkerung zur Verteidigung zu motivieren. So entstanden Mitte des 15. Jh. die Festung Giogo (die Anfang des 18. Jh. von den spanischen Herrschern in Porto Longone weitgehend zerstört wurde – die Reste sind die Ruine Torre del Giove; EP 10) und der Verteidigungsturm von Rio Marina (dem 1882 ein Uhrturm aufgesetzt wurde; EP 5), um die Eisenerz-Lagerstätten zu schützen, die nun wieder Bedeutung erlangten. Schließlich trat aber Elba unter den Appiani mit einer rückständigen Verwaltung und Wirtschaft und fehlenden Infrastrukturen, wie z.B. Straßen, in die Neuzeit ein.

2.4 Die Neuzeit

Die Neuzeit brachte Elba einen allmählichen wirtschaftlichen Aufschwung, der auf den zunehmenden Erzabbau zurückging, aber auch weiterhin beträchtliche Unruhe. 1501 besetzte Cesare Borgia, der Sohn (sic est!) des mächtigen Papstes Alexander VI. das Fürstentum Piombino als Teil seines von den Franzosen unterstützten Plans, in Mittelitalien ein Königreich zu errichten. Der Tod Alexanders und Widerstand im Volk beendeten 1503 Borgias Abenteuer. Ein Bündnis mit Neapel schützte den Staat der Appiani vor Übergriffen der Genuesen.

Mitte des 15. Jh. kam es wieder zu Veränderungen auf Elba, die mit dem Zusammenbruch der Republik Florenz und der Machtergreifung der Medici zusammenhingen. Zuvor terrorisierten erneut Piraten das Mittelmeer, diesmal der osmanische Korsar Qair ed-Din, besser bekannt als Barbarossa („Rotbart"), der sich mit Frankreich verbündete und sogar Karl V. in seinem spanischen Herrschaftsbereich Angst einflößte. Korsaren waren vom osmanischen Reich geduldete bzw. unterstützte Piraten. Heute erinnert die Barbarossa-Bucht bei Porto Azzurro (EP 1) an diesen Schrecken der Meere. Elba wurde zweimal von Barbarossa heimgesucht – das erste Mal landete er 1534 in Rio und zerstörte im Hinterland das Bergbaudorf Grassera mit der romanischen Kirche San Quirico vollständig. Das zweite Mal wollte Barbarossa die Herausgabe eines entführten Kindes, Sohn eines hohen Offiziers der türkischen Flotte, erzwingen, was aber Jacopo V. verweigerte – ein folgenschwerer Fehler. Barbarossa landete 1544 in Ferraia und marschierte bis Capolìveri, das er nebst anderen Siedlungen verwüstete. Nur Volterraio blieb wieder uneinnehmbar. Jacopo lieferte das Kind aus – im Jahr darauf verstarb er und hinterließ als Erben ein Kind. Diese Gelegenheit nutzte Cosimo I. de' Medici, Herzog von Florenz (ab 1569 Großherzog der Toskana). Für ein Darlehen, das Cosimo Kaiser Karl V. gewährte, übertrug ihm dieser das Herrschaftsgebiet der Appiani. Cosimo befestigte Ferraia mit den beiden Festungen Falcone und Stella und dem Torre del Martello (der die Einfahrt zum Hafen kontrollierte), was sich alsbald bewähren sollte. Die Stadt ließ er übrigens zu seinem Ruhm in Cosmopoli („Cosimostadt") umbenennen ...

1553 wurde Elba wieder von einem türkischen Piraten angegriffen. Der Korsar Dragut landete mit französischer Unterstützung in Porto Longone und überrannte mit seinen Leuten die Insel. Cosmopoli war inzwischen aber so stark befestigt, dass es standhielt und Dragut sogar empfindliche Verluste zufügen konnte. Dieser unternahm daraufhin als Übersprungshandlung eine kleine Exkursion nach Korsika und kam 1555 ohne seine Franzosen wieder zurück, worauf sich die Elbaner in Cosmopoli einigelten, bis der Pirat abzog. Nach einer kurzen Episode der Spanier in Piombino (das Karl V. zuvor den Appiani wieder zugesprochen hatte) und einem heftigen Protest der Medici brachten 1557 Verhandlungen zwischen Cosimo I. und einem Gesandten Philipps II. von Spanien (dem Sohn Karls V.) auch in Elba die Appiani wieder an die Macht. Cosimo konnte aber Cosmopoli und eine Zweimeilenzone rundherum behalten und sich mit einer 90-jährigen Pacht der Bergwerke trösten. Spanien sicherte sich listigerweise das Recht, im Bedarfsfall einen elbanischen Hafen zu befestigen. Damit gelangte das habsburgische Spanien auch in der nördlichen Tyrrhenis zu direktem Einfluss.

Philipp III. von Spanien sandte 1603 eine Flotte nach Porto Longone und ließ die Festung San Giacomo bauen. Nun gab es drei Herren auf Elba, die Appiani, die Medici und die Spanier, und die Proteste der beiden Erstgenannten verhallten ungehört bei den europäischen Mächten. Während Cosmopoli eine Stadt des Wirtschafts- und Zivillebens war, wurde Longone zur Garnisonsstadt. In ihrem Streben nach der europäischen Hegemonialmacht unternahmen die Franzosen ab 1641 (bis zu seinem Tod 1642 angeführt vom Herzog von Richelieu) Anstrengungen, die Spanier aus Italien zu vertreiben. Französische Truppen besetzten Piombino und Porto Longone und wurden 1650 von den Spaniern wieder zurückgeschlagen. Das Gebiet wurde Fürst Nicolò Ludovisi übergeben. Im Zuge des Spanischen Erbfolgekriegs landeten österreichische Truppen 1708 bei Rio, Longone widersetzte sich unter dem spanischen General Pinel. 1759 verzichtete schließlich Spanien auf Porto Longone, nachdem Karl III. (zuvor Karl IV. von Neapel-Sizilien) den spanischen Thron bestiegen hatte und Longone den Neapolitanern überließ.

1737 starb der letzte Herrscher aus dem Hause der Medici, und Franz von Lothringen, Gemahl Maria Theresias und späterer Kaiser Franz I., erhielt das Großherzogtum Toskana und damit auch den mediceischen Besitz auf Elba. Cosmopoli wurde in Portoferraio („Eisenhafen“) umbenannt. Das Gezerre unter den europäischen Großmächten ging weiter: 1794 besetzten die Franzosen die Insel, 1796 die Engländer, die ja auch überall mitmischen mussten, 1799 wieder die Franzosen, die nun Elba annektierten. Die Neapolitaner in Porto Longone und auch die sonstige Bevölkerung Elbas widersetzten sich den Franzosen, die schließlich Portoferraio aufgeben mussten. Nun wurde auf der Festung Falcone die toskanische Flagge gehisst, auf der Festung Stella die neapolitanische. Durch den Friedensvertrag von Lunéville fiel Elba 1801 schließlich Frankreich zu – nur Portoferraio, unterstützt von den Engländern, wehrte sich noch eine Zeit lang, bis sich die „Aufständischen" 1802 auf das Festland zurückzogen. 1807 wurde das Königreich Etrurien von Spanien an Frankreich abgetreten, 1809 wurde Elba der toskanischen Regierung unterstellt und die Region Teil des „Département Mediterranée".

Die Eisenerzgewinnung wurde im 16. bis 18. Jh. unterschiedlich intensiv betrieben. In einer 1550 erschienenen Auflage der „Cosmographia" des Sebastian Münster werden Elba und sein Erzbergbau erstmals schriftlich festgehalten: „Ilua ..., die man sunst Elwam heißt, ... bringt Stahel und Ysen". Eine spätere Auflage zeigt Karten und beschreibt die „Ysen ertz gruben" bei Rio Marina. 1572 erscheint das „Inselbuch" (Isolario) des Thomaso Porcacchi, das auch eine Karte von Elba und eine Erwähnung von Magnet(eisen)stein (Magnetit: „calamita di color nero" = „schwarzer Magnet") auf der Halbinsel Calamita enthält. Die Halbinsel verdankt also dem Auftreten von Magnetit ihren Namen. Im 17. Jh. studierte der dänische Naturforscher Niels Stensen, bekannt unter dem latinisierten Namen Steno, die Lagerstätten und Minerale Elbas.

Die Eisenerzgewinnung wurde unter den Franzosen entschieden vorangetrieben. Napoleon – seine Kriegspläne im Blick – stellte sicher, dass die Verhüttung des Erzes, dessen Jahresförderung 11 000 t erreichte, zu einem guten Teil auf Korsika und im französischen Mutterland erfolgte. Als er dann am 3. Mai 1814 als Folge des Vertrags von Fontainebleau unter Beibehaltung seines Kaisertitels (und unter Verdrehung der Tatsachen bei seiner Ankunft) Elba als souveränen Staat nicht gerade freiwillig übernahm, begann eine Zeit der kreativen Unruhe auf der Insel, die von Reformen geprägt war. Er reorganisierte Verwaltung, Polizei und Gesundheitswesen, baute Straßen und Wasserleitungen aus, erneuerte die Salinen (die es vor allem bei Portoferraio gab) und förderte die Landwirtschaft, den Fischfang und nicht zuletzt die Erzgewinnung. Dazu entwickelte er Pläne für Hochofenanlagen. Er errichtete in Portoferraio seine Residenz Palazzo dei Mulini („Mühlenpalast") dort, wo zwischen den beiden Festungen vier Mühlen gestanden hatten, und eine „Sommerresidenz" („Villa Napoleone") einige Kilometer außerhalb der Stadt (Abb. 2). Und er erhöhte die Steuern für die rund 12 000 Elbaner, was in Anbetracht des teuren Hofstaats in Portoferraio die Bürger von Capolìveri dazu veranlasste, die Steuern zu verweigern – allerdings nur vorübergehend, bis nämlich 200 Soldaten, die Napoleon schickte, dort ankamen. Der Staat Elba stand dennoch bald am finanziellen Abgrund. Diesem Problem wich der kleinwüchsige große Feldherr aus, indem er am 26. Februar

1815 die Insel verließ, um noch einmal für 100 Tage Geschichte zu machen. Elba war nun ein anderes, obwohl einige der Reformen schnell wieder zurückgenommen wurden.

Nach Napoleons Abgang gehörte Elba bis zur Einigung Italiens 1860/61 wieder zum Großherzugtum Toskana, das 1814 in die Hände der Habsburger zurückgegeben worden war. Die Eisenerzgewinnung und die Wirtschaftskraft Elbas erfuhren mit der Einigung Italiens einen deutlichen Aufschwung. 1900 wurde der Grundstein für eine moderne Hochofenanlage in Portoferraio gelegt, dort wo früher die Salinen waren. Es ist dies der Beginn einer eigenständigen italienischen Eisenindustrie. Weitere Anlagen entstanden bei Piombino. Die Eisenerzförderung wurde auf Elba nun erheblich gesteigert und erreichte im 1. Weltkrieg mit bis über 800 000 t Jahresförderung den Höchststand in ihrer 3000-jährigen Geschichte. In der Folgezeit schwankte die Erzförderung stark und erreichte in den dreißiger Jahren des 20. Jh. bis über 500 000 t im Jahr und als Spitze nach dem 2. Weltkrieg fast 700 000 t im Jahr 1957. Die schwieriger werdenden Abbaubedingungen und die Konkurrenz am Weltmarkt machten das elbanische Erz bald unrentabel, so dass die Minen bis in die frühen achtziger Jahre geschlossen wurden. Die Hochofenanlage in Portoferraio wurde 1943 nach dem Frontwechsel Italiens von deutschen Bomben zerstört. 1947 wurde die Entscheidung getroffen, die Anlage nicht wieder aufzubauen, sondern das elbanische Erz auf dem Festland zu verhütten – was in Portoferraio 2000 Arbeitskräfte „frei setzte“.

Als wirtschaftlicher Ersatz für die zu Ende gegangene Eisenerzgewinnung und -verarbeitung bot sich ab den 1950er-Jahren, zuerst zaghaft, dann sich immer rasanter entwickelnd, der Tourismus an, der Elba in ein blühendes Ferienziel verwandelte. Die Geologen sind unter den Besuchern der Insel eine kleine, aber signifikante Minderheit.

3. Klima und Reisezeit

Das Klima Elbas ist typisch mediterran mit trockenen, heißen Sommern und milden, regenreichen Wintern (Abb. 3). Die Jahresdurchschnittstemperatur beträgt 16 °C. Die Tagestemperaturen übersteigen im Schnitt selbst im Juli und August wegen der kühlenden Winde vom Meer die 30 °C-Marke nicht. Von Mitte Juni bis Mitte September ist mit stabilem Schönwetter zu rechnen. Die besten

Reisezeiten sind aber – je nach Geschmack – Frühjahr und Herbst. Diese Jahreszeiten haben auch den Vorteil, dass die Insel touristisch nicht so überlaufen ist und die Quartiere günstiger sind. Im Frühjahr strahlt die herrliche Blüte in Macchia und Garrigue eine besondere Anziehungskraft aus. Im Laufe des Mai erreicht auch die Wassertemperatur 20 °C – eine ideale Reisezeit. Der Herbst ist eine weitere ruhige Jahreszeit, in der zwar die Regentage wieder etwas häufiger werden, die Wassertemperaturen mit deutlich über 20 °C aber noch sehr angenehm sind und die Sonne nicht mehr so brennt wie im Sommer.

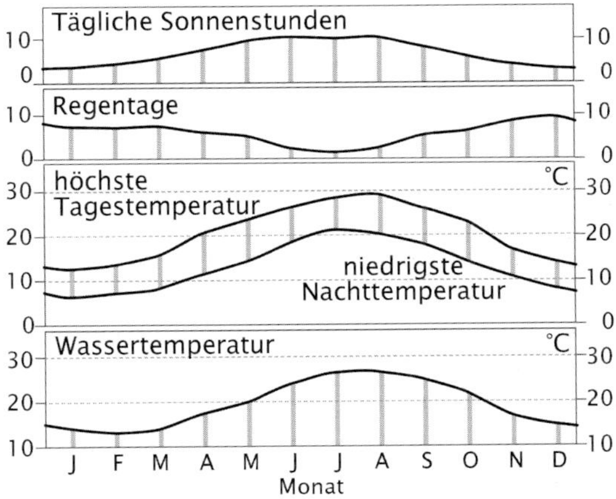

Abb. 3: Klimadaten für Elba.

Als Insel ist Elba häufig von Winden umweht. Der Scirocco ist ein ein Südostwind, der Wärme und auch feinen Staub aus der Sahara bringt und ein von W heranziehendes Tief anzeigt. Der kühle Mistral hingegen kommt von NW, bringt angenehme Temperaturen und zeigt an, dass sich die Insel auf der Rückseite eines Tiefdruckgebiets befindet und somit trockenes Wetter dem vorangegangenen Regen folgt. Der Südwestwind (Libeccio) und der Westwind (Ponente) sind selten, können aber stark sein und das Meer in Aufruhr versetzen. Selten blasen auch die kalten Nord- und oder Nordostwinde (Tramontana, Grecale). Da man praktisch von jedem Quartier jeden Punkt der Insel gut erreichen kann, findet man immer geschützte Bereiche für die Tagesausflüge, falls starker Wind weht oder sich die Wolken auf der Luvseite stauen.

4. Flora und Fauna

Flora und Fauna Elbas zeichnen sich durch einen gewissen Endemismus aus, der zwar nicht so stark wie auf den besser isolierten Inseln Korsika und Sardinien ausgeprägt ist, aber dennoch für eine bestimmte Eigenständigkeit sorgt. Während der Eiszeiten war Elba, wie bereits erwähnt, Teil des Festlands, so dass dadurch der Artenaustausch erleichtert wurde.

4.1 Flora

Die Flora Elbas ist sehr abwechslungsreich. Die ursprünglichen Wälder, die von Steineichen geprägt waren, fielen seit dem Altertum der Erzverhüttung und dem Schiffbau zum Opfer und wurden durch Sekundärwälder ersetzt. Steineichen sind aber auch heute an mehreren Standorten zu finden und vielfach Teil der Macchia. Dazu gesellen sich Flaum- und Korkeiche. An den Nord- und Osthängen des Monte Capanne gibt es in den mittleren Lagen ausgedehnte Edelkastanienwälder, die im Oktober an manchen Stellen gute Ernte abgeben. Mancherorts vorkommende Kiefernforste wurden künstlich angelegt. An den hochgelegenen Hängen des Monte Capanne gibt es Eiszeitrelikte wie die Gemeine Eibe (*Taxus baccata*) oder den Königs-Riesenfarn (*Osmunda regalis*), die größte Farnpflanze Italiens.

Verbreitet sind Macchia und Garrigue, Ersatzvegetationen für die usprünglich vorhandenen Wälder nach deren Rodung und Beweidung. Diese Vegetationsformen verdanken ihre Entstehung also dem menschlichen Einfluss und bestehen aus immergrünen Hartlaubgewächsen, die niedrige, oft dichte Strauchgesellschaften bilden. Die Blätter dieser Gewächse zeichnen sich durch eine wenig durchlässige, feste Oberfläche aus, die Blattgrößen sind reduziert und oft in Dornen umgewandelt. Dadurch wird der Wasserverlust minimiert.

Die Macchia ist eine 2–5 m hohe, oft sehr dichte Vegetation, die mit zunehmender Trockenheit und Windausgesetztheit in die offene, niedrigere Garrigue übergeht, deren Wuchshöhe unter etwa 1,5 m bleibt. Das Wort Macchia (*ital.* gleichnamig mit „Fleck") stammt vom korsischen Begriff maquis, das die dort großflächig auftretende, oft undurchdringliche Vegetationsdecke aus vorwiegend Erika (Baumheide) und Erdbeerbaum (dessen mehlige Früchte im Herbst genießbar sind, wenn sie gut reif, das heißt dunkelrot sind) bezeichnet. Dazu treten Steineichenarten, Lorbeer, Immergrüner Kreuzdorn, Myrte, Mastixstrauch, Pfriemenginster, Wacholder und verschiedene Zistrosenarten auf. Der Begriff Garrigue leitet sich aus dem provenzalischen (okzitanischen) Wort garric für die Kermeseiche ab, die Garrigues sind eine Landschaft am Fuß der Cevennen mit vorherrschendem Kermeseichengebüsch. Die Garrigue auf Elba ist reich an Zistrosen, Rosmarin und Stechginster. Bei der Garrigue ist der Großteil der Humusdecke verloren gegangen.

Nicht heimisch, aber seit Jahrhunderten kultivierte amerikanische Importe sind die sukkulenten (d.h. mit fleischig-saftigen Blättern wasserspeichernden) Arten Amerikanische Agave und Echter Feigenkaktus (Opuntie), die auf sehr kargen Böden wachsen.

Begeistern kann die elbanische Blütenpracht im Frühjahr, vor allem in der ersten Maihälfte. Blütenmeere von Zistrosen (die violette Weißliche Zistrose sowie die weißen Arten Montpellier-Zistrose und Salbeiblättrige Zistrose – letztgenannte mit glatten Blütenblättern), unter denen bisweilen der Gelbe Zistrosenschmarotzer hervorschaut, sowie die verschiedenen Ginsterarten lohnen Wanderungen am Nordostsporn, im Capannemassiv und andernorts (Farbbilder 6–9). Zu diesen Zwerggehölzarten gesellen sich der oft massenhaft auftretende Affodill, ferner der meterhohe Riesenfenchel (an seinem typischen Geruch kenntlich), Natternkopf, Winde, Alpenveilchen, Milchstern, Siegwurz (Wilde Gladiole; Farbbild 10) und zahlreiche andere Blumen. Hervorzuheben sind die Orchideenarten, von denen Knabenkräuter sowie verschiedene, Insekten vortäuschende Ragwurz- (Ophrys-) Arten zu finden sind – wenn man im Frühjahr aufmerksam danach Ausschau hält. Endemische Formen sind das Veilchen *Viola corsica ilvensis* (Farbbild 11), das nur in den hohen Lagen des Monte Capanne wächst, die Flockenblumen *Centaurea ilvensis* („Elbanische Kornblume“) und *Centaurea aetaliae*, in denen der lateinische und der griechische Inselname als Artnamen Verwendung finden, sowie das Capraia-Leinkraut *Linaria capraria*. Um Villen in Küstennähe finden sich oft Teppiche der Mittagsblume (so am Capo Sant‘Andrea; EP 32), einer aus Südafrika eingeführten sukkulenten Pflanze.

4.2 Fauna

Die Fauna weist drei Elemente auf. Das älteste gehört zum sardisch-korsischen Faunenbereich, entstammt einem warmen Klima und ist reich an Endemiten. An kühles Klima angepasste Faunenelemente stammen aus der Eiszeit, als die Verbindung mit dem Festland hergestellt war. Das dritte Element sind Neoendemiten, die sich in der nacheiszeitlichen Inselsituation entwickelt haben.

Die eiszeitlichen Großsäuger sind auf Elba ausgestorben. Fossilreste von Höhlenbären wurden bei Porto Azzurro gefunden. Die bisweilen anzutreffenden größeren Säugetiere sind vor nicht allzu langer Zeit eingeführt worden. Das scheue Wildschwein sieht man im allgemeinen nur, wenn man sich in die Macchia begibt, und selbst dann bekommt man es selten genug ins Blickfeld: meist hört man es nur durch die Macchia holzen. Es kommt aber vor, dass ein Wildschwein den Beginn der Touristensaison verschlafen hat und dann neben der Straße zum Fototermin erscheint (Farbbild 12). Das ursprüngliche Maremma-Wildschwein wurde zu Beginn des 19. Jh. ausgerottet. In den 1960er-Jahren wurde daher das Eurasische (mitteleuropäische) Wildschwein (*Sus scrofa*) eingeführt, um die Jagdleidenschaft der Elbaner zu befriedigen. Es kreuzt sich wahrscheinlich mit dem Hausschwein, ist inzwischen eine ziemliche Plage für die Flora – vor allem die endemischen Pflanzen – und die Landwirtschaft geworden und wird daher selbst im Nationalpark gejagt. Das zweite große Säugetier, das man an den Hängen und in den Wäldern des Monte Capanne mit ein bisschen Glück sehen kann, ist das sardische Mufflon (*Ovis musimon*), das in den 1970er-Jahren eingeführt wurde. Das Mufflon stammt von Hausschafen ab, die vor Jahrtausenden auf Korsika und Sardinien ausgewildert wurden (die Auswilderung von Haustieren ist dort eine Spezialität) und sich heute auch wieder mit Hausschafen kreuzen.

An Kleinsäugern finden sich Marder (Edel- und Steinmarder), Igel, Siebenschläfer, Eichhörnchen und Wildkatzen. Während das Wildkaninchen ausgerottet wurde, werden ständig Hasen eingeführt, um die Jäger zu beschäftigen. An Amphibien und Reptilien gibt es Kröten, Laubfrösche, Eidechsen, Smaragdeidechsen, Geckos, Schlangen und Blindschleichen. Unter den Schlangen ist die Aspisviper die einzige giftige Art, während die bis zu 2 m lange Ringelnatter harmlos ist. Natürlich gibt es zahlreiche Insekten, von denen die im Frühjahr blinkenden Glühwürmchen in der Dunkelheit faszinieren. Der Schmetterling *Coenonympha elbana* ist nur auf Elba heimisch.

An der Costa dei gabbiani („Möwenküste“) bei Capolìveri nistet die Silbermöwe in einer der größten Kolonien des Tyrrhenischen Meers. An den Küsten gibt es außerdem andere Möwenarten (Königsmöwe, Korsische Möwe), veschiedene Reiher, Kormorane und Sturmtaucher. Die seltene Korallenmöwe, die im Toskanischen Archipel ihren weltweit bedeutendsten Bestand aufweist, ist das Symbol für den Nationalpark: auf dem ovalen Zeichen fliegt eine Schar dieses Vogels über einer brechenden Welle (Abb. 1). Ansonsten trifft man Wanderfalke, Turmfalke, Mäusebussard, Wildtaube, Specht, Eichelhäher, Fasan, Pirol, Stieglitz und – selten – das Rebhuhn an. An den Hängen des Monte Capanne kann man im Sommer den Bienenfresser beobachten, wohl der farbenprächtigste unter den elbanischen Vögeln. Nachts ist die Schleiereule unterwegs. Auf der Insel sind zahlreiche Zugvogelarten anzutreffen. Ein guter Vogel-Beobachtungsplatz ist das Capo d‘Enfola westlich von Portoferraio.

An den Küsten kann man beim Schnorcheln eine interessante Unterwasserwelt beobachten. Neben den kleinen, teilweise recht bunten Fischen findet man Tintenfische, Schlangensterne, Seeigel, Muränen und bisweilen einen Barrakuda oder Delfin. Im Frühjahr werden gelegentlich Schwärme nesselnder Quallen beobachtet. Manche Küstenabschnitte sind von ausgebreiteten Seegraswiesen (mit der dominierenden Art *Posidonia oceanica*) besiedelt.

In Marina di Campo befindet sich ein Aquarium und, im selben Gebäude, das Museum der Elbanischen Fauna.

5. Einführung in die Geologie Elbas

Elba ist durch seine geologische Vielfalt ausgezeichnet, die es zu einem bevorzugten Ziel für Geologen macht und in der Vergangenheit auch zahlreiche Mineraliensammler anzog. Man kann hier sehr unterschiedliche geologische Komplexe und Phänomene studieren: Sedimentfolgen, die am Land, in einem Schelfmeer oder in der Tiefsee abgelagert wurden, Gesteine, die eine schwache Regionalmetamorphose mitgemacht haben, magmatische Gesteine eines Ozeanbodens, magmatische Intrusionen und die mit ihnen verbundenen kontaktmetamorphen Zonen, die berühmten Eisenerz-Lagerstätten, zahlreiche Strukturen wie Falten oder Deckenüberschiebungen, Abschiebungen und gravitative Gleitdecken. Dazu kommt, dass die Gesteine im Gebirge, an Straßen und vor allem an den auch landschaftlich sehr reizvollen Küsten hervorragend aufgeschlossen sind.

Elba ist geologisch ein Teil des Apennins und besteht aus zwei tektonischen Großeinheiten, die sich durch kontrastierende Schichtfolgen auszeichnen (Farbbilder 13, 14; siehe auch Zeittafel auf der Umschlaginnenseite hinten):

(1) Die das tektonisch tiefere Stockwerk bildenden ***Toskaniden*** sind auf Elba in weitere tektonische Einheiten untergliedert, die bei der miozänen Einengungs- und Dehnungstektonik gebildet wurden. Sie bestehen aus vermutlich altpaläozoischem, variszisch geprägtem Grundgebirge und postvariszischem, jungpaläozoisch-mesozoisch-paläogenem Deckgebirge. Die postvariszische Folge ist festländisch bis flach- und dann tiefermarin und spiegelt die Absenkung eines im Jura sich bildenden Passiven Kontinentrands wider. Die Gesteine haben bei der alpinen Gebirgsbildung im frühen Miozän eine schwachgradige Regionalmetamorphose erlebt.

(2) Die tektonisch höheren ***Liguriden*** bilden eine ebenfalls weiter untergliederte fernüberschobene Einheit, die aus den Gesteinen eines Ozeanbodens, der sich im Jura bildete, und den darauf abgelagerten Sedimentfolgen (Jura bis Paläogen) besteht (Ophiolith-Einheit). Sie enthalten als jüngste Bildungen Flysche. Die Liguriden sind nicht regionalmetamorph verändert worden.

Die ältesten Gesteine Elbas sind die Calamita-Schiefer der toskanischen Großeinheit. Das Bildungsalter des sedimentären Ausgangsgesteins ist vermutlich Altpaläozoikum. Die variszische Gebirgsbildung metamorphisierte diese Gesteine in der höheren Grünschieferfazies. Der postvariszische Sedimentationszyklus begann im Oberkarbon mit marinen und terrestrischen klastischen Sedimenten. Im Perm brachte ein ignimbritischer Vulkanismus saure Magmatite. Es folgte eine terrestrisch-klastische Sedimentationsperiode, die in der Obertrias in marine Sedimentation umschlug. Der urspünglich seichte Ablagerungsraum tiefte im Jura deutlich ab. Dies hing mit der Öffnung des angrenzenden ligurisch-penninischen Ozeans zusammen, wodurch die toskanische Schichtfolge in die Position eines Passiven Kontinentrands gelangte (Farbbild 15). Die pelagische Sedimentation hielt vermutlich bis ins Oligozän an.

Der auf Elba aufgeschlossene ligurische Ozeanboden bildete sich im Mitteljura. Ab dem höheren Mitteljura lagerten sich zuerst kieselige, dann vorwiegend kalkige und tonige Sedimente ab; in der Oberkreide und im Paläogen bildeten sich Flyschfolgen.

Die auf Korsika im Eozän erfolgte Gebirgsbildung mit ostgerichteter Subduktion und Bildung von Hochdruckmetamorphiten war auf Elba nicht wirksam. Erst um die Oligozän/Miozän-Wende begann auf Elba die alpine Gebirgsbildung. Hierbei wurde der ozeanische Bereich der Liguriden über den Kontinentrand geschoben, andererseits wurde er westlich von Elba nach Westen unter Korsika subduziert (Farbbild 15). Diese Subduktionstätigkeit, die in umgekehrter Richtung als die vorangegangene korsische Subduktion erfolgte, führte zum Deckenbau auf Elba, hinterließ aber keine direkten Zeugen wie z.B. Hochdruckmetamorphite.

Bei der Überschiebung durch die Liguriden wurden die Toskaniden Elbas bis in die Grünschieferfazies metamorph überprägt (Farbbild 18). Der Höhepunkt der Metamorphose wurde vor etwa 20 Ma (Untermiozän) erreicht. Toskaniden und Liguriden wurden in Decken gelegt und z.T. ineinander verschuppt. Die Bewegungsrichtung (Vergenz) des Deckenbaus war in heutigen Koordinaten nach NE bis ESE gerichtet, was sich an zahlreichen Lokalitäten in den Strukturen ablesen lässt. Die Einengungsbewegungen führten noch im Untermiozän zur Kollision des adriatischen Kontinents, dem die toskanischen Einheiten angehörten, mit Korsika, das sich zuvor vom europäischen Kontinent gelöst und eine rasche ostgerichtete Rotation durchgeführt hatte (Abb. 4).

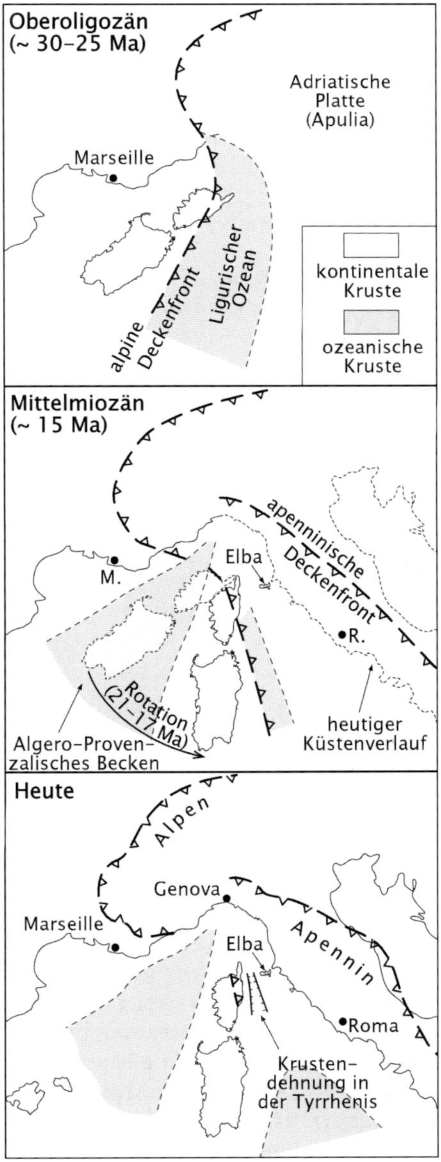

Abb. 4: Paläogeographische Entwicklung des tyrrhenischen Raums.

Die Kollision führte zur abrupten Verlangsamung der Subduktionsbewegung und in der Folge zur teilweisen Loslösung des lithosphärischen Mantels der subduzierenden Platte und zu dessen Zurückrollen (Farbbild 16). Die Loslösung des schweren lithosphärischen Mantels bewirkte, dass der durch die Überschiebungstektonik verdickte Krustenstapel aufstieg, dabei gravitativ instabil wurde und kollabierte. Dabei entstanden bei fallenden metamorphen Temperaturen im Mittelmiozän abschiebende Bewegungen in umgekehrter Richtung wie die Deckenschübe („orogener Kollaps"; Farbbild 18). Diese Dehnungsphase ist auf Elba nur in wenigen Strukturen zu erkennen. Sie führte aber zur generellen Krustendehnung im Raum der heutigen nördlichen Tyrrhenis zwischen dem italienischen Festland und Korsika. (Auf Korsika liefen entsprechende abschiebende Bewegungen gleichzeitig ab, nur waren sie dort, entsprechend dem westvergenten Deckenbau, nach Osten gerichtet; Farbbild 16.)

Das Zurückrollen des lithosphärischen Mantels, die Dehnungstektonik und das damit einhergehende Hochströmen von asthenosphärischem Mantel bewirkten, dass dieser durch die Druckentlastung teilweise aufschmolz. Diese Mantelschmelzen, die in ihrem Chemismus noch von der vorangegangenen Subduktion beeinflusst waren, drangen in die Kruste des Gebirges ein und schmolzen durch ihre Hitze auch die Kruste teilweise auf (Farbbild 16).

Dieser Prozess führte gegen Ende des Miozäns zu einem heftigen, großteils granitischen Magmatismus, der die Toskanische Magmatische Provinz hervorbrachte und nicht nur den Archipel, sondern auch das Festland erfasste (Kapitel 7). Auf Elba kam es zu mehreren meist granitischen Magmaschüben, die zahlreiche gangförmige Körper sowie zwei große Intrusionen hervorbrachte: den Monte-Capanne-Pluton, der Westelba beherrscht, und den großteils in seichter Tiefe verborgenen Ostelba-Pluton. Die anfänglichen Krustenschmelzen vermischten sich zunehmend mit den Mantelschmelzen, so dass die später aufdringenden Magmaschübe, so auch der Monte-Capanne-Pluton, von hybriden Schmelzen gekennzeichnet sind.

Der obermiozäne Magmatismus führte zu verbreiteter Kontaktmetamorphose in den toskanischen und ligurischen Einheiten, die zu zahlreichen interessanten und teilweise berühmten Mineralneubildungen führte. Zudem bewirkte er die Mobilisierung von Eisen aus eisenhaltigen Sedimentgesteinen der Toskaniden Ostelbas und dessen Konzentration in Lagerstätten, die seit dem Altertum bis in die jüngste Vergangenheit immer wieder von großer wirtschaftlicher Bedeutung waren, heute aber alle geschlossen sind. Mit der Intrusion des Monte-Capanne-Plutons ging eine regionale Aufwölbung einher, die an bedeutenden Abscherungsflächen großräumige gravitative Ableitungen (Gleitdecken) verursachte (Farbbilder 16, 17).

6. Tektonische Gliederung und Schichtfolgen

Der tektonische Bau Elbas wurde bis in jüngste Zeit unzureichend verstanden, weil für ihn drei knapp aufeinander folgende tektonische Ereignisse verantwortlich sind (Farbbilder 15, 16; Zeittafel auf der Umschlaginnenseite hinten): die untermiozäne Einengungstektonik, die den Deckenbau hervorbrachte; die mittelmiozäne Dehnungstektonik im Zuge des orogenen Kollapses, die den Deckenbau komplizierter gestaltete, und die Gleittektonik im Anschluss an das Aufdringen der obermiozänen Magmatite, die das heutige geologische Bild Elbas mitprägt.

Die großartigste Darstellung der Geologie Elbas stammt von Trevisan (1950), dargelegt in der Geologischen Karte von Elba (Trevisan & Marinelli 1967). Sie fußt ihrerseits auf der Karte von Lotti (1884), der als der geologische Pionier Elbas gelten kann. Natürlich sind seit Trevisan wichtige neue Erkenntnisse dazugekommen. Einige der jüngsten Arbeiten enthalten aber grobe Fehldeutungen und haben mit ihrer phantasievollen Kompliziertheit für erhebliche Verwirrung gesorgt. Die folgende Darstellung der Geologie Elbas beruht auf langjährigen Beobachtungen der Autoren im Zuge von Geländekursen mit Studenten und zusätzlichen Feldarbeiten, die zum Teil im Rahmen von Diplom- und Doktorarbeiten erfolgten. Einige der Beobachtungen und Schlussfolgerungen werden hier erstmals dargestellt. Die Grundlage der Gliederung der Toskaniden und Liguriden Elbas stellt aber immer noch die Einteilung von Trevisan in 5 tektonische Komplexe dar. Wir stellen dem eine überarbeitete Gliederung gegenüber, die sich an die Arbeiten von Perrin (1975) und Bortolotti (2001) in einigen Punkten anlehnt. Die tektonischen Einheiten werden nur teilweise von Überschiebungen begrenzt; teilweise stellen die heutigen Grenzen Abschiebungen dar, die während der Extensionstektonik entstanden. Im Folgenden wird die Entstehung des tektonischen Baus Elbas nach unserem Konzept dargestellt (Tab. 1).

Einheit 1 (die Porto-Azzurro-Decke) umfasst als einzige variszisch metamorphes Grundgebirge sowie postvariszisches Deckgebirge, das vom Oberkarbon bis in den höheren Jura oder die Kreide reicht (Farbbild 13). Sie wurde bei der Deckenstapelung im Untermiozän durch eine schwach epizonale Metamorphose überprägt. Im Hangenden wird sie von einer Serpentinitschuppe (Einheit 2: Rio-Marina-Schuppe) begleitet, einem ligurischen Element, das durch zwei sich überschneidende Überschiebungen in die Position zwischen zwei toskanischen Decken gelangt ist (Farbbild 18). Einheit 3 (die Giove–Cavo-Decke) besteht nur aus postvariszischem Deckgebirge, das stratigraphisch vom Oberkarbon bis ins Paläogen reicht. Sie besteht aus zwei Teileinheiten, der tieferen, schwach epi-

Tab. 1: Die tektonischen Einheiten Elbas nach dem klassischen Konzept von Trevisan & Marinelli (1967) und nach dem neuen Konzept.

Gliederung nach dem klassischen Konzept	neue Gliederung	ligurisch: L toskanisch: T	
Komplex Va Komplex Vb	Marina-di-Campo-Decke (Einheit 5b) Colle-Reciso-Decke (Einheit 5a)	L	höhere
Komplex IV	Cima-del-Monte-Decke (Einheit 4c, Hauptmasse) Monte-Grosso-Schuppe (Einheit 4b) Schuppenzone von Rio nell'Elba (Einheit 4a)	L	↑
Komplex III	Giove-/Cavo-Decke (Einheit 3) Cavo-Einheit (Einheit 3b) Giove-Einheit (Einheit 3a)	T	Einheiten
Komplex II	Rio-Marina-Schuppe (Einheit 2)	L	
Komplex I und II	Porto-Azzurro-Decke (Einheit 1) Deckgebirge (Einheit 1b) Grundgebirge (Einheit 1a)	T	tiefere

zonal metamorphen Giove-Einheit (Oberkarbon bis Obertrias) und der schwach anchizonal metamorphen Cavo-Einheit (Obertrias bis Paläogen). Die beiden Teileinheiten ergänzen sich stratigraphisch und wurden während des orogenen Kollapses im Mittelmiozän durch eine Abschiebung im Kilometer-Maßstab in ihre heutige Lage zueinander gebracht.

Einheit 4 bildet eine Ophiolithdecke und enthält Gesteine des ligurischen Ozeanbodens und seiner Sedimentauflage (Farbbild 14). Sie ist nicht metamorph. Der Ozeanboden wurde im Unter-(?) bis Mitteljura gebildet, die Sedimentfolge umfasst höheren Mitteljura, Oberjura und Unterkreide. Die Hauptmasse, die Cima-del-Monte-Decke (Einheit 4c), wird am Nordostsporn Elbas von der Monte-Grosso-Schuppe (Einheit 4b) unterlagert, die in sich durch eine Abschiebung wieder in zwei Teile zerrissen wurde. An der Basis von Cima-del-Monte-Decke und Monte-Grosso-Schuppe bildet die Schuppenzone von Rio nell'Elba (Einheit 4a) einen Teppich aus tektonischen Spänen, die sich aus denselben Gesteinen zusammensetzen.

Einheit 5 ist zweigeteilt und besteht aus nicht-metamorphen Flyschfolgen, die ebenfalls zur ligurischen Einheit gehören (Farbbild 14). Der jüngere Flysch des Paläogens (Einheit 5a: Colle-Reciso-Decke) wurde von der stratigraphisch tieferen und mächtigeren Oberkreide-Flyschfolge (Einheit 5b: Marina-di-Campo-Decke) überschoben (Farbbild 19). Beide sind auf Einheit 4 überschoben, in ihre heutige Position über Einheit 4 aber durch gravitative Abgleitung im Zuge der Aufwölbung über dem Monte-Capanne-Pluton geraten (Farbbild 17). Ob die Flysche über den jüngsten Schichten der Einheit 4 abgelagert wurden oder aus einem eigenen, weiter westlich gelegenen Sedimententationsbereich stammen, ist nicht bekannt.

In den folgenden Kapiteln wird die Schichtfolge der tektonischen Einheiten beschrieben (siehe Farbbilder 13, 14, 19, 20).

6.1 Porto-Azzurro-Decke (Einheit 1)

6.1.1 Der variszische Sockel (Grundgebirge)

Das bereits variszisch geprägte Grundgebirge der Porto-Azzurro-Decke besteht aus den ***Calamita-Schiefern (Monte-Calamita-Formation)***. Sie führen dort, wo sie nicht kontaktmetamorph beeinflusst sind, vorwiegend Quarz und Hellglimmer, dazu kommt Biotit, manchmal etwas Chlorit. Sie enthalten Quarzitlagen, die viele Meter mächtig oder nur mm-dünn sein können. Vereinzelt kommen Amphibolitlagen oder -linsen vor, die aus basischen Tuffen hervorgegangen sind. Das Alter der Calamita-Schiefer ist altpaläozoisch. Die Gesteine wurden bereits während der variszischen Gebirgsbildung im Karbon einer Metamorphose in vermutlich höherer Grünschieferfazies unterworfen (Bildung von Biotit und großen Muskovit-Plättchen – es gibt aber auch während der jungen Kontaktmetamorphose gewachsene Glimmer; siehe unten). Bei der alpinen Deckenstapelung wurden sie nochmals schwächer-grünschieferfaziell überprägt. Diese Überprägung macht sich durch eine verbreitete Serizitneubildung auf Kosten der größeren variszischen Muskovite und eine teilweise Chloritisierung der Biotite bemerkbar. Die Calamita-Schiefer enthalten syntektonische Quarzgängchen, die isoklinal verfaltet wurden und auf diese Weise die ältere, ansonsten ausgelöschte Schieferung erkennen lassen (EP 1, 19).

Die Calamita-Schiefer sind in großen Teilen durch die Wirkung des Ostelba-Plutons unterschiedlich stark kontaktmetamorph verändert und von Turmalin-führenden Aplit- und Granitgängen durchsetzt worden. Es treten daher vielfach Schiefer auf, die Andalusit, Biotit, Muskovit und Plagioklas als kontaktmetamorphe Mineralneubildungen führen. In der Nähe der Gänge finden sich auch mit Turmalin gefüllte Klüfte.

6.1.2 Das postvariszische Deckgebirge

Der variszisch geprägte und alpin überprägte Grundgebirgs-Sockel wird durch eine postvariszische Deckgebirgsfolge überlagert, die vom obersten Karbon bis etwa an das Ende der Kreide reicht (paläogene Schichten sind in dieser Einheit nach heutiger Kenntnis nicht erhalten). Diese Abfolge ist während der alpinen Gebirgsbildung in der niedrigen bis mittleren Grünschieferfazies metamorph geworden (und später lokal kontaktmetamorph überprägt worden). Die direkte Auflage des Deckgebirges auf dem Grundgebirge ist nicht nur – wie bislang angenommen – westlich von Porto Azzurro aufgeschlossen, sondern, zum Teil in viel besserer Aufschlussqualität, auch im Bereich zwischen Ortanotal und der Küste östlich von Terranera, wo das Vorhandensein der Calamita-Schiefer bislang nicht erkannt worden war.

Über den Calamita-Schiefern folgen Phyllite und Quarzite, die im wesentlichen aus Quarz und Serizit bestehen und weithin durch Graphitpartikel dunkel gefärbt sind. Südlich des Ortanotals beginnt die Serie mit weißen Quarziten. Diese Folge von Phylliten und Quarziten wird in Analogie zur gleichartigen Serie in Einheit 3 als ***Rio-Marina-Formation*** bezeichnet, die aufgrund von Fossilfunden in das oberste Karbon und das tiefe Perm gestellt wird. Babbini et al. (2001) vermuteten ein altpaläozoisches Alter und bezeichneten die Serie als Capo-d'Arco-Schiefer. Die einheitliche Deformationsgeschichte dieser Gesteine mit den darüberfolgenden Schichten der Deckgebirgsfolge spricht hingegen klar für ein postvariszisches Alter. Die Ausgangsgesteine der Rio-Marina-Formation sind Tonsteine, Siltsteine und Sandsteine, die im flachmarinen, teilweise vermutlich auch terrestrisch-fluviatilen Milieu abgelagert wurden. Eine eingehendere Beschreibung erfolgt bei Einheit 3a (Kapitel 6.3.1).

Die Gesteine der Rio-Marina-Formation werden vom ***Ortano-Porphyroid*** primär überlagert, das auch als „Gneis von Ortano“ beschrieben wurde. Es ist beiderseits der Spiaggia d'Ortano sowie im Valdana und an der Küste südlich davon aufgeschlossen. Porphyroide sind schwach metamorphe Rhyolithe. Für das Porphyroid wurden altpaläozoisches sowie permisches Alter vorgeschlagen, da es sowohl im Ordoviz wie im Perm verbreitet rhyolithischen Vulkanismus gab. Aufgrund der Einbindung des Porphyroids in die postvariszische Schichtfolge und der mit dieser konformen Deformationsgeschichte ist das Alter des rhyolithischen Ausgangsgesteins sicher permisch. Zum Teil dürften auch lokal aufgearbeitete Rhyolithe vorliegen, die dann einen dem Ausgangsgestein sehr ähnlichen Mineralbestand haben und daher nur schwer als vulkanogene Sedimente zu identifizieren sind. Diese „Porphyrmaterial-Schiefer“ werden in der italienischen Literatur als „Scisti porfirici“ bezeichnet.

Das Porphyroid ist ein feinkörniges, meist gut geschiefertes Gestein, das reich an Quarz und Feldspat ist und Serizit auf den Schieferungsflächen aufweist. Knoten von meist unter 1 mm bestehen aus Quarz, Alkalifeldspat und Plagioklas und stellen vulkanische Einsprenglinge in einer ursprünglich weitgehend glasigen Matrix dar. Die Matrix ist zu einem feinkörnigen Quarz-Feldspatgewebe kristallisiert, in dem sich neben Serizit auch Biotit findet, der Temperaturen der mittleren Grünschieferfazies anzeigt. In guten Aufschlüssen erkennt man, dass der Rhyolith vielfach als Ignimbrit (Schweißtuff) gebildet wurde, was an linsigen Körpern zu erkennen ist, die zusammengedrückte Bimssteinfragmente darstellen und dem Gestein eine flammenartige Struktur verleihen (EP 2a).

Über dem Ortano-Porphyroid folgt die ***Verrucano-Formation***. Diese Formation, nach dem Monte Verruca bei Pisa benannt, wird aufgrund der dortigen zum Teil fossilführenden Abfolge in die Mittel- bis tiefe Obertrias gestellt, obwohl auch Untertrias-Anteile möglich erscheinen. Die Verrucano-Formation der Einheit 1 (das Schichtglied ist in Einheit 3a wesentlich mächtiger entwickelt) besteht im Wesentlichen aus Quarziten und Serizitquarziten. Die Abgrenzung zu den unterlagernden – ebenfalls sehr quarzreichen und Serizit-führenden Porphyroiden – ist manchmal schwierig, doch sind die ziemlich reinen Quarzite in guten Aufschlüssen recht charakteristisch. Die unscharfe Grenze spricht für eine zusammenhängende Schichtfolge, was einmal mehr das postvariszische Alter des Porphyroids unterstreicht. Vermutlich wurden zuerst die Rhyolithe aufgearbeitet, zunehmend aber reine Quarzsande durch Flüsse aus größerer Entfernung geschüttet. Der Verrucano ist eine terrestrisch-fluviatile Ablagerung.

Das Ablagerungsmilieu schlägt in der Obertrias von terrestrisch auf marin um. Dies wird im folgenden Schichtglied, der ***Rauwacke***, deutlich. Rauwacken sind evaporitische Sedimente, die aus Dolomit-Gips/Anhydrit-Wechsellagerungen hervorgehen. Tektonische Überprägung, die aufgrund der leichten Verformbarkeit von Gips schon bei geringer Beanspruchung intensiv ausfällt, und anschließende Weglösung des Gipses verleihen dem Gestein ein zelliges und oft brekziöses Aussehen, das zur Namensbildung führte (es wird auch als Zellendolomit/-kalk, italienisch ***„Calcare Cavernoso“*** bezeichnet; der Dolomit wird beim Lösungsprozess durch Süßwasser großteils in Calcit umgewandelt). Dieses Schichtglied ist in Einheit 3b wesentlich mächtiger und besser entwickelt (siehe Kapitel 6.3.2), bildet aber in der Schichtfolge der Einheit 1 einen wichtigen, wenn auch schmalen und tektonisch beanspruchten Leithorizont. Die Beanspruchung lässt vermuten, dass die Mächtigkeit tektonisch deutlich reduziert ist.

Altersmäßig gehört die Rauwacke in die Obertrias. Darüber folgt der ***Valdana-Marmor***, ein heller, auch grauer (oft dann gebänderter), kristalliner Kalkmarmor, der immer wieder gelblich anwitternde Dolomitlagen enthält. Die Dolomite sind feiner-körnig, weil Dolomit im Unterschied zum Calcit bei den erreichten Temperaturen noch kein metamorphes Wachstum aufweist. Der Valdana-Marmor, nach einem aufgelassenen, absolut undurchdringlichen Dornröschen-Steinbruch im Valdana benannt, ging aus Flachwasserkalken und -dolomiten hervor, die aufgrund ihrer Stellung und lithologischer Vergleiche mit den entsprechenden Schichtfolgen am Festland in den tieferen Unterjura gestellt werden. Es ist aber auch durchaus möglich, dass er obertriadisches Alter besitzt.

Der ziemlich reine Marmor geht nach oben ohne scharfe Grenze in den ***Cipollino-Marmor*** über. Es ist dies ein unreiner Kalkmarmor mit zwiebelschalenartiger Verwitterung (cipolla, *ital.* Zwiebel) aufgrund seiner Dünnschichtigkeit und seines lagenförmigen Materialwechsels: Der zum Teil gebänderte vorherrschende Marmor enthält weiße Hornsteinlagen (Chertlagen), die bei der Diagenese aus Radiolarien oder Kieselschwämmen, die gelöst und als Quarz wiederausgefällt wurden, entstanden. Nach oben hin treten, im Übergang zum überlagernden Schichtglied, phyllitische Einschaltungen auf. Das Ablagerungsmilieu ist das eines rasch absinkenden Schelfs, die Wassertiefe könnte wenige hundert Meter betragen haben. Der Cipollino-Marmor wurde traditionell in den Lias gestellt, ist – nach freundlicher Mitteilung von H.-J. Gawlick (Montan-Universität Leoben, Österreich) – mit großer Wahrscheinlichkeit jedoch das zeitliche Äquivalent der im Mediterranraum weit verbreiteten Radiolaritschichten im höheren Mitteljura und Oberjura (Bathon bis Kimmeridge/Tithon). Der Jura weist somit großteils geringe Mächtigkeiten und vermutlich auch submarine Schichtlücken auf, was dem Milieu eines absinkenden Schelfbereichs, auf dem kalte Auftriebswässer starke Strömungen verursachen, entspricht. Die kalten Strömungen sind für Kalklösung und Abtransport feiner Sedimentpartikel verantwortlich.

Der Cipollino-Marmor geht nach oben in den mächtigen ***Phyllit der Acquadolce-Formation*** über. An der Basis enthält dieser immer wieder einzelne Kalkmarmorlagen, die aber in den höheren Anteilen verschwinden oder selten sind. Der Phyllit selbst ist kalkfrei. Es handelt sich um ein ursprünglich toniges bis siltiges Sediment aus feinkörnigem Quarz und Tonmineralen. Es treten auch quarzitische Lagen auf, die dann eine dünnschichtige Struktur erkennen lassen.

Die Schieferungsflächen des Phyllits sind von seidenglänzenden Serizithäuten überzogen, die aus den Tonmineralen entstanden und eine schwachgradige Metamorphose anzeigen, wie röntgen-diffraktometrische Untersuchungen am Serizit bestätigten. Der Serizit (feinkörniger Muskovit) wurde demnach unter Bedingungen der niedrigen Grünschieferfazies bei ungefähr 350 °C gebildet. Eine Datierung mit der $^{40}Ar/^{39}Ar$-Methode zeigt, dass das regionalmetamorphe

Wachstum des Glimmers vor 20 Ma, also im Untermiozän, erfolgte (Deino et al. 1992). Dieses Alter markiert den Höhepunkt der alpinen Metamorphose in den Toskaniden.

Der Phyllit der Acquadolce-Formation ist das Äquivalent der aus Tonschiefer bestehenden Cavo-Formation der Einheit 3. Er wurde früher altersmäßig in den Mitteljura (Dogger) gestellt, muss aber aufgrund der neuen Alterseinschätzung des unterlagernden Cipollino-Marmors in den obersten Oberjura und die Kreide gestellt werden. Fossilfunde in kalkigen Einschaltungen südlich von Rio Marina führten ebenfalls zu jüngeren Einstufungen (höhere Unterkreide; Duranti et al. 1992). Allerdings wurden die wegen der Metamorphose sehr schlecht erhaltenen und umkristallisierten Fossilien inkorrekt interpretiert. Mit großer Wahrscheinlichkeit enthalten die kalkigen Einschaltungen im Phyllit südlich von Rio Marina Globotruncanen, das sind Foraminiferen, die in der Oberkreide auftreten (F. Schlagintweit, München, sei hier für seine Beurteilung der veröffentlichten Fotos bedankt).

Der Verbleib der höheren Schichtfolge (nach dem „Dogger-Phyllit" abgelagert) war bislang ein ungelöstes Problem. Mit der neuen Alterseinschätzung der post-triadischen Schichtglieder der Einheit ist das Problem zum großen Teil gelöst. Nur das Auftreten paläogener Schichten ist in Einheit 1 nicht gesichert, diese dürften aber in Einheit 3b vorhanden sein (Kapitel 6.3.2).

6.2 Rio-Marina-Schuppe (Einheit 2)

Als Rio-Marina-Schuppe bezeichnen wir den Serpentinitspan, der die Einheiten 1 und 3 trennt. Es handelt sich um ein Element aus der ligurischen Ophiolithserie, das durch komplizierte Tektonik in die heutige Position gekommen ist (Farbbild 18). Der Serpentinit ist stark deformiert und reich an Harnischflächen, glatt polierten Störungsflächen mit Striemungen und Faserkristallisaten (EP 2g). Für die genauere Charakterisierung des Gesteins sei auf die Beschreibung bei Einheit 4 verwiesen.

6.3 Giove–Cavo-Decke (Einheit 3)

Die Giove–Cavo-Decke besteht aus einer Deckgebirgsfolge, die jener der Porto-Azzurro-Decke (Einheit 1) ähnlich ist, aber auch einige wichtige Abweichungen aufweist. Die Zweiteilung der Decke in 2 Untereinheiten (3a: Giove-Einheit, 3b: Cavo-Einheit) beruht auf einer im Wesentlichen schichtparallelen abschiebenden Bewegung im Kilometermaßstab. Dabei kamen Gesteine der höheren

Teileinheit, die bei der Metamorphose etwa 100 °C weniger erreicht hatten, auf den zuvor heißeren Gesteinen der tieferen Teileinheit zu liegen.

Die Eisenerz-Lagerstätten zwischen Porto Azzurro und Cavo sind zum größten Teil an die Giove-Einheit gebunden.

6.3.1 Giove-Einheit (Einheit 3a)

Die ***Rio-Marina-Formation*** ist der entsprechenden Serie in der Porto-Azzurro-Decke ähnlich. Sie besteht aus fast stets dunklen, graphitischen Phylliten mit quarzitischen Partien, doch fehlen die basalen hellen Quarzite, die in Einheit 1 unmittelbar über den Calamita-Schiefern auftreten. Weißliche oder ockerfarbene Partien führen Tonminerale bzw. Limonit und entstanden im Zuge der Eisenerzbildung durch Bleichung und Stofftransport, hervorgerufen durch hydrothermale Lösungen, die im Gestein zirkulierten. Die quarzitischen Partien lassen teilweise Schrägschichtung erkennen.

Aus den dunklen Phylliten wurden Fossilien beschrieben (De Stefani 1914): neben Pflanzenhäcksel wurden Brachiopoden, Crinoiden und Großforaminiferen (Fusuliniden) gefunden, die eine Einstufung in das höhere Oberkarbon und das Unterperm ermöglichen (wie hoch die Schichtfolge im Perm hinaufreicht, ist nicht bekannt). Die Fossilien weisen das Schichtglied zumindest zum Teil als marin aus. Ansonsten könnte es sich um fluviatile oder deltaische Sedimente handeln, worauf die Schrägschichtung in den quarzitischen Partien hinweist.

Bei der untermiozänen Regionalmetamorphose entstanden die Serizit-Überzüge. Zum Teil kann man außerdem klastische Hellglimmer erkennen, die mit der Quarzsandschüttung in das Sediment kamen. Daneben kommen auch Biotit oder Stilpnomelan (ein Biotit-ähnliches Mineral, das sich bei niedrigen Temperaturen statt Biotit bildet) vor. Die dunkle Farbe der Phyllite geht auf Graphit zurück, der während der Regionalmetamorphose aus organischer Substanz entstand.

In Einheit 3 fehlt das permische Porphyroid, das in Einheit 1 entwickelt ist. Die Vulkanite keilten möglicherweise aus und fehlen primär. Zwischen der Rio-Marina-Formation und der Verrucano-Formation wird sicher eine Schichtlücke bestehen, obwohl das Alter der Basis der Verrucano-Formation nicht bekannt ist. Aufschlüsse im (nicht mehr zugänglichen) Lagerstättenbereich bei Rio Marina legen angeblich einen Erosionskontakt nahe, obwohl dies nicht wirklich nachweisbar ist. Der Kontakt zwischen Rio-Marina-Formation und Verrucano-Formation ist aber teilweise durch eine Störung markiert (EP 4), so dass auch eine tektonische Reduzierung der Schichtfolge möglich erscheint.

Die ***Verrucano-Formation*** ist in Einheit 3 wesentlich mächtiger und weiter verbreitet als in Einheit 1. Vor allem nördlich von Rio Marina ist sie großflächig aufgeschlossen. Ein großer Teil der Eisenerz-Lagerstätten befindet sich innerhalb der Verrucano-Formation, die bei der spätmiozänen Lagerstättenbildung schließlich auch das Eisen beisteuerte (Kapitel 9).

Die triadische Formation enthält in Einheit 3 neben Quarziten und Serizitquarziten auch Tonschiefer mit den typischen Serizitbelägen auf den Schieferungsflächen, die bei der epizonalen Regionalmetamorphose entstanden. Der Verrucano ist eine großteils terrestrisch abgelagerte Formation. Die Quarzite stellen fluviatile Sandsteine dar, die häufig Schrägschichtung erkennen lassen, wie sie in Flusssystemen mit sich ständig ändernden Strömungsrinnen entstehen. Oft sind sie auch sehr massig, stark umkristallisiert und enthalten reichlich Quarzmobilisate. Ihre Farbe ist weiß, grünlich, rosa oder braun. Immer wieder enthalten die Quarzite rosa Quarzgerölle von bis zu mehreren Millimetern Durchmesser. Solche Quarze entstehen typischerweise in aridem Klima, wo sie sich mit einer dünnen hämatitischen Haut überziehen, die ihnen die rosa Farbe verleiht.

Basal oder auch als Einschaltungen finden sich Konglomeratlagen mit bis zu mehrere Zentimeter großen Quarzgeröllen, die von Quarzmobilisaten stammen, wie sie z.B. in den Calamita-Schiefern vorkommen. Die Basis einzelner Konglomeratlagen ist oft erosiv und zeigt, dass es sich um Rinnenfüllungen handelt. Einschaltungen von Tonschiefern oder Phylliten stellen tonige Stillwasserablagerungen in dem verzweigten und vernetzten Flusssystem oder in Seen dar. Sie sind violett gefärbt, oft aber auch durch hydrothermale Lösungen gebleicht und dann weißlich. Grüne Partien enthalten hydrothermal gebildeten Chlorit.

Da es sich bei der Verrucano-Formation um ein terrestrisches Sediment in aridem Klima handelt, ist seine ursprüngliche Färbung vermutlich zu einem guten Teil rot gewesen, was auch noch an den violetten Schiefern und rosa Quarzen erkennbar ist. Die Rotfärbung geht auf feinverteilten Hämatit (Eisen-III-Oxid, Fe_2O_3) zurück. Die Verrucano-Formation ist die primäre Eisenquelle für die Lagerstätten, die sich im Zuge der Aufheizung und Mobilisierung durch die obermiozänen Intrusionen gebildet haben (siehe Kapitel 9). Analysen in den violetten Schiefern ergaben Fe_2O_3-Gehalte von rund 8 Gewichts-% (Gesamteisen).

Im höheren Anteil der Verrucano-Formation gibt es im Bereich der Lagerstätte Valle Giove karbonatische Einschaltungen, deren Zugehörigkeit zu dieser Formation aber nicht eindeutig ist. Sie könnten erste marine Ingressionen und somit den Übergang zum nächstjüngeren Schichtglied, der Rauwacke, anzeigen.

Der Kontakt zur Rauwacke ist in Einheit 3 immer tektonisch und durch Abschiebung oder auch spätere Seitenverschiebung geprägt.

6.3.2 Cavo-Einheit (Einheit 3b)

Ein bedeutender Unterschied in der Schichtfolge der Cavo-Einheit zu den zeitgleichen Schichten in der Porto-Azzurro-Einheit (Einheit 1) ist, dass – abgesehen vom deutlich geringeren Metamorphosegrad – die rhätisch-jurassischen Karbonatgesteine teilweise abweichend entwickelt sind.

Die Schichtfolge der Cavo-Einheit beginnt mit der ocker gefärbten ***Rauwakke (Calcare Cavernoso)***. Diese unterscheidet sich nicht wesentlich von jener in Einheit 1, ist aber viel mächtiger erhalten und tektonisch weniger beansprucht. Sie ist großteils als gut ausgebildeter Zellenkalk mit großen Hohlräumen entwickelt (Farbbild 31). Altersmäßig gehört die Rauwacke in die Obertrias. Sie bildet mit ihrer evaporitischen Fazies den Übergang zu den vollmarinen Kalken.

Über der Rauwacke und sich mit dieser vermutlich auch seitlich verzahnend folgen Kalke und Dolomite des Rhät, auch kurz ***Rhätkalke*** genannt. Sie enthalten die Muschel *Rhaetavicula contorta*, ein Leitfossil des Rhät, der jüngsten Stufe der Obertrias. Dieses Schichtglied besteht aus dickbankigen, grauen bis dunkelgrauen, meist dichten Kalken und enthält auch Dolomitlagen und Mergelzwischenlagen. Die Sedimente wurden in sehr flachem Wasser, teilweise im Gezeitenbereich, abgelagert.

Es folgen mehrere Kalkschichtglieder, die überwiegend jurassisches Alter besitzen und im Bereich südlich und südöstlich von Cavo vorkommen. In diesen ***Kalken von Cavo***, wie sie hier vereinfachend zusammengefasst werden, können folgende Schichten unterschieden werden:

Der ***Massenkalk („Calcare Massiccio")*** ist ein massiger oder dick gebankter, hell gefärbter, mikritischer oder auch spätiger Kalk, der lagenweise dolomitisiert wurde. Teilweise können Oolithe, Intraklasten und Bioklasten beobachtet werden. Die mikritischen Partien lassen z.T. eine sehr geringe Kristallinität erkennen, die auf eine sehr schwache, anchizonale metamorphe Überprägung zurückgeht. Der Kalk wurde im sehr seichten, aber subtidalen Bereich abgelagert. Altersmäßig wird er aus Vergleichen mit dem Festland in den tieferen Unterjura gestellt, könnte aber von seiner Ausbildung her eher obertriadisch sein. Er entspricht dem Valdana-Marmor der Einheit 1.

Über dem Massenkalk folgt der ***Untere Hornsteinkalk***. Es ist dies ein meist dünnbankiger grauer, kieseliger Kalk, der manchmal fein laminiert ist und lagig angeordnete Hornsteinknollen oder durchgehende Hornsteinlagen führt. Die

Schichtflächen sind oft wellig. Dünne Mergelzwischenlagen sind häufig. Nach oben hin wird die Färbung des Hornsteinkalks heller und teilweise rötlich, was den Übergang zum Roten Ammonitenkalk andeutet. Der Untere Hornsteinkalk wurde in einem pelagischen Milieu abgelagert, was gegenüber dem Massenkalk eine rasche Abtiefung des Ablagerungsraums bedeutet. Er entspricht in seiner Fazies dem Cipollino-Marmor der Einheit 1. Entsprechend stufen wir ihn altersmäßig in den Jura ein, wobei er bis in den Oberjura hinaufreichen dürfte.

Der ***Rote Ammonitenkalk („Rosso Ammonitico")*** ist ein teilweise knolliger, rot, braun oder grau gefärbter mikritischer, gut gebankter Kalk. Ammonitenreste findet man im allgemeinen nicht, weil in dieser pelagischen Fazies die aragonitischen Ammonitengehäuse leicht gelöst werden. Partienweise ist das Schichtglied mergelig und lässt dann manchmal eine Schieferung erkennen. Die Fazies des Roten Ammonitenkalks ist im Mediterranraum weit verbreitet. Das entsprechende Schichtglied auf Elba kann daher in den höheren Oberjura gestellt werden. Hornsteinkalk und Ammonitenkalk zeigen wie der Cipollino-Marmor die geringmächtige und lückenhafte Fazies des Jura an, die durch Lösungserscheinungen und Partikeltransport gekennzeichnet ist.

Der ***Obere Hornsteinkalk*** ist ein hell gefärbter Kalk, der über dem Roten Ammonitenkalk folgt, wobei die Bankmächtigkeiten zunehmen. Er führt große, unregelmäßige Hornsteinknollen. Die Bänke sind oft durch dünne tonigmergelige Lagen getrennt. Das Alter kann infolge der Position über dem Roten Ammonitenkalk als höchster Oberjura bis tiefe Unterkreide angenommen werden. Er stellt ein fazielles und altersmäßiges Äquivalent der Calpionellenkalke in den Liguriden (Kapitel 6.4) dar.

Die Kalke von Cavo zeigen vielfach feine Umkristallisation und verraten damit eine beginnende (anchizonale) Metamorphose. Dieser Eindruck wird durch die stratigraphisch darüberfolgenden Tonschiefer der Cavo-Formation bestätigt.

Über den Kalken von Cavo und – weiter südlich, wo diese Kalke tektonisch ausgequetscht sind – über der Rauwacke folgt die ***Cavo-Formation***, die aus Tonschiefern besteht, die sowohl in der stratigraphischen Stellung als auch lithologisch den Phylliten der Einheit 1 gleichzustellen sind. Allerdings sind sie deutlich weniger metamorph, was sich an den nur matt glänzenden Serizitüberzügen auf den Schieferungsflächen ablesen lässt. Bestätigt wird dieser Eindruck durch Untersuchungen der Illit-Kristallinität, die diese Schiefer als anchizonal metamorph ausweist. Sie erlebten während der Regionalmetamorphose Temperaturen von rund 250 °C, während die Phyllite der Einheit 1 etwa 350 °C oder etwas mehr erreichten. Die Tonschiefer der Cavo-Formation enthalten nahe der Basis vereinzelte kalkige Einschaltungen. Ansonsten sind es milde, weich brechende, meist bräunlich anwitternde Schiefer, die auch rötlich gefärbt sein können und oft schwarze Überzüge aus Mangan- und Eisenhydroxid aufweisen. Altersmäßig sind die Tonschiefer der Cavo-Formation aufgrund ihrer Stellung in der Schichtfolge und im Vergleich zum Phyllit der Acquadolce-Formation (Einheit 1) in die Kreide zu stellen.

Isoliert kommen am Capo Castello (nördlich von Cavo) und südlich des Capo Pero (südöstlich von Cavo) die ***Bunten Kalkschiefer*** vor, die vereinzelt weiße Hornsteinlagen führen. Die dünnschichtigen sehr feinkristallinen Kalke wechsellagern mit violetten Tonschiefern, die durch Eisenabfuhr oder -reduktion auch manchmal blassgrünlich erscheinen. Entsprechend der Tonbeimengung sind die Kalklagen weiß, grau, violett oder grünlich. Die Kristallinität der Kalke und die Serizithäute der Tonschieferlagen verraten eine anchizonale Metamorphose. Foraminiferen, die auf der Halbinsel Capo Castello in einer Kalkbank gefunden wurden, ergaben ein Alter der höchsten Oberkreide (Maastricht; Perrin & Neumann 1970). Vermutlich entspricht diese Formation den ***„Scisti Policromi"*** auf dem Festland, die von der Oberkreide bis ins Eozän reichen.

Zusammen mit den Bunten Kalkschiefern des Capo Castello und auf der vorgelagerten Insel Topi kommt eine Turbiditfolge (Flysch) mit dickbankigen gradierten Sandsteinen und Arkosen mit Tonschieferzwischenlagen vor. Die Basis dicker Bänke wird teilweise von Feinkonglomeraten gebildet. Diese auf Elba nur in wenigen Aufschlüssen vorhandene Serie wird mit der Macigno-Formation des Festlands (oft fälschlicherweise als „Pseudomacigno" bezeichnet) korreliert (Keller & Pialli 1990), die oligozänes Alter besitzt und eine Flysch-Abfolge tiefen Wassers darstellt.

6.4 Cima-del-Monte-Decke mit Schuppenzone von Rio nell'Elba und Monte-Grosso-Schuppe (Einheit 4)

Von der Hauptmasse der Ophiolithdecke, die hier als Cima-del-Monte-Decke (Einheit 4c) bezeichnet wird, haben sich die basale Schuppenzone von Rio nell'Elba (Einheit 4a) und die Monte-Grosso-Schuppe (Einheit 4b) bei der Deckenbildung abgespalten. Sie werden hier alle als Einheit 4 zusammengefasst und gemeinsam beschrieben, weil sie aus einer einheitlichen Schichtfolge hervorgegangen sind, die nur durch die Tektonik zerrissen wurde. Während die Schuppenzone von Rio nell'Elba überall an der Basis der Einheit 4 zu finden ist, ist die Monte-Grosso-Schuppe, die ebenfalls von der Cima-del-Monte-Decke überschoben wurde, nur am NE-Sporn der Insel vorhanden, wo sie durch eine spätere Abschiebung zweigeteilt ist. Die meisten Schichtglieder finden sich in allen drei Untereinheiten.

Die ligurische Schichtfolge zeichnet sich durch ihre ophiolithische Gesteinsvergesellschaftung aus. Die Bildung des ligurischen Ozeanbodens, von dem die ophiolithische Folge mit Serpentiniten, Gabbros und Kissenbasalten erhalten ist, begann vermutlich um die Wende Unterjura/Mitteljura. Radiometrische Bestimmungen der Bildungsalter der ophiolithischen Gesteine der Liguriden im Nordapennin sind selten und wenig genau. Eine Sm/Nd-Isochrone von Gesamtgestein und Mineralkonzentraten einer Gabbroprobe vom Festland zwischen Genua und La Spezia ergab ein Alter von 164 ± 14 Ma (Rampone et al. 1998). Eine Datierung von Zirkon aus Gabbro vom Monte Orello auf Elba mit der Spaltspurenmethode ergab ein Alter von 161 ± 23 Ma (Bigazzi et al. 1973). Beide Alter entsprechen Mitteljura (siehe Zeittafel) und stehen in Einklang mit dem Beginn der Sedimentation auf dem Ozeanboden, wo sich ab dem höheren Mitteljura Radiolarite ablagerten. Die auf Elba erhaltenen Ozeanbodenreste dürften somit Mitteljura-Alter besitzen.

Serpentinit bildet das in der ungestörten Abfolge tiefste Schichtglied. Serpentinit des ligurischen Ozeanbodens wurde bereits in der Rio-Marina-Schuppe (Einheit 2) angetroffen. Er ist in den Schuppen der Einheit 4 tektonisch stark zerrissen und bildet teilweise die Basis der Cima-del-Monte-Decke. Er erreicht in größeren Körpern mehrere hundert Meter Mächtigkeit.

Der Serpentinit ist aus Peridotit hervorgegangen, der den Erdmantel unmittelbar unter der ozeanischen Kruste repräsentiert. Die Protolithe waren Lherzolithe (ursprüngliche Mineralzusammensetzung: Olivin, Ortho- und Klinopyroxen) und Harzburgite (Olivin, Orthopyroxen). Neben dem Olivin ist auch der Orthopyroxen weitgehend serpentinisiert, während der Klinopyroxen erhalten ist und mehrere Millimeter große, oft deformierte Kristalle bildet. Als weitere Gemengteile treten Chromspinell und Magnetit auf. Magnetit bildet sich bei der Serpentinisierung, da der Eisengehalt des Olivins bzw. Orthopyroxens (ca. 10 Mol-%) bei der Umwandlung nicht in die Serpentinminerale eingebaut werden kann.

Das verbreitete Auftreten lherzolithischer Gesteine weist auf langsame Ozeanbodenspreizung von maximal etwa 2 cm im Jahr hin, da sich nur dann im obersten Teil des lithosphärischen Mantels diese Gesteine finden. Sie zeigen gegenüber den Harzburgiten eine relativ geringe Extraktion basaltischer Schmelze aus dem aufsteigenden asthenosphärischen Mantelprotolith an (Frisch & Meschede 2007).

Da die Serpentinite leicht verformbar sind, weisen sie meist eine deutliche Schieferung auf, die auf die Decken- und Schuppentektonik zurückgeht. Eine Regionalmetamorphose geht damit nicht notwendigerweise einher, obwohl eine sehr schwache anchizonale Überprägung bereichsweise nicht auszuschließen ist. Die Serpentinite sind aufgrund ihrer Beanspruchung voll von glänzenden Harnischflächen, auf denen häufig Faserserpentin (Chrysotil) wächst und die ein sich vernetzendes System von Störungsflächen bilden.

In einigen Bereichen ist der Serpeninit in Form von ***Ophicalcit*** entwickelt (EP 11b). Ophicalcite sind tektonische Gemenge von Serpentinit und biogenkalkigem Sediment oder authigen (durch chemische Fällung im Gestein) gebildetem Calcit-Zement, die typischerweise entlang von Störungen am Ozeanboden auftreten. Die Ophicalcite sind kataklastisch (durch Zerreibung) beansprucht und weisen eine Brekzienstruktur auf.

Gabbro tritt in Ostelba als eine langhinziehende gangartige Lage, die bis maximal 100 m mächtig wird, oder auch als größere Masse wie auf der Halbinsel Fetovaia in Westelba auf. Seine Verbreitung entspricht aber keineswegs der in einem vollständigen Ophiolithprofil zu erwartenden. Es handelt sich um grobkörnige, vielfach auch pegmatitisch entwickelte Gesteine mit mehrere Zentimeter großen Plagioklasen und Mg-reichen Klinopyroxenen (Endiopsid). Spohn (1981) berichtet von magmatischem Lagenbau in Gabbros Westelbas. Aufschlüsse mit abwechselnden Pyroxen- und Plagioklas-reichen Lagen sprechen dort für eine Kumulatbildung in der Magmakammer. Ozeanbodenmetamorphose ist für geringe Umwandlungen von Pyroxen in Chlorit und Aktinolith sowie von Plagioklas in Serizit und Epidot verantwortlich. Ozeanbodenmetamorphose ist eine hydrothermale Umwandlung der noch heißen Gesteine im Bereich des Mittelozeanischen Rückens, wenn Meerwasser über Bruchsysteme in die Tiefe vordringt.

Zusammen mit den Gabbros treten nördlich des Colle Reciso ***Diorit und Plagiogranit*** auf, Gesteine, die in Ophiolithsequenzen als Differenziate der Gabbros vorkommen können. Diese Gesteine enthalten neben Plagioklas und Pyroxen auch Amphibol und Quarz. Der Diorit wurde mit Hilfe der Spaltspurenmethode an Zirkon – mit einem größeren Fehler – auf etwa Mittel- bis Oberjura datiert (Bigazzi et al. 1973). Das Spaltspurenalter ist für die Abschätzung der thermischen Geschichte des datierten Gesteins von Interesse, weil es eine metamorphe Überprägung während der untermiozänen Gebirgsbildung ausschließt. Hätten hierbei die Temperaturen ca. 200 °C, was der beginnenden anchizonalen Metamorphose entspricht, überschritten, wären die Spaltspurenalter verjüngt worden.

Aktinolithe aus Plagiograniten des Nordapennins, die mit dem Gabbro zusammen vorkommen, ergaben $^{40}Ar/^{39}Ar$-Alter von 158 Ma (Bortolotti et al. 1995). Sie zeigen damit hydrothermale Umwandlungen durch die Ozeanbodenmetamorphose im frühen Oberjura unmittelbar nach Bildung der Ophiolithe an.

Basalt erreicht eine Mächtigkeit von gut 500 m und ist daher weit verbreitet. Ein doleritischer Gangkomplex, wie er in einem vollständigen Ophiolithprofil zwischen Gabbro und Basalt zu erwarten wäre, fehlt hingegen. Der Basalt ist ein typischer Ozeanboden-Tholeiit und liegt großteils in Form von Kissenlaven vor, die an zahlreichen Stellen auch als solche gut erhalten sind – ein in diesem Führer beschriebener Aufschluss ist als spektakulär zu bezeichnen (EP 31). Es finden sich neben den typischen ovalen Kissen lokal auch lange Kissenschläuche. Im Inneren zeigen sie an manchen guten Aufschlüssen Fächerbildung, die durch Auslaufen des noch flüssigen Inneren entstehen. Die ursprünglich glasige Außenhaut enthält oft Variolen, Entglasungsstrukturen, die aus feinen radialstrahligen Zeolithen bestehen. Während der Ozeanbodenmetamorphose bildeten sich Chlorit, Aktinolith und Epidot.

Das tiefste Schichtglied der ligurischen Sedimentfolge ist der ***Radiolarit***, der hier nach der in Ostelba weithin sichtbaren Ruine Volterraio auch als ***Volterraio-Formation*** bezeichnet wird. Wir verwenden bewusst nicht die Bezeichnung „Monte-Alpe-Radiolarit" (z.B. Bortolotti et al. 2001), da sich diese auf Vorkommen auf dem Festland bezieht und die Parallelisierungen mit dem Festland immer wieder für Verwirrung sorgten.

Die Radiolarite sind dünnbankige, kalkfreie (und daher unterhalb der Calcit-Kompensationstiefe – CCD – abgelagerte) Kieselgesteine mit geringen Gehalten an Ton (Illit) und Chlorit: sie enthalten etwa 90 % Quarz und 10 % Tonminerale. Die Bankungsfugen werden oft durch dünne tonige Häute markiert. In den basalen Bereichen der Abfolge gibt es immer wieder kieselige Tonsteine mit bis zu 35 % Tonmineralen (Barrett 1982).

Die Farbe des Radiolarits ist im allgemeinen intensiv rot; durch Weglösung des feinverteilten farbgebenden Hämatits gibt es auch grünliche oder andere hell gefärbte Variationen. Die Rotfärbung weist auf gute Durchlüftung des Ozeanbodens hin, die zur Aufoxidierung des – großteils durch Ausstoß hydrothermaler Lösungen am Mittelozeanischen Rücken stammenden – Eisens zu Hämatit (Fe_2O_3) führt. Der Hämatit-Gehalt des Radiolarits beträgt aber meist nur um 1 % (das genügt für die intensive Rotfärbung!). In den basalen tonreicheren Schichten (bis einige Meter über dem Basalt), steigt er allerdings auf 7–17 % an. Hier findet sich auch ein erhöhter Chloritgehalt. Ein geringer Mangan-Gehalt der Gesteine schlägt sich vor allem in dem Mineral Braunit ($Mn^{+2}Mn^{+3}{}_6SiO_{12}$) nieder, das ebenfalls in den basalen Partien häufiger ist. Alle diese Element- und Mineralanreicherungen gehen auf die vulkanisch-hydrothermale Tätigkeit am Mittelozeanischen Rücken zurück, deren Einfluss in den höheren Bereichen der Formation durch Wegdrift naturgemäß rasch abnimmt (Barrett 1981).

Mit dem freien Auge meist nicht erkennbar ist eine feine Laminierung, die in Radiographien deutlich gemacht werden kann. Dann erkennt man, dass die Radiolarite vielfach turbiditische Sedimente sind und die einzelnen Bänke (oft unvollständige) Bouma-Zyklen darstellen bzw. viele Bänke auch aus mehreren Bouma-Zyklen, deren Mächtigkeit meist unter 5 cm bleibt, zusammengesetzt sind. Bisweilen ist eine Gradierung nach der Größe der Radiolarien zu erkennen, wobei an der Basis der Bänke im tieferen Bereich der Schichtfolge auch Ophiolithpartikel auftreten. Nach oben hin werden die turbiditischen Lagen seltener. Die Laminierung kann auch teilweise auf Tiefenströmungen (Konturenströme) zurückgehen.

Die Radiolarite der Volterraio-Formation schwanken in ihrer Mächtigkeit sehr stark. Um den Monte Capannello erreichen sie an die 300 m, am Wildschweinhügel gut 10 m Mächtigkeit. Diese Schwankungen sind primär und zeigen, dass die radiolaritischen Trübeströme ein Relief des Untergrunds, das sich durch Störungstektonik zu Beginn der Sedimentation herausbildete, ausglichen. In das Bild eines deutlichen Bodenreliefs am Beginn der Radiolarit-Sedimentation fügt sich auch das Vorkommen einer wenige Meter mächtigen Brekzie, die in der Nähe von Porto Azzurro in den basalen Radiolariten eingeschaltet ist und cm- bis dm-große Komponenten aus Radiolarit und Basalt führt. Die Brekzie muss – wie auch eine stratigraphisch etwas ältere Kissenlava-Brekzie am Wildschweinhügel (EP 11) – unmittelbar am Fuß eines störungsbedingten Abbruchs entstanden sein.

Das Alter der Radiolarite wurde an mehreren Stellen mit Hilfe der Radiolarien, die verschieden stark umkristallisiert sind, datiert (siehe Bortolotti et al. 2001). Der stratigraphische Umfang reicht demnach vom oberen Bathon bis ins untere Tithon (höherer Mitteljura bis höherer Oberjura). Dies fügt sich gut in die Datierungen der unterlagernden Ophiolithe ein.

Die Radiolarite sind durch Übergang mit der darüber folgenden ***Nisportino-Formation*** verbunden. Diese Formation zeichnet sich durch eine Wechsellagerung zwischen kieseligen Schiefertonen, kieseligen Kalken und Mergeln sowie Radiolaritbänken aus. Sie vermittelt damit zwischen den darunterliegenden Radiolariten und den darüber folgenden Kalken. Die Gesteine wittern aufgrund ihres Kieselgehalts oft bräunlich an, auch rosa gefärbte Partien treten auf. Die kieseligen Kalkbänke stellen zumindest teilweise wieder Turbidite dar, wurden also von Trübeströmen abgelagert, die feinen Kalkschlamm und reichlich Radiolarien führten. Die tonigen Partien, ebenfalls ursprünglich reich an Radiolarien, erfuhren des öfteren eine zur Schichtung transversal verlaufende Bruchschieferung und zerfallen dann in hell klingende Stäbchen, bekannt als „Bleistiftstruktur“. Das Auftreten bestimmter Tonminerale zeigt an, dass die

Formation während ihrer Versenkung Temperaturen von ~150 °C nicht überstieg (Bortolotti et al. 2001). Somit blieb der entsprechende Teil der ligurischen Einheiten (Monte-Grosso-Schuppe, Cima-del-Monte-Decke) im Feld der Diagenese und erfuhr keine anchizonale metamorphe Überprägung.

Die Formation erreicht einige Zehnermeter, lokal auch ca. 100 m an Mächtigkeit, kann aber auch fehlen, wie im Steinbruch am Wildschweinhügel, wo die Radiolarite besonders geringmächtig sind (EP 11). Das Alter der Nisportino-Formation ist höherer Oberjura (Tithon) bis tiefe Unterkreide (Berrias). Im Tithon explodierte nach allgemeiner Auffassung die Produktion des kalkigen Nannoplanktons (vor allem der Coccolithophoriden; siehe unten), so dass durch das reichliche Abregnen kalkiger Partikel im Ozean die Calcit-Sättigungszone stark nach unten ausgeweitet wurde und die CCD nun wesentlich tiefer lag als vorher. Dadurch kam es weithin im Mediterranraum zu einem Umschlag von der Radiolaritbildung in eine kalkige Sedimentation, die sich in den nächsthöheren Schichtgliedern (Nisportino-Formation, Calpionellenkalk) niederschlägt. Während die altersmäßige Untergrenze der Nisportino-Formation durch deren Ablagerung auf den Radiolariten gegeben ist, ist der tiefkretazische Anteil durch Mikrofossilfunde (Calpionellen, Coccolithen) gesichert (Bortolotti et al. 1994).

Durch Abnahme der tonigen Anteile und des Kieselgehalts geht die Nisportino-Formation in den hellen, dickbankigen ***Calpionellenkalk*** über, der hier auch unter dem Begriff ***Monte-Grosso-Formation*** beschrieben wird, benannt nach dem auffälligen Berg an der Nordspitze Ostelbas. Dort, wo die Nisportino-Formation fehlt, ist die Grenze zwischen Radiolarit und Calpionellenkalk scharf.

Der Kalk ist dicht (mikritisch) und lässt mitunter mit der Lupe kleine runde Kügelchen erkennen, die umkristallisierte Radiolarien darstellen. Seinen Namen hat der Kalk von Calpionellen, Mikrofossilien aus der Gruppe der Tintinniden, die es nur im obersten Jura und in der frühen Unterkreide gegeben hat und daher gute Leitfossilien darstellen. Mit freiem Auge sind die Calpionellen i.a. nicht wahrnehmbar. Aufgebaut wird der Kalk vorwiegend von Coccolithen, feinen Kalkplättchen, die einen Panzer um einzellige Algen (Coccolithophoriden) bilden. Die Farbe des Kalks ist weiß bis hellgrau oder bräunlich, im basalen Teil auch rosa. Die bis über 1 m dicken Bänke werden durch dünne Tonzwischenlagen getrennt, die nahe der Basis auch mächtiger und mergelig sein können. Sehr vereinzelt treten Hornsteinknollen auf. Manchmal kann man eine Laminierung und Gradierung mit feinen Kalksandlagen an der Basis der Bank erkennen, was eine teilweise turbiditische Ablagerung anzeigt.

Die Untergrenze des Calpionellenkalks ist dort, wo die Nisportino-Formation fehlt, in den höheren Oberjura (Tithon) einzustufen, über der Nisportino-Formation in die tiefe Unterkreide (oberes Berrias). Stratigraphisch reicht er weiter in die Unterkreide hinauf. Die Mächtigkeit ist nicht abschätzbar, weil in keinem Schnitt Liegend- und Hangendgrenze zugleich vorkommen, beträgt aber mindestens 200 m.

Die ***Palombini-Formation*** folgt stratigraphisch über den Kalken der Monte-Grosso-Formation. Sie wird in der Literatur entweder kurz „Palombini" genannt oder mit einem längeren beschreibenden Namen aufgeführt, z.B. „Argilloscisti siltosi con intercalazioni di calcari silicei (palombini)", übersetzt „siltige Tonschiefer mit Zwischenlagen von kieseligen Kalken (Palombini)". Mit „Palombini" sind also die hell anwitternden kieseligen Kalklagen gemeint, die sich aus dem ansonsten dunklen Gestein hervorheben. Die Herkunft des Begriffs „Palombini" ist unklar. Viele italienische Geologen meinen, er komme von „palomba", Ringeltaube, weil die Kalklagen im Anschlag so grau wie diese Tiere sind. Die maskuline Form des Diminutivs macht es aber wahrscheinlicher, dass der Begriff von „palombo", einer Haiart (Glatthai), kommt. Die Begründung könnte sein, dass die hell anwitternden und oft durch Boudinage auskeilenden Lagen an Haifische im dunklen Meer erinnern.

Die einzige Stelle auf Elba, an der der sedimentäre Kontakt zu den stratigraphisch älteren Kalken der Monte-Grosso-Formation erhalten und gut aufgeschlossen ist, ist das Capo Vita, die nördlichste Stelle der Insel. Es handelt sich um einen Übergang von etwa 20–30 m Mächtigkeit. Der dickbankige Kalk wird gegen seine Hangendgrenze hin dunkel und teilweise kieselig, Schiefertonlagen schalten sich ein. Die basale Palombini-Formation wird aus dicken (bis um 1 m mächtigen) dunklen kieseligen Kalkbänken im Wechsel mit meterdicken kieseligen Schiefertonlagen gebildet.

Die Palombini-Formation besteht aus einer Wechsellagerung zwischen den vorherrschenden dunklen kieseligen (z.T. siltigen) Schiefertonen und meist unter 10 cm mächtigen Lagen von dunklem Hornstein oder Chert (entstanden aus Radiolarien oder Kieselschwämmen) und den kieseligen Kalklagen, den Palombini, die meist zwischen 10 und 30 cm dick sind. Die Palombini-Lagen, schon im unteren Teil der Formation gegenüber den Tonsteinen deutlich zurücktretend, werden nach oben hin seltener. Die dunkle Farbe der Formation (auch die Kalke sind im frischen Anschlag ziemlich dunkel) kommt von einer schlechten Durchlüftung des Ozeanbodens, so dass – im Unterschied zu den Kalken der Monte-Grosso-Formation – die organische Substanz nicht vollständig zersetzt und in sehr feinkörnigen Pyrit, der dann dunkel erscheint, umgewandelt wurde. Dies bedeutet eine Änderung des Ablagerungsmilieus gegenüber dem Kalk: ein weiter abgesenktes tiefes ozeanisches Becken, das nun nicht mehr von regelmäßigen Bodenströmungen erreicht wurde. Die Ablagerungsbedingungen der Palombini-Formation waren wieder zum Teil turbiditisch. Die Kalklagen lassen bisweilen eine geringe Gradierung nach der Korngröße erkennen. Die Kiesellagen weisen häufig eine feine Laminierung auf.

Das Alter der Palombini-Formation ist nach Datierungen mit Nannofossilien höhere Unterkreide (höheres Neokom bis Alb; Bortolotti et al. 2001). Ihre Mächtigkeit ist auf Elba nicht abschätzbar, da sie das jüngste Schichtglied der Einheit 4 darstellt. Sie muss aber mehrere hundert Meter betragen. (Es gibt ein einziges Vorkommen der Palombini-Formation in Einheit 2, der Rio-Marina-Schuppe, die ansonsten nur aus Serpentinit besteht. Das Vorkommen befindet sich südlich des Capo Pero – zwischen Cavo und Rio Marina gelegen – und stellt aufgrund der bis über 1 m mächtigen Palombini-Lagen vermutlich den basalen Teil der Formation dar.)

6.5 Colle-Reciso-Decke (Einheit 5a) und Marina-di-Campo-Decke (Einheit 5b)

Diese beiden Einheiten bestehen je aus einer Formation, die in unserer Gliederung den gleichen Namen wie die Einheit trägt. Beide Formationen stellen Flyschabfolgen dar, sind also großteils turbiditischer Entstehung. Die tiefere Colle-Reciso-Decke (Einheit 5a) enthält die jüngere Colle-Reciso-Formation (Paläogen), während die höhere Marina-di-Campo-Decke (Einheit 5b) aus der älteren Marina-di-Campo-Formation (Oberkreide) besteht.

Der Flysch der ***Marina-di-Campo-Formation*** baut große Teile Mittelelbas auf. Er besteht großteils aus 1 dm bis über 1 m mächtigen Sandstein-Bänken, die gradiert sind und häufig eine vollständige Bouma-Zyklik (siehe Abb. 22) erkennen lassen (EP 27a). Die A-Horizonte sind dabei Grobsandsteine bis Arkosen (Feldspat führende Sandsteine). Es kommen auch kalkig gebundene Feinsandsteine vor. Dunkelgraue Mergellagen, die bis zu mehrere Meter Mächtigkeit erreichen, stellen die pelagische Hintergrundsedimentation dar und zeigen, dass die Ablagerung oberhalb der CCD erfolgte. Im tieferen Teil treten neben Sandsteinen und Arkosen Konglomeratlagen auf, die Gneise und Granite als Komponenten führen und als Ghiaieto-Sandstein von einigen Autoren von der Hauptmasse des Flyschs ausgegliedert werden (Bortolotti et al. 2001). Diese Partien stellen Rinnenfüllungen dar, die von einer westlichen Quelle aus dem Bereich des europäischen Festlands geschüttet wurden.

Einige Mergellagen konnten mit Hilfe von Nannoplankton in die höhere Oberkreide (Campan bis Maastricht) eingestuft werden (Babbini 1996). Das untere Drittel der etwa 1000 m mächtigen Formation lieferte keine Fossilien und besitzt vermutlich ein Alter der tieferen Oberkreide.

Die Verbreitung der ***Colle-Reciso-Formation*** ist beschränkt. Diese Flyschfolge besteht aus Tonschiefern mit Einschaltungen von kieseligen Kalklagen und Mergellagen und relativ seltenen turbiditischen Sandsteinen, die Ophiolith-Detritus enthalten. Auch sie wurde oberhalb der CCD abgelagert. Die Abfolge erinnert teilweise an die Palombini-Formation. Foraminiferen (darunter Nummuliten) zeigen ein paläogenes Alter (Paläozän bis Eozän) der Formation an.

7. Der obermiozäne Magmatismus und die Gleitdecken

Der obermiozäne Magmatismus Elbas ist Teil der Toskanischen Magmatischen Provinz, die den toskanischen Archipel sowie das Festland in einem küstennahen Streifen zwischen Pisa und Rom umfasst. Der Magmatismus wanderte von Westen nach Osten (Abb. 5), das heißt er wird von Capraia und Elba, wo er vor über 8 Ma einsetzte, bis vor die Tore Roms, wo er erst vor rund 800 000 Jahren endete, immer jünger (Serri et al. 2001). Der Magmatismus spiegelt das Wandern der jungen Krustendehnung in der Tyrrhenis und dem angrenzenden italienischen Festland wider, das im Zurückrollen der adriatischen Subduktionszone nach Osten seine Ursache hat (Farbbild 16; Kapitel 5).

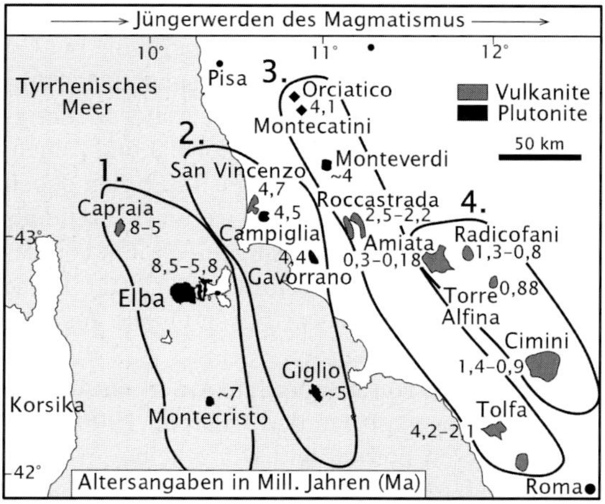

Abb. 5: Durch Zurückrollen der apenninischen Subduktionszone wanderte der Magmatismus in der Toskanischen Magmatischen Provinz ostwärts (nach Peccerillo 2002).

Die magmatischen Körper drangen über einen Zeitraum von etwa 2,5 Millionen Jahren in die Schichtfolgen Elbas ein. Der Magmatismus schuf zahlreiche lakkolithische oder gangförmige Intrusionen sowie den großen granitischen ***Monte-Capanne-Pluton*** in Westelba sowie den ***Ostelba-Pluton***, der nur in zwei kleineren Aufschlüssen die Oberfläche erreicht (Abb. 6). Die beiden magmatischen Zentren werden im folgenden Westelba- und Ostelba-Zentrum genannt. Die Lakkolithe und Gänge Mittelelbas lagen ursprünglich über dem Monte-Capanne-Pluton, gehören also zum Westelba-Zentrum.

Die magmatische Aktivität erfolgte im Westelba-Zentrum zwischen etwa 8,5 und 6,8 Ma (Abb. 7). Durch das Aufdringen des Monte-Capanne-Plutons vor etwa 6,9 Ma und das damit verbundene Hochdrücken der überlagernden Gesteine kam es zum ostwärtigen Abgleiten eines großen Gesteinskomplexes aus Flysch vom Dach der Intrusion entlang der ***Reciso-Abscherungsfläche (RAF)*** (Farbbild 17). Kleinere Gleitmassen bewegten sich auf der SW-Seite des Plutons nach SW und auf der NE-Seite des Plutons nach NE. Die Reciso-Abscherungsfläche mit ihrem Versatz von 7–8 km ermöglichte die Zirkulation hydrothermaler Lösungen, die in Apliten darüber zur Bildung von Serizit führte. Dieser wurde mit der $^{40}Ar/^{39}Ar$-Methode auf 6,7 Ma datiert (Maineri et al. 2003). Das Abgleiten erfolgte also kurz nach dem Eindringen der Intrusion. Die Reciso-Abscherungsfläche wurde später, zu einem unbekannten Zeitpunkt, von einer steilen ostwärts fallenden Abschiebungsfläche, der ***Procchio-Abscherungsfläche (PAF)***, geschnitten. Diese begrenzt die Monte-Capanne-Intrusion und ihre unmittelbare Kontaktzone im Osten.

Nach vielleicht einer halben Million Jahre Ruhe begann die magmatische Tätigkeit in Ostelba, die in der Intrusion des Ostelba-Plutons vor etwa 5,9 Ma gipfelte. Dieser Pluton liegt zum ganz überwiegenden Teil in (meist seichter) Tiefe versteckt (Farbbilder 19, 20), steht aber an Größe dem Monte-Capanne-Pluton nicht nach, wie man aus verbreiteten Kontaktmineral-Bildungen ersieht. Mehrere Bohrungen bestätigen die große Ausbreitung des Körpers. Das Besondere des Ostelba-Plutons ist, dass die von ihm hervorgerufene Zirkulation heisser wässriger Lösungen Eisen in der toskanischen Sedimentfolge mobilisierte und verbreitet die berühmten Eisen-Skarne und Eisenerz-Lagerstätten hervorbrachte (Kapitel 8, 9). Die Erzbildung erfolgte unmittelbar nach Platznahme des Plutons, hielt aber unter fallenden Temperaturen einige hunderttausend Jahre an.

Gegen Ende der Erzbildung vor etwa 5,4 Ma, also im obersten Miozän, wurde durch Hebung des Monte-Capanne-Plutons und möglicherweise auch am Westrand des Ostelba-Plutons eine weitere Abgleitung entlang der neu gebildeten ***Zuccale-Abscherungsfläche (ZAF)*** ausgelöst (Farbbilder 17, 19, 20). Die Bewegung an der ZAF betrug etwa 5–6 km und weist genau vom Zentrum des Monte-Capanne-Plutons weg in Richtung ESE. Spaltspurendatierungen an

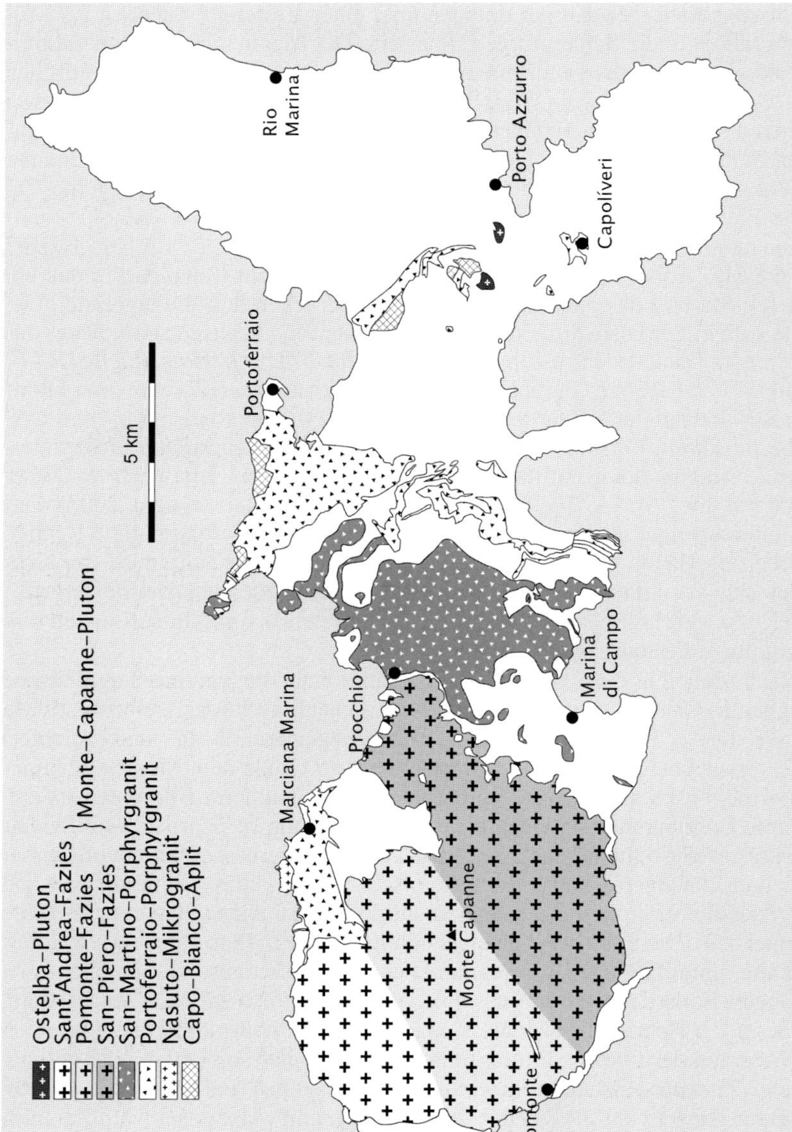

Abb. 6: Die intrusiven Komplexe des spätmiozänen Magmatismus auf Elba (nach Dini et al. 2002).

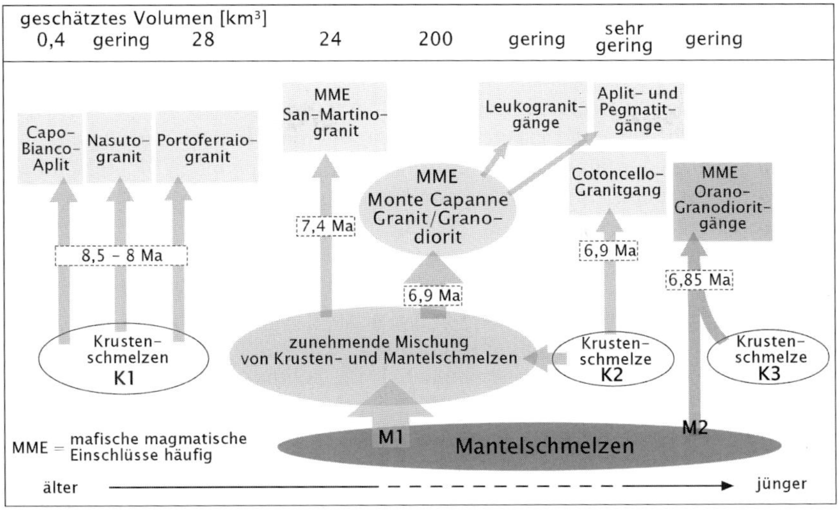

Abb. 7: Die Entwicklung der Magmaschübe des Westelba-Zentrums in Abhängigkeit von Krusten- und Mantelschmelzen im späten Miozän (nach Dini et al. 2002). M1, M2 und K1, K2, K3 sind verschiedene Mantel- bzw. Krustenschmelzen.

Apatiten (Bouillin et al. 1994) zeigen, dass der Monte-Capanne-Pluton in der Zeit zwischen etwa 5,4 und 5,2 Ma eine rasche Abkühlung bzw. eine mögliche Hebung von bis zu 2 mm im Jahr (das entspricht 2 km in 1 Ma) durchmachte.

Für die Schmelzbildung auf Elba sind mehrere Prozesse verantwortlich, die ursächlich miteinander verknüpft sind:

(1) Bei der Subduktion entstehen durch die Interaktion der subduzierenden Platte mit dem Asthenosphärenkeil darüber Schmelzen. Das in der subduzierenden Platte mitgeführte Wasser (in Form von OH-Ionen) setzt in den Peridotiten der heißen Asthenosphäre den Schmelzpunkt erheblich herab und erzeugt so die typischen subduktionsgebundenen Schmelzen (eine ausführliche Darstellung dieses Prozesses findet sich in Frisch & Meschede 2007). Zum anderen können die in den wasserreichen Fluiden mitgeführten Stoffe den Mantel über der Subduktionszone durchsetzen und metasomatisch verändern, also seine chemische Zusammensetzung beeinflussen. Die Toskanische Magmatische Provinz verdankt ihre Entstehung entsprechenden Einflüssen der apenninischen Subduktionszone, die für die Entstehung des Apennins verantwortlich ist (Farbbilder 15, 16).

(2) Infolge des ostwärtigen Zurückrollens dieser Subduktionszone strömte heißes asthenosphärisches Mantelmaterial hoch (Farbbild 16). Die damit einhergehende Druckentlastung bewirkte die weitere Aufschmelzung des Mantels. Es entstanden also Mantelschmelzen mit einer K-reichen Subduktions-Komponente, die in die darüberliegende (ausgedünnte) kontinentale Kruste eindrangen.

(3) Durch die Ausdünnung der Kruste und die eindringenden Mantelschmelzen wurde die kontinentale Kruste soweit aufgeheizt, dass es zur Aufschmelzung von Krustenbereichen kam. Auf diese Weise entstanden über den etwa 1100–1200 °C heissen aufgedrungenen Mantelschmelzen Krustenschmelzen (diese können sich bereits bei Temperaturen oberhalb 650 °C bilden, im Falle Elbas erfolgte die Aufschmelzung bei bis zu ungefähr 800 °C).

Die Magmatite Elbas zeichnen sich zum einen durch reine Krustenschmelzen aus, zum anderen durch sogenannte hybride Schmelzen, das sind Mischungen aus dem Mantelmagma und dem Krustenmagma (Abb. 7). Diese hybriden Schmelzen sind auf Elba verbreitet und machen das Studium der Magmatite besonders interessant. Magmatite der ursprünglichen Mantelschmelzen treten auf Elba allerdings nicht auf. Unten wird noch dargelegt, dass es verschiedene Mantel- und Krustenschmelzen gab, die für den komplexen spätmiozänen Magmatismus Elbas verantwortlich sind. Die Krustenschmelzen haben generell granitische Zusammensetzung. Die Mantelschmelzen zeichnen sich durch ihren Kalium-Reichtum aus, was auf insgesamt geringe Teilaufschmelzung im Erdmantel hinweist. Es waren vermutlich K-reiche Basalte (Shoshonite) und Andesite, wie sie auf der Nachbarinsel Capraia vorkommen (Abb. 5).

In beiden magmatischen Zentren Elbas begann die magmatische Tätigkeit mit Gangintrusionen, denen jeweils die Intrusion des großen Plutons folgte.

7.1 Das magmatische Westelba-Zentrum

Das beherrschende Element des westelbanischen Magmatismus ist zweifellos die Intrusion des Monte-Capanne-Plutons, der im Kartenbild annähernd kreisförmig ist und einen Durchmesser von rund 10 km aufweist. Der Intrusion gingen mehrere Generationen von Gang- und Lakkolithintrusionen voraus, die sich am Rand der Monte-Capanne-Intrusion und in weiter Verbreitung in den Flyschfolgen Mittelelbas finden. Lakkolithe sind flach liegende, weitgehend schichtparallele linsige Körper, die sich meist zuerst als Lagergänge mit ungefähr gleicher Mächtigkeit seitlich ausbreiten und in der Folge in der Mitte aufgebläht werden, so dass ein nach oben gewölbter Körper entsteht, der mittig am dicksten ist. Gespeist werden diese Körper, die auf Elba Durchmesser von

10 km, Mächtigkeiten von mehreren hundert Metern und Volumina von etwa 25 km³ erreichen können (Rocchi et al. 2002), von steilen, quer durchschlagenden Gängen (Abb. 7, Farbbild 22).

Die Intrusionsfolge Westelbas und ihre Entstehung wurde von Rocchi et al. (2002) und Dini et al. (2002) rekonstruiert; wir folgen hier dieser Zusammenstellung. Die Gesteinsnamen richten sich nach der mineralogischen Zusammensetzung, die allerdings bei den feinkörnigen Gesteinen nicht genau bekannt ist. Für die korrekte Gesteinsbezeichnung ist das Verhältnis zwischen Quarz, Alkalifeldspat und Plagioklas entscheidend (Abb. 8).

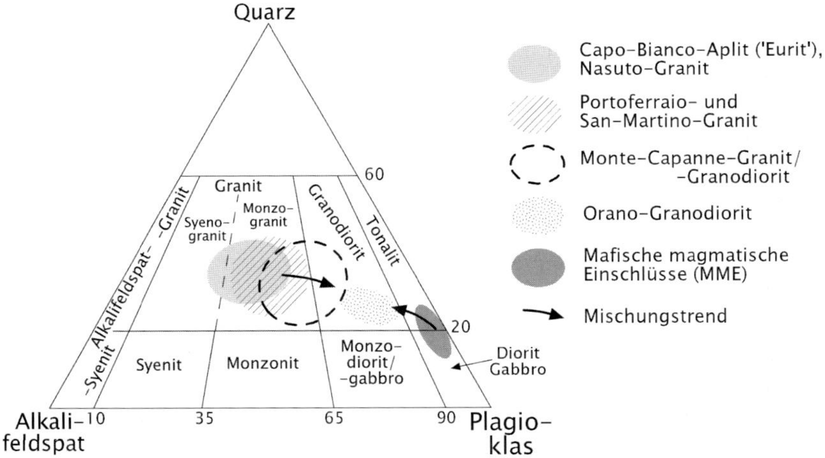

Abb. 8: Nomenklatur der spätmiozänen magmatischen Gesteine Westelbas nach dem Schema von Streckeisen (1976; siehe auch Le Maitre 2002).

Die magmatische Tätigkeit in Westelba kann in drei zeitlich gestaffelte Gruppen unterteilt werden, die unterschiedlichen Magmaquellen entstammen (Abb. 7). Da sich die Intrusivkörper gegenseitig schneiden, kann (mit Ausnahme des Cotoncello-Granits) eine klare zeitliche Abfolge erstellt werden. Die Verbreitung der verschiedenen Generationen von magmatischen Gesteinen ist dem Kärtchen der Abb. 6 zu entnehmen.

1. Gruppe
Capo-Bianco-Aplit („Eurit"), granitisches Ganggestein
Nasuto-Mikrogranit, einzelner Körper an der N-Küste Westelbas
Portoferraio-Granit (Monzogranit), z.T. mächtige Lakkolithe

2. Gruppe
San-Martino-Granit (Monzogranit), z.T. mächtige Lakkolithe
Monte-Capanne-Granit (Monzogranit bis Granodiorit), große Intrusion Westelbas
Cotoncello-Granit, einzelner, bis 100 m dicker steilstehender Gang an der N-Küste Westelbas
Monte-Capanne-Leukogranit, bis einige 10 m dicke Gänge des Monte-Capanne-Plutons
Aplite und Pegmatite, max. wenige Meter dicke Gänge des Monte-Capanne-Plutons

3. Gruppe
Orano-Granodiorit, Schwarm von bis zu einigen 10 m dicken, steilstehenden Gängen im N-Teil Westelbas

7.1.1 Alter und Platznahme der Westelba-Magmatite

Für die meisten Intrusionsereignisse gibt es mehrere radiometrische Datierungen mit unterschiedlichen Methoden und mit z.T. abweichenden Ergebnissen, was auf isotopische Ungleichgewichte zurückzuführen ist. Die hier angegebenen Werte sind die beste Schätzung nach sorgfältiger Korrektur, wie sie von Dini et al. (2002) vorgenommen wurde (siehe auch Maineri et al. 2003; Abb. 7).

Die Gänge und Lakkolithe der 1. Gruppe – Capo-Bianco-, Nasuto- und Portoferraio-Granit – drangen vor rund 8,5 bis 8,0 Ma in die ligurischen Komplexe (Ophiolithfolge und Flysche) ein, und zwar in Tiefen von etwa 3–4 km. Der San-Martino-Granit der 2. Gruppe ist hingegen vor etwa 7,4 Ma eingedrungen, und zwar in ein seichteres Stockwerk von ungefähr 1–2 km und damit nur in die Flysche. Zwischen Portoferraio-Granit und San-Martino-Granit verstrich demnach eine Periode von einigen 100 000 Jahren magmatischer Ruhe. Die Lakkolithe der Capo-Bianco, Portoferraio- und San-Martino-Granite bilden insgesamt eine Christbaumstruktur, die sich in der Vertikalen über etwa 4 km erstreckte (Farbbild 22).

Die Intrusion des Monte-Capanne-Granits/Granodiorits (2. Gruppe) erfolgte dann nach weiteren rund 500 000 Jahren, vor etwa 6,9 Ma. Das Dach dieser Intrusion erreichte eine Tiefe von etwa 4 km und drang in den mächtigsten Lakkolithen und kleinere Körper des Portoferraio-Granits ein. Diese Kontakte sind auf der N- und W-Seite des Monte-Capanne-Plutons zu sehen. Der Cotoncello-Granitgang, die Leukogranit-Gänge und die Aplite und Pegmatite, die vor allem die randlichen Partien des Plutons und den Kontakthof durchschlagen, haben praktisch das gleiche Intrusionsalter, sind also unmittelbar nach Platznahme des Plutons eingedrungen. Die Aplite und Pegmatite durchschlagen zum Teil die Leukogranit-Gänge. Das Altersverhältnis des Cotoncello-Gangs zu den Leukogranit-Gängen ist unklar, da sich die beiden Generationen nicht schneiden, doch muss er unmmittelbar nach Platznahme des Plutons intrudiert sein, da dieser noch nicht vollständig erstarrt war.

Die Gänge des Orano-Granodiorits (3. Gruppe) sind vor allem in der nördlichen Hälfte des Monte-Capanne-Plutons und den darübergelegenen ligurischen Einheiten anzutreffen und haben überwiegend eine WSW–ENE-Ausrichtung. Sie drangen vor etwa 6,85 Ma ein, sind also nur wenig jünger als die Hauptintrusion und ihre Gänge. Sie bilden einen Schwarm von etwa 100 dunklen, steilstehenden Gängen, die alle anderen Gesteine durchschlagen. Ihre Mächtigkeiten schwanken zwischen weniger als einem Meter und 50 m.

7.1.2 Differenziation und Bildung hybrider Magmen

Mit Ausnahme der vom Monte-Capanne-Pluton ausgesandten Leukogranit-, Pegmatit- und Aplitgänge sowie des Cotoncello-Gangs wurden die Schmelzen mit der Zeit immer basischer, d.h. SiO_2-ärmer. Dies entspricht nicht der normalen Entwicklung einer magmatischen Suite, die sich aus einer primären Schmelze durch Assimilation (A) und Kristallfraktionierung (CF) verändert. Dieser ACF-Prozess ist ein häufiger Vorgang bei der Differenzierung von Magmen. Wenn basische Mantelschmelzen in kontinentale Kruste eindringen, assimilieren sie SiO_2-reiches Krustenmaterial. Zum anderen scheiden sie zuerst SiO_2-arme Fe-Mg-Silikate aus, die aufgrund ihres hohen spezifischen Gewichts absinken und am Boden der Magmakammer liegenbleiben und somit der Schmelze entzogen werden (Kristallfraktionierung oder Kristallisations-Differenziation). Beide Vorgänge lassen die Schmelze saurer, SiO_2-reicher werden. Genau dies kann in Westelba nicht beobachtet werden. Dieser umgekehrte Trend sowie zahlreiche basischere Einschlüsse in den sauren Magmatiten zeigen, dass ein anderer Prozess, nämlich Magmenmischung oder Hybridisierung, bei der zweiten und dritten Gesteinsgruppe eine wesentliche Rolle spielte.

Basische und saure Magmen mischen sich nicht leicht, das basische Magma verhält sich vielmehr ähnlich wie eine Ölsuspension in Wasser. Es bilden sich zuerst basische Blasen im sauren Magma. Die Vermischung der beiden Magmen folgte einer chaotischen Dynamik, wodurch starke Unterschiede und Inhomogenitäten im Magma entstanden. Die chaotischen Prozesse bringen auf der einen Seite Bereiche mit vollständig homogenisierten hybriden Schmelzen hervor, auf der anderen Seite bleiben Bereiche mit scharf abgegrenzten basischen Blasen innerhalb des sauren Magmas erhalten, ohne dass es zu einer Vermischung kommt. Verschiedene Stadien der Vermischung können im Monte-Capanne-Pluton studiert werden. Die Intrusion gibt hervorragende Einblicke in die Dynamik der Hybridisierung (siehe EP 32, 35).

Computersimulationen und Analogexperimente zeigen, dass Schmelzen, die sich nach dem Chaosprinzip mischen, sogenannte aktive und kohärente Bereiche entwickeln (Perugini & Poli 2002; Abb. 9). In den kohärenten Bereichen bleiben rundliche Körper des basischen Magmas gegenüber dem sauren Wirtsmagma scharf abgegrenzt und werden nur wenig deformiert. In den aktiven Bereichen hingegen werden die basischen Körper zu langen Schlieren ausgewalzt und verfaltet und vermischen sich immer mehr mit dem sauren Magma. Auf diese Weise entstehen ausgefranste Schlieren mit intermediärer Zusammensetzung, bei denen hellere (saurere) und dunklere (basischere) Partien noch erkennbar sind – deren Zusammensetzungen nähern sich aber entsprechend dem Durchmischungsgrad immer mehr an.

7.1.3 Bildung der drei Magmaschübe

Aus den chemischen Zusammensetzungen der Gesteine, vor allem den Spurenelementmustern (einschließlich der sehr aussagekräftigen Seltene-Erde-Elementmuster) und bestimmten Isotopensignaturen (hier sind die $^{87}Sr/^{86}Sr$- und $^{143}Nd/^{144}Nd$-Verhältnisse von besonderer Bedeutung) lassen sich sehr klare petrogenetische Aussagen treffen. Diese Aussagen betreffen vor allem die Krusten- oder Mantelherkunft sowie Mischungs- und Differenziationsprozesse. Die Krustenschmelzen enthalten Xenolithe (Einschlüsse von „Fremdgesteinen“): es sind Glimmerschiefer, metamorphe Sedimentgesteine, die vom umschließenden Magma teilweise angeschmolzen wurden. Die hybriden Magmatite zeichnen sich hingegen durch die unterschiedlich stark vermischten beiden magmatischen Komponenten aus, wobei das helle, granitische Magma stets dominiert. Die basischeren Einschlüsse in den hybriden Magmatiten werden im Unterschied zu den Xenolithen allgemein als mafische magmatische Einschlüsse (MME) bezeichnet, da sie stets reicher an dunklen (mafischen) Gemengteilen sind. Sie stellen Diorite bis Tonalite mit Quarzgehalten um 20 % dar. Die folgende mag-

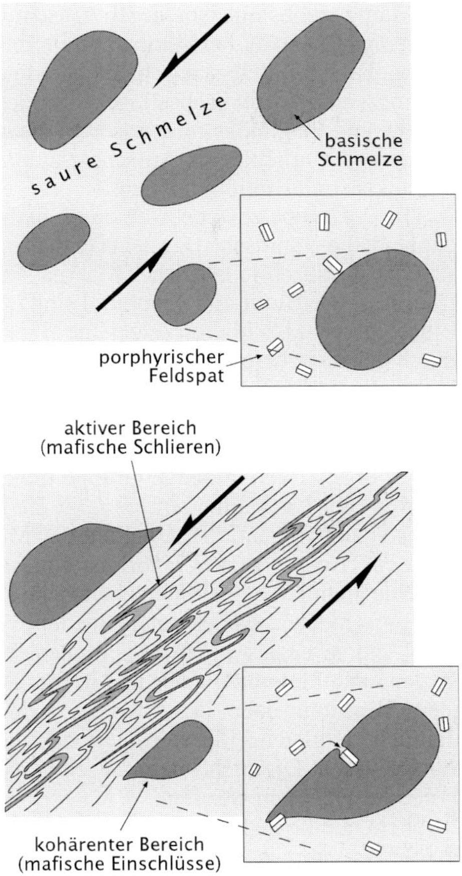

Abb. 9: Verhalten von basischen Schmelz"tropfen" in saurer Schmelze. Eine Durchmischung der Schmelzen erfolgt nur bei entsprechender Durchbewegung des Magmas („aktive Bereiche"), ansonsten bleiben die basischen/mafischen Bereiche scharf abgegrenzt („kohärente Bereiche"). Feldspäte oder andere Großkristalle können in die mafischen Einschlüsse hineingedrückt werden.

matische Geschichte Westelbas folgt wieder den Ausführungen von Dini et al. (2002) und Rocchi et al. (2002).

Die Gänge und Lakkolithe der 1. Gruppe stellen reine Krustenschmelzen dar, die zwar von der Hitze der aufsteigenden Mantelschmelzen erzeugt wurden, aber sich mit diesen nicht vermischten (Abb. 7). Der Capo-Bianco-Aplit – er trägt auch den (nomenklatorisch überflüssigen) Lokalnamen „Eurit", der für den typischen porphyrischen Aplit mit Einsprenglingen und sehr feinkörniger Matrix steht – entstand durch Aufschmelzen von Metapeliten, also tonigen Ausgangsgesteinen, bei Temperaturen um 800 °C und in einer Tiefe von 20–25 km. Die unmittelbar anschließend aufgedrungenen Schmelzen des Nasuto-Mikrogranits und der großen Lakkolithe des Portoferraio-Monzogranits wurden zunehmend Plagioklas-reicher sowie Eisen- und Magnesium-reicher und entstanden vermutlich durch Aufschmelzung von Metagrauwacken, die reichlich Plagioklas und Biotit enthielten.

Die 2. Gruppe zeichnet sich durch mafische magmatische Einschlüsse aus, das heißt die granitischen Gesteine enthalten Einschlüsse und Schlieren von basischeren, dioritisch-tonalitischen Magmatiten, die reich an dunklen Gemengteilen (Mafiten) wie Biotit und Amphibol sind (Abb. 7). Diese feinkörnigen dunklen Einschlüsse und Schlieren zeigen die Hybridisierung des granitischen Magmas durch die basischeren Mantelschmelzen an, wobei das basischere Magma nicht in seiner ursprünglichen Zusammensetzung vorkommt, sondern immer in Richtung granitischer Zusammensetzung verändert ist. Dennoch sind viele der Einschlüsse noch scharf gegen das granitische Wirtsgestein abgegrenzt.

Als erstes Gestein der 2. Gruppe drang der San-Martino-Monzogranit in Form großer Lakkolithe auf; er zeigt die beginnende Hybridisierung an. Die etwas später folgende Platznahme des Monte-Capanne-Plutons zeigt hingegen ein fortgeschrittenes Hybridisierungsstadium an. Obwohl der große Pluton eine ziemlich einheitliche chemische Zusammensetzung aufweist, können drei verschiedene Fazies unterschieden werden (Abb. 6): im Nordwesten die Sant'Andrea-Fazies, in einem zentralen Streifen die San-Francesco- oder hier so genannte Pomonte-Fazies und im Südosten die San-Piero-Fazies. Von NW nach SE nimmt dabei der Anteil an großen, porphyrischen Alkalifeldspäten deutlich ab, gleichzeitig verringert sich die Zahl an mafischen magmatischen Einschlüssen. Die nicht-magmatischen Xenolithe sind am Häufigsten in der Pomonte-Fazies anzutreffen.

Nicht nur die mafischen Einschlüsse, auch das granitische Magma veränderte seine Zusammensetzung deutlich. Das Ausgangsmaterial dürfte dem Gestein des Cotoncello-Gangs an der Nordküste Westelbas ähnlich gewesen sein, denn dieses Gestein stellt eine reine, nicht durch Hybridisierung verunreinigte Krustenschmelze dar (wenige mafische Einschlüsse gelangten sekundär aus dem Monte-Capanne-Pluton hinein), die sich allerdings von den Krustenschmelzen der 1. Gruppe isotopisch deutlich unterscheidet (K2 in Abb. 7). Ähnliche Gesteine wie der Cotoncello-Granit finden sich am Festland nördlich von Piombino in Form von Vulkaniten: die San-Vincenzo-Rhyolithe. Die hybriden Magmatite der 2. Gruppe dürften daher in etwa eine Mischung zwischen zwei Schmelzen darstellen, wie sie die K-reichen Andesite Capraias und die Rhyolithe von San Vincenzo repräsentieren.

Die Leukogranit-, Aplit- und Pegmatitgänge drangen – wie der Cotoncello-Gang – in das noch nicht gänzlich erstarrte Magma des Monte-Capanne-Plutons ein. Diese sauren Gänge, die keine mafischen Einschlüsse enthalten, sind heterogene Differenziate des Plutons, die durch fraktionierte Kristallisation, also Entzug von Frühausscheidungen im Magma (Mafite, Plagioklas), entstanden und daher reich an Alkalifelspat und Quarz sowie sehr arm an Mafiten sind. Die Heterogenitäten zeigen unterschiedlich starke Fraktionierung an.

Die 3. Gruppe in Form der Orano-Granodioritgänge kommt der Mantelquelle am nächsten, aber auch sie stellt eine hybride Bildung mit einer relativ großen isotopischen Heterogentität dar. Krusten- und Mantelquelle unterscheiden sich dabei von jenen der 2. Gruppe, doch dürfte auch eine gewisse Beeinflussung des Monte-Capanne-Plutons vorhanden sein, durch den die Gänge empordrangen, als dessen Magma noch nicht voll erstarrt war. Tatsächlich ist das Aufdringen der Orano-Gänge von der Platznahme des Monte-Capanne-Plutons zeitlich kaum zu unterscheiden (Kapitel 7.1.1).

Viele der granitischen Gesteine Westelbas haben eine porphyrische Struktur, das heißt sie führen große (porphyrische) Alkalifeldspäte, die bis über 10 cm Länge erreichen. Diese porphyrische Fazies findet man vor allem in den Portoferraio- und San-Martino-Lakkolithen, im Monte-Capanne-Pluton (hier vor allem in der Sant'Andrea-Fazies, aber auch in der Pomonte-Fazies) und in den Orano-Gängen. Die Porphyrstruktur dieser Gesteine bildet vor allem in den hervorragenden Küstenaufschlüssen einen besonderen Reiz (EP 27b, 32).

7.2 Das magmatische Ostelba-Zentrum

Die Calamita-Schiefer Südostelbas werden bereichsweise (vor allem an der Ostseite der Calamita-Halbinsel und um Porto Azzurro) von zahlreichen Aplitgängen, östlich von Porto-Azzurro auch von einem Porphyrgranitgang, durchschlagen. Die Gänge folgen Richtungen, die durch Klüfte im Gestein vorgegeben waren. Die Aplitgänge stehen oft steil, es gibt aber auch flach geneigte. Sie besitzen meist Mächtigkeiten unter 1 m. Der Porphyrgranitgang hingegen ist über 3 m mächtig. Er ist jünger als die Aplite, die durch ihn abgeschnitten werden.

Die Aplitgänge sind älter als der sie schneidende Granit (Monzogranit) von Serra westlich von Porto Azzurro, der dort die zwei einzigen Aufschlüsse von je 0,5 km Durchmesser des wesentlich größeren Ostelba-Plutons bildet (Abb. 6). Der Monzogranit von Serra hat eine Zusammensetzung, die den mehr sauren Partien des Monte-Capanne-Plutons entspricht. Mit seinem Intrusionsalter von 5,9 Ma (Maineri et al. 2003) ist er 1 Ma jünger als der Monte-Capanne-Pluton.

Die beschriebenen Gänge und der Intrusivkörper von Serra, die allesamt in den Calamita-Schiefern stecken, schlagen nicht bis in die toskanischen und ligurischen Einheiten darüber durch, da diese von den Calamita-Schiefern durch die Zuccale-Abscherungsfläche (ZAF) abgeschnitten werden (Kapitel 5; Farbbilder 19, 20). Die Zuccale-Abscherung ist jünger als die Intrusionen Ostelbas. Kontaktmetamorphe Minerale in den Sedimentfolgen Ostelbas – wie auch die verbreiteten Gänge in den Calamita-Schiefern – zeigen aber an, dass die Ausbreitung des Ostelba-Plutons groß ist und das Dach der Intrusion weithin in sehr seichter Tiefe liegen muss. Der Ostelba-Pluton muss in geringer Tiefe eine Ausdehnung besitzen, die jener des Monte-Capanne-Plutons etwa ebenbürtig ist.

NNW von Porto Azzurro durchschlägt ein Gang aus Shoshonit (K-reichem Basalt), der Monte-Castello-Gang, die ligurische Schichtfolge der Einheit 4. Er ist 5,8 oder 5,85 Ma alt und damit nur unwesentlich jünger als der Ostelba-Pluton (Conticelli et al. 2001). Ein Zusammenhang zwischen beiden Intrusionen ist vom Alter her wahrscheinlich, umso mehr, als die Intrusion eines granitischen Plutons und unmittelbar darauf von mafischen Gängen sehr an die Situation in Westelba mit der Intrusion des Monte-Capanne-Plutons und den Orano-Gängen (dort aber 1 Ma früher!) erinnert. Die Zusammensetzung des stark verwitterten Monte-Castello-Gangs entspricht den shoshonitischen Gesteinen auf Capraia.

8. Kontaktmetamorphose

Monte-Capanne- und Ostelba-Pluton riefen verbreitet kontaktmetamorphe Umwandlungen hervor. Der Ostelba-Pluton ist zusätzlich für die Bildung der berühmten Eisenerz-Lagerstätten Elbas verantwortlich, obwohl das Eisen nicht von ihm gebracht, sondern aus den Sedimentgesteinen der toskanischen Einheiten mobilisiert wurde. Durch diese Eisenmobilisierung finden sich in den Kontaktzonen Ostelbas auch vielfach eisenreiche Skarnbildungen („Eisen-Skarne“), während die entsprechenden Mineralparagenesen Westelbas diesen Eisenreichtum nicht zeigen.

Zum besseren Verständnis werden die wichtigsten Kontaktminerale mit ihren chemischen Formeln aufgeführt (Tab. 2). In den Serpentiniten treten dabei die ziemlich reinen Mg-Endglieder hydrierter Mg-Fe-Silikate auf, in den Skarnen (kontaktmetamorphen Kalkgesteinen) Ca-Silikate (Kalksilikat-Minerale), in den Eisen-Skarnen Ca-Fe-Silikate und in den Metapeliten (Schiefern) Al-reiche Silikate.

Tab. 2: Typische kontaktmetamorphe Minerale Elbas und ihr Auftreten.

Mineral	Formel	Auftreten vor allem in:			
		Serp.	Skarn	Fe-Skarn	Schf.
Talk	$Mg_3[(OH)_2\|Si_4O_{10}]$	×			
Anthophyllit	$(Mg>Fe^{+2})_7[(OH)_2\|Si_8O_{22}]$	×			
Cummingtonit	$(Mg<Fe^{+2})_7[(OH)_2\|Si_8O_{22}]$	×			
Aktinolith	$Ca_2(Mg,Fe^{+2})_5[(OH)_2\|Si_8O_{22}]$		×		
Ferro-Aktinolith	$Ca_2Fe^{+2}{}_5[(OH)_2\|Si_8O_{22}]$			×	
Diopsid/Salit	$Ca(Mg>Fe^{+2})[Si_2O_6]$		×		
Ferrosalit/Hedenbergit	$Ca(Mg<Fe^{+2})[Si_2O_6]$			×	
Grossular	$Ca_3Al_2[Si_3O_{12}]$		×		
Andradit	$Ca_3Fe^{+3}{}_2[Si_3O_{12}]$			×	
Vesuvian	$Ca_{10}(Mg>Fe^{+2})_2Al_4[(OH)_4\|(SiO_4)_5\|(Si_2O_7)_2]$		×		
Wollastonit	$Ca_3[Si_3O_9]$		×		
Ilvait	$CaFe^{+2}{}_2Fe^{+3}[O\|OH\|Si_2O_7]$			×	
Epidot	$Ca_2(Al,Fe^{+3})Al_2[O\|OH\|SiO_4\|Si_2O_7]$		×	×	
Skapolith (Mejonit)	$Ca_8[(Cl_2,SO_4,CO_3)_2\|(Al_2Si_2O_8)_6]$		×		
Andalusit	Al_2SiO_5				×
Cordierit	$(Mg>Fe^{+2})_2Al_4Si_5O_{18}$				×

8.1 Die Kontaktzonen um den Monte-Capanne-Pluton

Um den Monte-Capanne-Pluton gibt es einen Ring von kontaktmetamorphen Gesteinen in der ligurischen Abfolge. Kontaktmetamorphe Veränderungen lassen sich in den Serpentiniten, den Gabbros und Basalten, den Radiolariten der Volterraio-Formation, der Nisportino-Formation, den Kalken der Monte-Grosso-Formation und der Palombini-Formation beobachten. All diese Gesteine reagierten auf die Zufuhr von Hitze und hydrothermalen Lösungen unterschiedlich, und unterschiedlich ist auch die Augenfälligkeit der Veränderungen. Die Mineralbestände dieser Gesteine wurden von Spohn (1981) im Detail untersucht. Neben eigenen Beobachtungen stützt sich die folgende Beschreibung auf diese Arbeit.

Die *Serpentinite* lassen makroskopisch wenig von kontaktmetamorphen Mineralneubildungen erkennen, doch veränderten sie ihr Aussehen und neigen zu starker Brüchigkeit. Im Dünnschliff erkennt man eine Reihe solcher Neubildungen, zu denen vor allem Olivin, Talk, Anthophyllit (ein rhombisch kristallisierender Amphibol), Cummingtonit (ein monokliner Amphibol) und Chlorit gehören. Abgesehen vom Olivin sind dies alles hydrierte Mg-reiche Silikate, die aus dem ursprünglichen Serpentin und Klinopyroxen hervorgegangen sind. Der Serpentin wurde teilweise auch in das wasserfreie Mineral Olivin umgewandelt, aus dem er ursprünglich entstanden ist. Diese Umwandlung erfolgt bei Temperaturen von etwa 500 °C und mehr und ist im Dünnschliff daran erkennbar, dass Olivin die Serpentinminerale umwächst (ansonsten könnte es sich um reliktischen magmatischen Olivin handeln). Der metamorphe Olivin hat übrigens typischerweise eine etwas eisenreichere Zusammensetzung (ca. 82–86 Mol-% Mg-Olivin; Spohn 1981) als der ursprüngliche magmatische (90–92 %).

Die *Gabbros und Basalte* lassen makroskopisch kaum Veränderungen erkennen. Aus dem Pyroxen bildete sich zum Teil Amphibol (grüne Hornblende oder, bei geringerer Temperatur, aktinolithische Hornblende), wobei nicht klar ist, welcher Anteil auf Ozeanbodenmetamorphose während der Abkühlung der Intrusion und welcher Anteil auf die Kontaktmetamorphose zurückgeht. Der letztgenannte Fall ist dort gegeben, wo die Gesteine in unmittelbarer Nähe vom Granitkontakt solche Umwandlungen zeigen. Epidot, der sich aus der Anorthitkomponente des Plagioklases bildet, kann ebenfalls bei beiden Ereignissen entstanden sein. Jedenfalls führen auch Gesteine abseits vom Intrusionskontakt Amphibol und Epidot. Aus kontaktmetamorphem Basalt wird lokal Calcium-Granat (und zwar eine Mischung von Grossular und Andradit) und Talk beschrieben. Rekristallisation der feinen Grundmasse führt zur Zerstörung des ursprünglichen ophitischen Gefüges und zu einer beim Anschlag gefühlten Härtung des Gesteins.

In den kontaktmetamorphen *Radiolariten* beobachtet man vor allem eine Entfärbung des ursprünglich roten Gesteins sowie eine gefühlte Härtung (tatsächlich wird das Gestein beim Anschlag nur wesentlich zäher, da es nach wie vor großteils aus Quarz besteht). Die Entfärbung beruht auf einer Umwandlung des roten Hämatits in Magnetit bzw. auf Lösung und Abtransport des Eisens durch die Chlor-reichen und sauren metamorphen wässrigen Lösungen. Die Härtung des Gesteins geht auf eine Umkristallisation und Vergröberung des ursprünglich äußerst feinkörnigen Quarzgefüges infolge der Kontaktwirkung zurück. Dabei verzahnen sich die Quarzkörner, im unmittelbaren Kontakt kann auch Frittung, eine kurzzeitige Anschmelzung der Quarze an den Korngrenzen, erfolgen. Das Gestein wird dadurch zum Quarzit, in Verbindung mit Mineralneubildungen zum quarzitischen Hornfels.

Als Mineralneubildungen in den quarzitischen Hornfelsen kommen Muskovit oder der feinkörnige Serizit, Biotit, Epidot, aktinolithische Hornblende, Granat unterschiedlicher Zusammensetzung, Andalusit und Cordierit vor – meist in Form von sehr fein verteilten, selbst im Mikroskop schwer oder nicht zu identifizierenden Mineralkörnern. Sie alle konnten wegen der sehr einseitigen chemischen Zusammensetzung des radiolaritischen Ausgangsgesteins nur durch Stoffzufuhr mittels der metamorphen Lösungen gebildet werden. Die drei zuletzt genannten Minerale zeigen Temperaturen von etwa 500 °C und mehr an.

Da sich die *Nisportino-Formation* durch eine Quarz-, Calcit- und Tonmineral-haltige Ausgangszusammensetzung auszeichnet, reagieren diese Minerale bei der Kontaktmetamorphose auch ohne Stoffzufuhr zu Kalksilikat-Mineralen. Zu den Mineralen in den umgewandelten Radiolariten kommen hier noch diopsidischer bis salitischer Pyroxen (also Mg-reicher Klinopyroxen), Wollastonit, Skapolith, Plagioklas und Grossular hinzu, die teilweise wieder Temperaturen von über 500 °C anzeigen.

Kalksilikat-Minerale finden sich natürlich überwiegend in den *Kalken der Monte-Grosso-Formation (Calpionellenkalk)*. Dieser wird durch Kornvergröberung marmorisiert und erreicht dabei eine hohe Duktilität, da Calcit-Gemenge bereits bei wenig über 200 °C plastisch zu fließen beginnen. Der Marmor entwickelt ein deutliches Lagengefüge, weil durch Abgleiten der hochduktilen Gesteine vom aufsteigenden Monte-Capanne-Pluton (siehe Kapitel 7) eine intensive Verformung mit Bildung von Schieferung und Streckungslineation einherging. Die metamorphen Lösungen konnten entlang der Schieferungsflächen zirkulieren und bewirkten daher ein lagenweises Wachstum der Kalksilikat-Minerale. Als Mineralneubildungen finden sich Biotit, Epidot, diopsidischer bis salitischer Klinopyroxen, Ca-Granat (Grossular > Andradit; Spohn 1981), Wollastonit, Vesuvian, Ca-Skapolith und Plagioklas.

In der *Palombini-Formation* treten entsprechend der Ausgangszusammensetzung Minerale, die sowohl für kalkfreie Schiefer und Hornfelse sowie Skarne typisch sind, auf. Muskovit, Biotit, Cordierit, Epidot, Cummingtonit, grüne Hornblende, Plagioklas, Grossular (z.T. mit Andradit-Beimischung) und Klinopyroxen (Diopsid bis Salit) wurden identifiziert.

8.2 Die Kontaktzonen im Dach des Ostelba-Plutons

Im Dach des Ostelba-Plutons gibt es zahlreiche Vorkommen mit kontaktmetamorphen Mineralneubildungen, wenngleich diese nicht überall augenfällig sind. Dennoch gibt es einige spektakuläre Vorkommen von Kontaktmineralen: es sind dies die Eisen-Skarne oder eisenreichen Kalksilikatfelse, deren Geschichte eng mit der Bildung der Eisenerz-Lagerstätten verbunden ist.

Kontaktbildungen, die nicht mit Eisenanreicherungen verbunden sind, finden sich in den Calamita-Schiefern, den graphitischen Phylliten des Oberkarbons und Perms (Rio-Marina-Formation), den Marmoren des Jura und der Palombini-Formation. Mit Ausnahme der Palombini-Formation liegen sie alle in der toskanischen Schichtfolge. Die ligurische Schichtfolge Ostelbas war großteils von der Intrusion zu weit entfernt, um sichtbare Spuren einer thermischen Beeinflussung aufweisen zu können.

In den *Calamita-Schiefern* wurde durch die seichtliegende Intrusion vor allem Andalusit, Plagioklas, Muskovit und Biotit gebildet. Diese Minerale wachsen in das Mineralgefüge, das während der variszischen und der alpinen Regionalmetamorphose gebildet wurde, hinein. Der kontaktmetamorphe Biotit ist rötlichbraun und zeigt damit einen relativ hohen Ti-Gehalt an, der typisch für hohe Temperaturen bei der Sprossung ist. Große Muskovite wachsen auf Kosten der feinen alpin-regionalmetamorphen Serizite, oft quer zur Gefügeregelung. Große variszische Muskovite sind hingegen in die Schieferungsfläche eingeregelt und deformiert und zerfallen häufig randlich in den alpin gewachsenen feinkörnigen Serizit. Plagioklas bildet große Blasten. Andalusit ist im Unterschied zu den Glimmern stets eine kontaktmetamorphe Bildung (Farbbild 57). Mit freiem Auge ist er i.a. nicht zu erkennen.

In den *graphitischen Phylliten der Rio-Marina-Formation* sind an zahlreichen Aufschlüssen Flecken von bis über 1 mm Größe zu erkennen („Fleckenschiefer“, ein typisches Gestein des Äußeren Kontakthofs; Farbbild 59). Die Flecken sind Andalusite, die durch Kontaktmetamorphose im Hitzehof des Ostelba-Plutons auf Kosten von Quarz und Muskovit (Serizit) entstanden. Sie sind durch hydrothermale Lösungen oft wieder zu Serizit zerfallen, wobei die äußere Form des Andalusits mit seinem rautenförmigen Querschnitt meist erhalten blieb (Pseudomorphose; Farbbild 60). Makroskopisch ist das Mineral nicht als solches zu erkennen. Teilweise umschließen die Andalusite amöbenartig das feine regionalmetamorphe Quarz-Serizit-Gefüge und bilden damit eine Siebstruktur, so genannte Poikiloblasten.

In den *Jura-Kalken* sind zum Teil cm-große Wollastonit-Garben zu finden. Die kieseligen *Kalklagen der Palombini-Formation* zeigen hingegen stellenweise kugelige Wollastonit-Rosetten neben Vesuvian, Diopsid und Aktinolith.

Die Besonderheit Ostelbas sind aber, wie erwähnt, die *Eisen-Skarne*. Sie befinden sich vor allem in den obertriadisch-jurassischen Karbonatgesteinen, die sie teilweise vollständig verdrängt haben. Infiltrationen von eisenreichen Kalksilikat-Mineralen gibt es aber auch in nicht-karbonatischen Gesteinen wie der Verrucano-Formation. In verschiedenen Lagerstätten sind sie intensiv mit den Eisenerzvorkommen verflochten.

Der spektakulärste Eisen-Skarn befindet sich an der Küste unmittelbar südlich von Rio Marina (EP 5), wo er den Kalkmarmor des Lias verdrängt hat. Hier finden sich vor allem, intensiv miteinander verwachsen, große Garben und Rosetten von Ilvait und Hedenbergit/Ferrosalit (Farbbilder 32 bis 34). Die einzelnen säuligen Minerale erreichen Längen von gut 15 cm. Vor allem im Randbereich des Skarns findet man zudem sehr Epidot-reiche Partien. Ein ähnlicher Skarn findet sich in der Lagerstätte von Capo Calamita. In dieser Lagerstätte kommen Andradit-reiche Skarne hinzu. Als ein weiteres Mineral der Eisen-Skarne tritt auch Ferro-Aktinolith auf.

9. Die Entstehung der Erzlagerstätten Ostelbas

Mit den Eisen-Skarnen eng verbunden sind die Eisenerz-Lagerstätten Ostelbas (Abb. 10). Ihre Entstehung wurde in der Literatur unterschiedlich diskutiert. Heute ergibt sich jedoch ein klares Bild über die Entstehung dieser Lagerstätten. Der Ostelba-Pluton, der in frühen Arbeiten für den Erzbringer gehalten wurde, kommt dafür nicht in Frage, da die Granite eisenarm sind und keine Anzeichen für die Herkunft der Erze hergeben. Zum anderen ist aber klar, dass die Erzkonzentration mit der Intrusion des Ostelba-Plutons in Zusammenhang steht: die Lagerstättenbildung erfolgte zwischen dessen Intrusion (5,9 Ma) und der Aktivität der durch die Intrusionstätigkeit auf Elba verursachten Zuccale-Abscherung (Farbbild 17; Kapitel 7). Die Zuccale Abscherungsfläche (ZAF) erfasste die Erzkörper und schneidet sie z.B. in der Lagerstätte Terranera ab, die mit der Abscherung einhergehende Verformung erfasste die Vererzung teilweise. Eine unmittelbare Datierung der Spätphase der Vererzung in der Lagerstätte Rio Marina stimmt mit diesem Bild überein: in einer späten Phase der Erzbildung gewachsener Hamätit (Varietät Specularit: siehe Tab. 3) und Adular (ein hydrothermal gebildeter Feldspat) ergaben Alter von 5,4 bis 5,3 Ma. Der Hämatit wurde mit der (U,Th)/He-Methode auf 5,39 ± 0,5 Ma, der Adular mit der K/Ar-Methode auf 5,32 ± 0,1 Ma datiert (Lippolt et al. 1995). Dies bedeutet, dass gut eine halbe Million Jahre nach der Intrusion des Ostelba-Plutons die Lagerstättenbildung abgeschlossen war, die hydrothermale Tätigkeit zu Ende ging und die Mineralneubildungen abgekühlt waren. Die Zuccale-Abscherung muss vor etwa 5,4 Ma erfolgt sein, als ein Großteil des Erzes bereits gebildet war, da sie noch erhebliche Deformationen in bestimmten Lagerstättenbereichen hervorrief, späte Hämatit-Gängchen aber undeformiert sind.

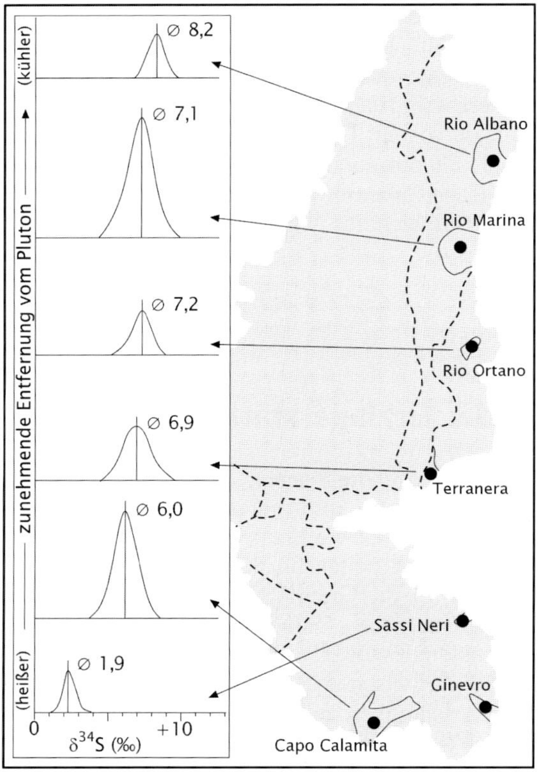

Abb. 10: Die Eisenerzlagerstätten Ostelbas. Die Schwefelisotopen-Zusammensetzung in Pyrit zeigt eine systematische Änderung von den heißer zu den kühler gebildeten Lagerstätten (nach Erz 2000). Siehe Erklärungen im Text.

Für die Lagerstättenbildung trafen folgende wichtige Faktoren zusammen: *(1)* Es lagen im Einflussbereich der Ostelba-Intrusion eisenreiche Sedimentgesteine vor, nämlich die in wüstenhaftem Klima abgelagerte Verrucano-Formation. Ihr Fe_2O_3-(Gesamteisen-)Gehalt beträgt in noch vorhandenen rot gefärbten Schiefern etwa 8 Gew.-%. Wo diese Sedimentgesteine fehlen, gibt es auch keine Eisenerz-Lagerstätten, wie z.B. rund um den Monte-Capanne-Pluton. Der gesamte Abbau an Eisenerz seit Beginn der Ausbeutung der Lagerstätten betrug schätzungsweise 40–45 Mio. t Erz, wobei der Großteil dieser Fördermenge durch die Zahlen des 20. Jh. belegt ist. Eine einfache Überschlagsrechnung ergibt, dass man diese Menge aus einem Gesteinsvolumen, das sich aus einer 200 m mächtigen Schicht auf einer Basisfläche von 1 km^2 ergibt, mobilisieren

Tab. 3: Typische Erzminerale Elbas. (*) Als Specularit werden glänzende tafelige Hämatitkristalle bezeichent. Limonit ist ein Gemenge von Eisen-Hydroxiden, vorwiegend Goethit (Nadeleisenerz; α-FeOOH), in zweiter Linie Lepidokrokit (Rubinglimmer; γ-FeOOH). Limonit, Azurit und Malachit sind Verwitterungsbildungen.

Mineral	Formel
Magnetit	$Fe^{+2}Fe^{+3}{}_2O_4$
Hämatit / Specularit*	$Fe^{+3}{}_2O_3$
Limonit*	$Fe^{+3}O(OH)$ oder
	$Fe^{+3}O(OH) \cdot nH_2O$
Pyrit	$Fe^{+2}S_2$
Magnetkies (Pyrrhotit)	$\sim Fe^{+2}S$
Kupferkies (Chalkopyrit)	$CuFe^{+2}S_2$
Azurit*	$Cu_3[OH\|CO_3]_2$
Malachit*	$Cu_2[(OH)_2\|CO_3]$
Zinkblende (Sphalerit)	ZnS
Bleiglanz (Galenit)	PbS
Zinnstein (Cassiterit)	SnO_2

kann, wenn man im Schnitt 7–8 % Eisenoxidgehalt annimmt und alles Eisen konzentriert. Dies zeigt, dass der Verrucano tatsächlich genügend Eisen enthielt, um als Lieferant für die Lagerstätten Elbas herzuhalten, da ein Vielfaches an Verrucano-Volumen zur Verfügung steht.

(2) Durch die Intrusion wurden im kontaktnahen Bereich Hitze und wässrige Fluide zur Verfügung gestellt, die aufgrund ihrer sauren Zusammensetzung und hohen Salinität (hohe Chlor-Gehalte) imstande waren, das Eisen aus dem Verrucano zu lösen. Die Fluide stammen vermutlich sowohl vom Pluton als auch aus den Sedimentfolgen, was aufgrund der Schwefelisotopen-Zusammensetzungen naheliegend ist (Kapitel 9.1). Sich rasch ändernde pH- und Eh- (Redox-) Bedingungen und andere Faktoren wie rasche Abkühlung mit zunehmender Entfernung vom Pluton und mit der Zeit führten zur Erzausscheidung unweit des Lösungsortes. Die Lagerstätten befinden sich daher vielfach in der Verrucano-Formation oder den angrenzenden Schichtgliedern (vor allem den graphitischen Phylliten der Rio-Marina-Formation und den Karbonatgesteinen der Obertrias und des tieferen Jura). Es finden sich verschiedene Generationen von Magnetit, Hämatit und Pyrit sowie anderen Sulfiden. Als sekundäre Bildungen finden sich Limonitanreicherungen in Eisernen-Hut-Lagerstätten (Kapitel 9.2).

In den Lagerstätten Ostelbas wurden bis zu 3 Magnetit-, 3 Hämatit- und 2 Pyrit-Generationen festgestellt (Dünkel 2002, Dünkel et al. 2003). Das mehrmalige zeitliche Wechseln und Nebeneinander von Eisenoxid in der höchsten Oxidationsstufe (Hämatit) und Eisensulfid (Pyrit) erscheint auf den ersten Blick widersprüchlich. Betrachtet man die Stabilitätsfelder dieser Minerale in Abhängigkeit des Schwefel- und Sauerstoff-Partialdrucks, so ergibt sich, dass Pyrit und Hämatit auch gleichzeitig gebildet werden können oder man durch geringe Änderung der physikochemischen Bedingungen vom Stabilitätsfeld des Pyrits in jenes des Hämatits gelangen kann und umgekehrt (Abb. 11). Magnetit ist meist eine frühe Bildungsphase, weil er sich bei höheren Temperaturen (und geringerem Sauerstoff-Partialdruck) als Hämatit bildet. Durch Abkühlung gelangt man aus den Stabilitätsfeldern für Magnetit und Pyrit in jene von Hämatit und Pyrit, doch kann auch eine Erhöhung der Partialdrucke von Sauerstoff und Schwefel das Gleiche bewirken – woraus folgt, dass eine Erniedrigung dieser Partialdrucke rückläufige Entwicklungen bewirkt. Auf diese Weise erklärt sich das oft mehrfache Hin und Her mit mehreren Generationen einer Mineralspezies, wobei nachfolgende Erzmineral-Generationen die vorhergehenden verdrängen und ersetzen können. Es entstand dadurch ein sehr komplexes Bild der Vererzungsabfolgen.

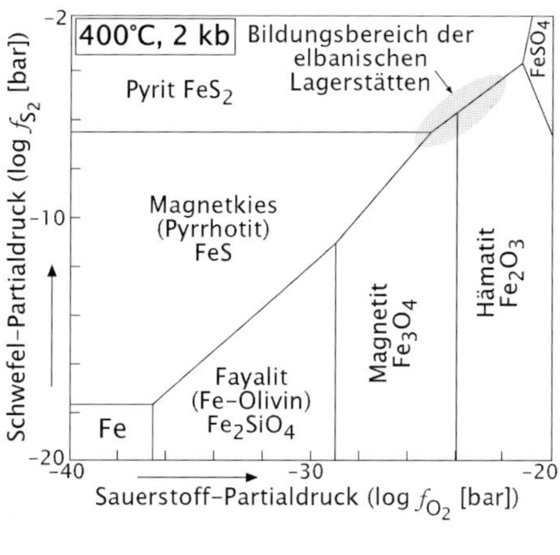

Abb. 11: Bildung eisenhaltiger Minerale in Abhängigkeit vom Schwefel- und Sauerstoff-Partialdruck bei 400 °C und 2 kb Druck (nach Dünkel 2002). Geringere negative Werte bedeuten höheren Partialdruck.

9.1 Unterschiede und Gemeinsamkeiten der Erzlagerstätten

Die Lagerstätten Ostelbas reihen sich entlang einer N–S streichenden Zone auf. Von S nach N sind dies folgende Lagerstätten (Abb. 10): Capo Calamita, Ginevro, Sassi Neri, Terranera, Rio Ortano, Rio Marina und Rio Albano. Diese

Lagerstättenbereiche enthalten zum Teil mehrere einzelne alte Abbaue, auf die hier aber nicht näher eingegangen wird. Die Vorkommen von Terranera, Rio Marina und Rio Albano befinden sich vorwiegend in der Verrucano-Formation (Quarzite und Tonschiefer) und der Rio-Marina-Formation (graphitische Phyllite) der Einheit 3a (Giove-Einheit). Auch die Erze der Lagerstätte Capo Calamita befinden sich teilweise in der Verrucano-Formation (vermutlich ebenfalls der Einheit 3a), haben aber auch die darüber folgenden Karbonatgesteine erfasst und verdrängt. Das Erzvorkommen von Rio Ortano liegt hingegen vorwiegend in den Obertrias–Jura-Karbonatgesteinen der Einheit 1.

Eine besondere Stellung besitzen die Vorkommen von Ginevro und Sassi Neri. Die Erzvorkommen sind hier durch Wechsellagerung eng mit den Calamita-Schiefern verbunden, es wird vermutet, dass sie ebenfalls Karbonatgesteine, die hier den Calamita-Schiefern auflagen oder mit ihnen verschuppt wurden, verdrängten. Das ursprüngliche Karbonatgestein, zu Einheit 1 gehörig, ist aber nicht mehr erhalten. Ginevro und Sassi Neri befinden sich unterhalb der Zuccale-Abscherungsfläche (ZAF), während alle anderen Lagerstätten einschließlich der von Capo Calamita oberhalb der ZAF, also bezüglich der jüngsten Extensionstektonik in allochthoner (nicht ortsgebundener) Position liegen. In Capo Calamita und Terranera werden die Erzvorkommen und die umgebenden mesozoischen Sedimentfolgen von der unterlagernden ZAF abgeschnitten. Unterhalb der ZAF befinden sich Calamita-Schiefer, deren obermiozäne Aplitgänge von der ZAF ebenfalls abgeschnitten werden (Farbbilder 19, 20). Die Calamita-Schiefer sind nicht oder nur geringfügig vererzt.

Bezüglich der Mineralinhalte der Lagerstätten zeigt sich ein deutlicher Gradient von heißer gebildeten Paragenesen im Süden zu kühler gebildeten im Norden. Dies zeigt an, dass die Lagerstätten von S nach N in zunehmend größerem Abstand zum Ostelba-Pluton entstanden. Ginevro und Sassi Neri fallen insofern aus dem Rahmen, als sie die heißesten Bildungen beinhalten – es sind dies ja auch die einzigen autochthonen (ortsgebundenen) Vorkommen, ihre heutige Nähe zur Lagerstätte Capo Calamita ist also jüngeren Alters. Etwa 1 km nördlich von Ginevro erbohrte man den Ostelba-Pluton in nur 25 m Tiefe. Die genauen Bildungstemperaturen abzuschätzen ist schwierig. Man kann aber davon ausgehen, dass die frühesten und heißesten Erzmineral-Bildungen auf der Calamita-Halbinsel bei Temperaturen zwischen 600 und 500 °C erfolgten, im Norden zwischen 400 und 300 °C. Dies wird durch Untersuchungen von Sauerstoffisotopen-Zusammensetzungen in Mineralpaaren gestützt (Dünkel 2002).

Die Lagerstätten kann man in 4 Typen untergliedern, wobei die Auflistung von hohen zu niedrigeren Anfangs-(= Maximal-) Temperaturen erfolgt (Dünkel 2002; für die Zusammensetzung der wichtigsten Erzminerale siehe Tab. 3):

(1) Der Ginevro-Typ enthält als Eisenminerale fast nur Magnetit, sehr untergeordnet späten Pyrit. Ihm gehören die Lagerstätten Ginevro und Sassi Neri an. Die assoziierten Skarnparagenesen sind nicht so stark Eisen-dominiert wie die anderen Eisen-Skarne. Sie enthalten viel Amphibol; Klinopyroxen und Grossular treten untergeordnet auf.

(2) Der Calamita-Typ enthält ebenfalls vorwiegend Magnetit als Erz und ist genetisch eng mit Eisen-Skarnen verknüpft. Pyrit und Hämatit kommen untergeordnet vor. Der Calamita-Typ umfasst die Lagerstätte Capo Calamita, besitzt aber Ähnlichkeit mit der Lagerstätte Terranera.

(3) Der Rio-Ortano-Typ ist durch Erzparagenesen mit Pyrit, Magnetit und Hämatit gekennzeichnet und umfasst die geographisch mittleren Lagerstätten Terranera und Rio Ortano. Skarnbildungen sind vorhanden, aber nicht so bedeutend wie bei den weiter südlich liegenden Typen.

(4) Der Rio-Marina-Typ bildet die Hämatit-Pyrit-Lagerstätten von Rio Marina und Rio Albano im Norden, wobei Hämatit das dominierende Erzmineral ist. Früh gebildeter Magnetit tritt auf, ist aber wenig bedeutend. In Rio Marina nimmt er von unten nach oben an Häufigkeit ab. Skarnbildungen beschränken sich auf verstreute Ilvait-Kristalle in der Lagerstätte Rio Marina.

Neben den Eisenmineralen enthalten manche der heißer gebildeten Lagerstätten auch Magnetkies und Kupferkies sowie andere Sulfide (z.B. Zinkblende, Bleiglanz) oder auch Zinnstein. Die größte Diversität an Mineralen findet sich in den – relativ heiß gebildeten – Lagerstätten Capo Calamita und Terranera. Von Bedeutung waren in der Antike die Kupfermineralisationen, die sich in der Lagerstätte Capo Calamita durch die auffallenden blauen und grünen Sekundärminerale Azurit und Malachit bemerkbar machen. Die Kupfererze wurden bereits vor der Eisengewinnung abgebaut.

Wichtige Hinweise über die Entstehung der Fluide geben die Schwefelisotopen-Zusammensetzungen der Sulfidminerale. Schwefel unterschiedlicher Herkunft besitzt unterschiedliche Mischungsverhältnisse der Isotope mit den Atomgewichten 32 (^{32}S) und 34 (^{34}S). Ein bestimmter, in Eisensulfid eines Meteoriten gemessener Wert wird als Standardwert genommen, Abweichungen von diesem Wert werden als $\delta^{34}S$ in ‰ angegeben. Positive Werte zeigen dadurch isotopisch schwereren, negative leichteren Schwefel an.

Die Sulfide der Lagerstätten Ostelbas weisen generell positive $\delta^{34}S$-Werte zwischen 1,7 und 10,2 ‰ auf, wobei die Werte innerhalb einer Lagerstätte wenig streuen, aber eine systematische Zunahme der Werte von der heißesten Lagerstätte (Sassi Neri; Ginevro wurde nicht untersucht) zur kühlsten (Rio Albano) zu verzeichnen ist (Abb. 10; Erz 2000). Schwefel aus magmatischen Schmelzen weist $\delta^{34}S$-Werte um 0 ‰ auf. Positive $\delta^{34}S$-Werte besitzen hingegen Sulfat-Ionen im Meerwasser (12–17 ‰ in der Trias) sowie Evaporite (Gips, Anhydrit).

Die $\delta^{34}S$-Werte der Lagerstätten legen es daher nahe, dass die heißer gebildeten Lagerstätten vorwiegend magmatischen Schwefel, die kühler gebildeten mit Entfernung von der magmatischen Quelle zunehmend Sulfatschwefel aus der Sedimentfolge, in der sie einen längeren Weg zurücklegen mussten, enthalten. Als Lieferant von marinem Sulfatschwefel bieten sich vor allem die ursprünglich gipsreichen Rauwacken an, der Ostelba-Pluton ist hingegen für die magmatische Schwefel-Komponente verantwortlich.

Hohe Salinität in Fluideinschlüssen in der späten Hämatitgeneration („Specularit": Tab. 3) der nördlichen Lagerstätten zeigen möglicherweise das Eindringen von salinarem Oberflächenwasser an (Dünkel 2002). Dieses könnte mit dem Eindampfen von Meerwasser während des Messiniums (Obermiozän vor etwa 5,5 Ma) zusammenhängen, als unter Bildung von Evaporiten das Mittelmeer weitgehend austrocknete. Der auf 5,39 ± 0,5 Ma datierte Specularit (Kapitel 9) passt zu diesem Szenarium. Der als Specularit bezeichnete glänzende tafelige Hämatit wurde durch hydrothermale Alteration unter oxidierenden Bedingungen gebildet.

9.2 Lagerstätten mit Eisernem Hut

Einige der elbanischen Eisenerz-Lagerstätten sind mit einem Eisernen Hut (oder Gossan) ausgestattet. Eiserne Hüte sind Verwitterungslagerstätten, die sich in warmen Klimaten über Sulfidvererzungen bilden. Dabei wird oberhalb des Grundwasserspiegels, in der Oxidationszone, das primäre sulfidische Erz (in diesem Fall vor allem Pyrit) zersetzt. Pyrit zerfällt zu Schwefelsäure und Limonit, der aufgrund seiner Unlöslichkeit in der Oxidationszone verbleibt. Andere sulfidisch gebundene Metalle gehen in Lösung und werden bis zum Grundwasserspiegel ausgelaugt. Sie werden abgeführt oder unterhalb des Grundwasserspiegels, in der Zementationszone, unter reduzierenden Bedingungen wieder ausgefällt, wodurch das Primärerz an wertvollen Metallen angereichert wird. Auf Elba haben Zementationszonen allerdings keine Bedeutung.

Die als Eiserner Hut bezeichnete Oxidationszone ist aufgrund der Auslaugung der anderen Stoffe an Eisenhydroxiden (Limonit) stark angereichert. Die gute Aufbereitbarkeit des Erzes macht diesen Lagerstättentyp wirtschaftlich interessant (der Eiserne Hut kann auch Gold enthalten, wenn das Primärerz goldhaltig war – was auf Elba aber nicht der Fall ist). Der Limonit ist zum Teil in Form von Braunem Glaskopf vorhanden, harten, traubig-nierigen Konkretionen, während sonst erdige, ockerbraune limonitische Massen vorherrschen. Die leichte Gewinnung und Aufbereitung des limonitischen Erzes machen es wahrscheinlich, dass der Bergbau in der Antike vor allem in den Hut-Lagerstätten umging.

10. Elba – Typlokalität für acht Mineralarten

Elba war lange Zeit ein Eldorado für Mineraliensammler wie auch wissenschaftlich arbeitende Mineralogen. Eine ganze Reihe von seltenen, oft schön ausgebildeten Mineralen ist an die Pegmatitgänge des Monte Capanne – hier vor allem im Raum San Ilario und San Piero – und an die Eisen-Skarne und Eisenerz-Lagerstätten Ostelbas gebunden. Viele der oft spektakulären Mineralstufen können in den Museen von Rio nell'Elba, Rio Marina oder Capolìveri oder in Kaufläden vor allem in Porto Azzurro („Giannini Minerali" mit einer prachtvollen, frei zugänglichen Privatsammlung; „Piccola Miniera" mit Schaubergwerk) bewundert werden. Von Elba wurden insgesamt acht – teilweise unscheinbare oder schwer identifizierbare – Minerale erstmals beschrieben, die Insel beherbergt somit die Typlokalität für diese Minerale. Zwei dieser Minerale tragen den Namen der Insel. Der jüngste Neufund wurde erst 1998 gemacht.

Die acht Minerale werden hier kurz vorgestellt. Wie eingangs erwähnt, verzichten wir auf eine eingehende Beschreibung der Mineralvorkommen und Mineralarten, da das Sammeln mittlerweile verboten ist und ansonsten auch der Rahmen dieses Führers gesprengt würde.

Minerale, die erstmals von Westelba beschrieben wurden
(in Klammern das Jahr der Erstbeschreibung):

Elbait – $Na(Li,Al)_3Al_6(BO_3)_3Si_6O_{18}(OH)_4$. Er ist eines der beiden Minerale, das den Namen der Insel trägt. Ursprünglich wurden als Elbaite allgemein (und ohne klare Erstbeschreibung mit Typlokalität) die mehrfarbigen Turmaline aus den Pegmatitgängen bei San Piero bezeichnet, um sie vom schwarzen Schörl zu unterscheiden. Später definierte man den Elbait als einen Na-Li-Al-Turmalin. Seine Farbe kann rot, rosa, grün, blau, gelb oder farblos sein und wechselt häufig längs der säuligen Kristalle.

Pollucit (1846) – $(Cs,Na)_2Al_2Si_4O_{12} \cdot H_2O$ – abgeleitet von „Pollux", weil er gemeinsam mit dem Li-Silikat „Castorit" auftritt (dieser Name musste aus Prioritätsgründen allerdings der Bezeichnung Petalit weichen). Erstmals wurde Pollucit aus einem Pegmatitgang südlich von San Piero beschrieben. Das Mineral gehört zur Gruppe der Zeolithe.

Dachiardit (1905) – $(Ca,Na_2,K_2)_5Al_{10}Si_{38}O_{96} \cdot 25H_2O$ – benannt nach dem auf Elba forschenden Pisaner Mineralogieprofessor Antonio d'Achiardi. Es ist dies ein seltenes Mineral, ebenfalls der Zeolithgruppe, entdeckt im selben Gang wie der Pollucit.

Uranopolykras (1993) – $(U,Y)(Ti, Nb,Ta)_2O_6$. Dieses Mineral wurde ebenfalls von einem Gang nahe San Piero beschrieben. Der hohe Urangehalt unterscheidet ihn vom Polykras und führt zur Metamiktisierung (Zerstörung des Kristallgitters) der Minerale.

Rubiklin (1998) – $(Rb,K)AlSi_3O_8$. Das erstmals beschriebene Exemplar stammt vermutlich vom selben Gang, aus dem der erste Pollucit und Dachiardit beschrieben wurde. Rubiklin tritt in winzigen Körnchen zusammen mit Pollucit auf und ist die jüngste neue Mineralart Elbas, die nur mit der Mikrosonde identifizierbar ist. Er bildet das Rb-Pendant zum Mikroklin (K-Feldspat) – der Name ist also ein Konstrukt aus Rubidium und Mikroklin.

***Minerale, die erstmals von Ostelba beschrieben wurden*:**

Ilvait (1811) – $CaFe^{+2}{}_2Fe^{+3}[OH|O|Si_2O_7]$. Es ist dies das andere Mineral, das nach Elba (*lat.* Ilva) benannt ist und gleichzeitig die erste Mineralart, die auf Elba definiert wurde. Die Typlokalität befindet sich im Eisen-Skarn beim Alten Turm von Rio Marina (EP 5).

Minguzzit (1955) – $K_3Fe^{+3}(C_2O_4)_3 \cdot 3H_2O$ – benannt nach dem in Pavia lehrenden Mineralogieprofessor Carlo Minguzzi. Die kleinen gelbgrünen Kristalle kommen zusammen mit Limonit, also als Verwitterungsprodukt, vor und wurden erstmals von der Lagerstätte Capo Calamita beschrieben.

Bonattit (1957) – $CuSO_4 \cdot 3H_2O$ – benannt nach Stefano Bonatti, der das Mineral in einer an Cu-, Mg- und Fe-Sulfaten reichen mikrokristallinen Mineralkruste um eine Quelle in der Lagerstätte Capo Calamita fand. Das Mineral bildet sich aus den sauren Quellwässern.

11. Die Geomorphologie als Ausdruck des geologischen Aufbaus

Im Monte-Capanne-Massiv konnte mit Apatit-Spaltspurendaten für die letzten 2 Ma ein Hebungsschub mit einer Hebungsgeschwindigkeit von mehr als 1 mm im Jahr (= >2 km in 2 Ma) nachgewiesen werden (Bouillin et al. 1994). Dadurch erhielt Westelba seine schroffe und touristisch so attraktive Gebirgsform mit dem 1018 m hohen Monte Capanne, dem höchsten Berg zwischen Korsika und Apennin. Die rasche junge Hebung führte zur Bildung von Entlastungsklüften, die beeindruckende hangparallele Granitplatten schufen (Farbbild 98).

Aber auch sonst bestimmt die Geologie die topographischen Unterschiede der Insel (Farbbild 21). Die auffällige Dreiteilung – West-, Mittel- und Ostelba – spiegelt den unterschiedlichen geologischen Bau wider, wobei der Ostteil nochmals in den Nordostsporn und die Calamita-Halbinsel (im Südosten) untergliedert werden kann.

Während der kreisförmige Westteil durch die junge Intrusion des Monte Capanne gestaltet wird, dessen Gipfel im Zentrum der Intrusion liegt, ist der Mittelteil der Insel durch die Wechsellagerung von Flysch und die in sie eingedrungenen mächtigen granitischen Lagergänge gekennzeichnet. Das wegen der leichten Erodierbarkeit des Flysches nur hügelige Gebiet bleibt mit seinen Höhen unter 400 m. Die Gänge erzeugen aber lokal durchaus schroffes Gelände, was vor allem an den Küsten augenscheinlich wird. Die N–S gerichtete Querstreckung dieses Teils der Insel (Farbbild 21) ist durch das generelle N–S-Streichen der Gänge bedingt.

Der Nordost-Sporn Elbas ist von der Vielfalt der toskanischen und ligurischen Gesteinspakete gekennzeichnet und bildet einen langen, in der Cima del Monte bis über 500 m hohen Rücken, der – wie die Form des gesamten Nordost-Sporns – in etwa dem Streichen der Schichteinheiten folgt. Der Rücken befindet sich durchwegs in der ligurischen Einheit. Gipfelbildend sind der Basalt, der Radiolarit und der Calpionellenkalk. Die Calamita-Halbinsel wird hingegen zum ganz überwiegenden Teil von den Calamita-Schiefern aufgebaut, deren geringe Widerstandskraft gegenüber der Erosion ein hügeliges Gelände schafft. Die ovale Halbinsel wird in ihrer Mitte vom Monte Calamita (413 m) gekrönt. Die Lagerstätten Ostelbas treten morphologisch nicht hervor, abgesehen davon, dass die Tagebaue natürlich ihre sichtbaren Spuren hinterlassen haben.

12. Die geologischen Exkursionen

Die in der folgenden Beschreibung gewählte Reihenfolge der Exkursionspunkte versucht, dem Besucher der Insel die Geologie Elbas einigermaßen systematisch aufbauend näherzubringen. Andererseits wird natürlich darauf Rücksicht genommen, dass nicht unnötige Wegstrecken zurückgelegt werden müssen und die Route halbwegs abgerundet ist. Was daraus resultiert, ist ein Kompromiss zwischen Logistik und Geo-Logik.

Die einzelnen Aufschlüsse sind mit Symbolen für geologische, landschaftliche und balnearische Exzellenz gekennzeichnet. Dies mag es dem Nutzer des Führers erlauben, sich auf besondere Aufschlüsse einzustellen und vielleicht seine Routen zeitlich so zu planen, dass ein angenehmes Bad im Meer „drin“ ist oder Zeit zum Genießen der landschaftlichen Schönheiten bleibt. Aus diesem Grund werden auch keine Tagesetappen empfohlen. Zudem lohnen viele Aufschlüsse ein genaues und nicht durch Zeitdruck beeinflusstes Beobachten.

Bei jedem Aufschluss sind die mit GPS (Global Positioning System) gemessenen Werte in Grad, Minuten und Sekunden angegeben, stets zuerst nördliche Breite, dann östliche Länge. Dabei sollte bedacht werden, dass 1“ in der Breite etwa 30 m, in der Länge gut 20 m bedeutet. Wer will, kann sich die Punkte bereits zu Hause auf Google Earth zurechtlegen, die geographische Länge und Breite erlauben eine exakte Positionierung. Nicht alle Teile Elbas weisen bislang allerdings die erforderliche Auflösung in Google Earth auf.

Als topographische Karte empfehlen wir die „Carta turistica e dei sentieri: Isola d'Elba“ 1:25 000, Edizioni Multigraphic (Firenze), die in einschlägigen Geschäften auf Elba erhältlich ist (grünes Deckblatt). Außerdem gibt es eine „Kompass“-Wanderkarte im Maßstab 1:30 000 sowie andere Touristenkarten, die aber die Topographie weniger genau darstellen. Die vom Istituto Geografico Militare (Firenze) hergestellten Karten im Maßstab 1:25 000 und 1:50 000 sind über den Buchhandel oder übers Internet (www.igmi.org – Vorauszahlung notwendig) erhältlich, müssen aber lange im Voraus bestellt werden.

Für die Exkursionsplanung werden besonders attraktive Aufschlüsse mit folgenden Symbolen versehen:

☻ Der Aufschluss oder das Aufschlussensemble ist geologisch hervorragend
☻☻ Der Aufschluss oder das Aufschlussensemble bildet einen geologischen Höhepunkt und verdient es, als Geotop ausgewiesen zu werden
❀ Der Aufschlussbereich ist landschaftlich besonders schön
✪ Der Aufschluss bietet eine gute Bademöglichkeit

Die Exkursionspunkte (siehe Übersichtskärtchen auf der Umschlaginnenseite hinten)

1: Monte Capanne, der höchste Berg Elbas (1018 m). Im Vordergrund liegt Portoferraio.

2: Das Bergdorf San Ilario (links) am Osthang des Monte Capanne mit dem pisanischen Befestigungsturm San Giovanni.

3: Gässchen in San Ilario.

4: Romanischer Wasserspeier in Rio nell'Elba.

5: Die Festungsruine Volterraio steht auf dem linken der beiden Felsgipfel.

6: Weißliche Zistrose *(Cistus albidus).*

7: Montpellier-Zistrose *(Cistus monspeliensis).*

8: Gelber Zistrosenschmarotzer *(Cytinus hypocistis).*

9: Pfriemenginster
(*Spartium junceum*).

10: Illyrische Siegwurz
(*Gladiolus illyricus*).

11: Capanne-Veilchen
(*Viola corsica ilvensis*).

12: Wildschwein
(*Sus scrofa*)
bei Pomonte.

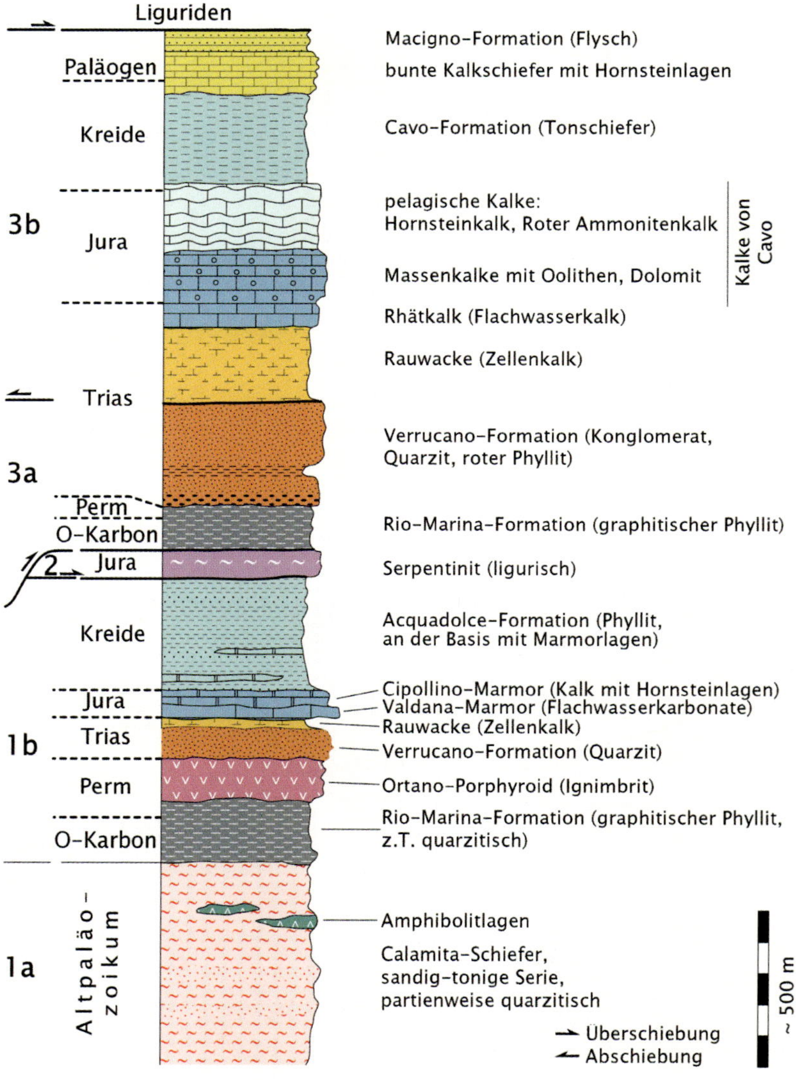

13: Die Schichtfolgen der toskanischen Einheiten 1 und 3, getrennt durch die ligurische Serpentinitschuppe der Einheit 2, im Säulenprofil.

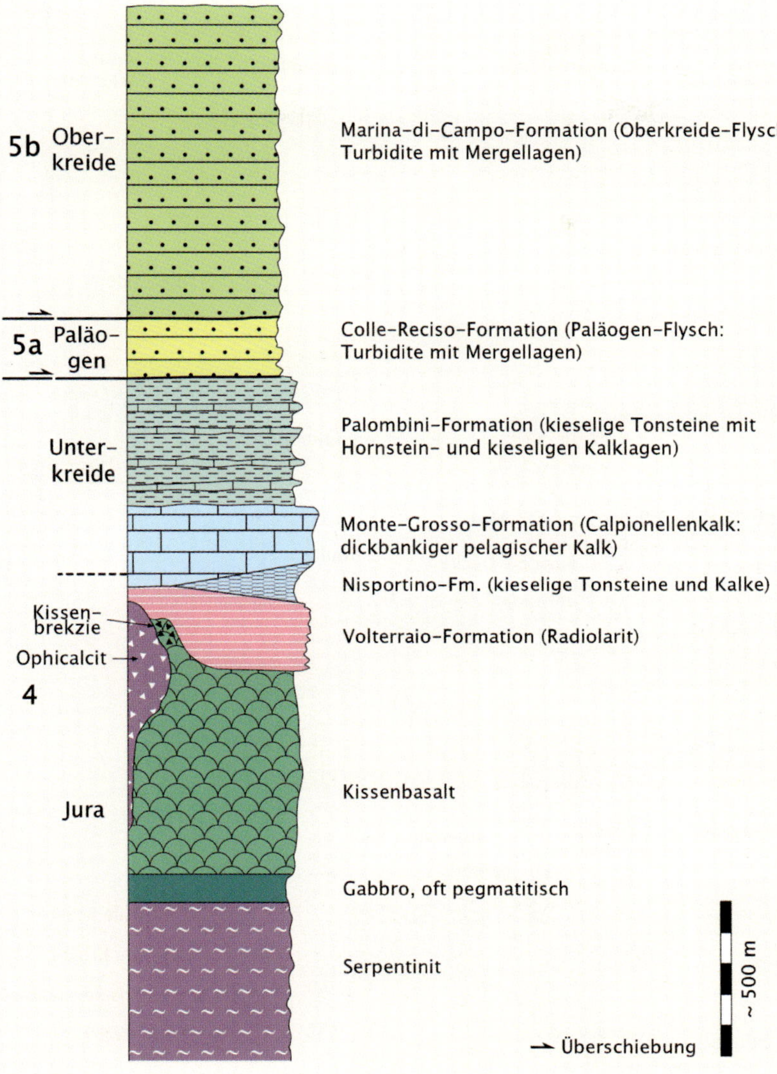

14: Die Schichtfolgen der ligurischen Einheiten 4 und 5 im Säulenprofil.

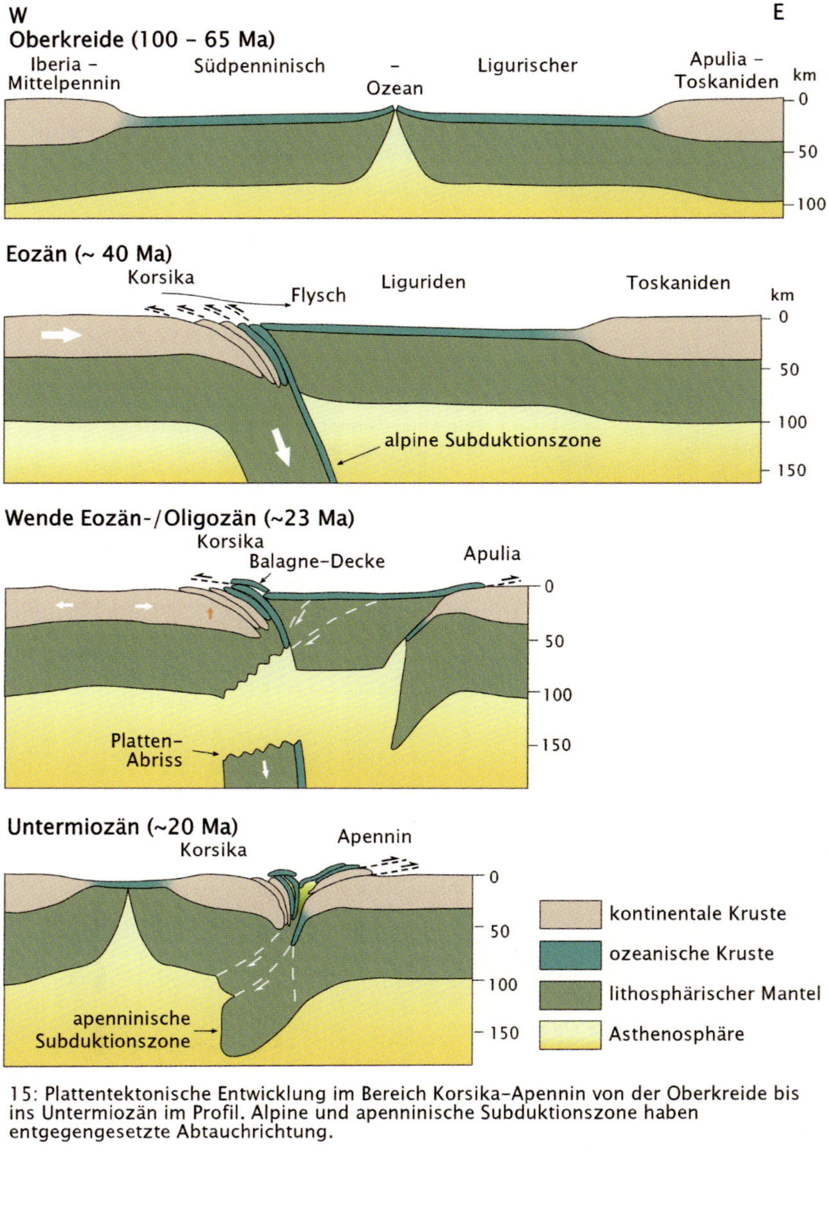

15: Plattentektonische Entwicklung im Bereich Korsika-Apennin von der Oberkreide bis ins Untermiozän im Profil. Alpine und apenninische Subduktionszone haben entgegengesetzte Abtauchrichtung.

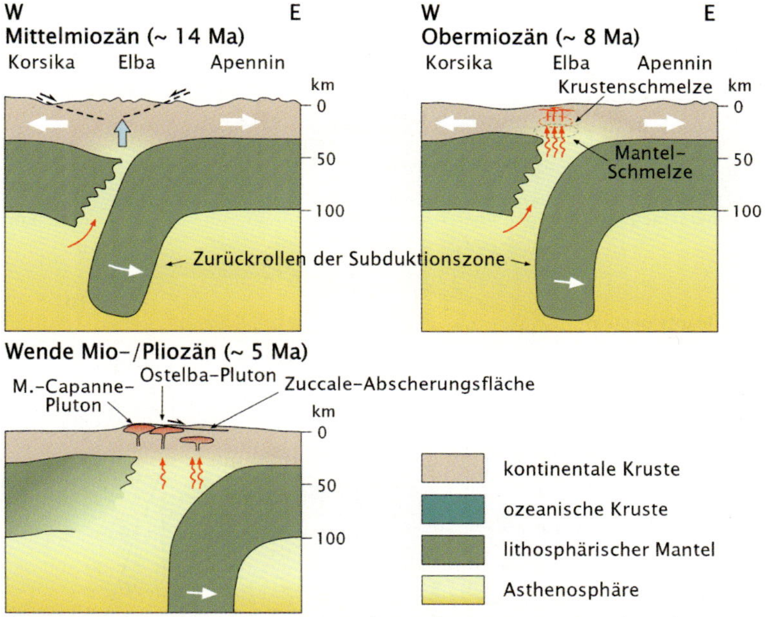

16: Plattentektonische Entwicklung im Bereich Korsika-Apennin im Mittel- und Obermiozän im Profil.

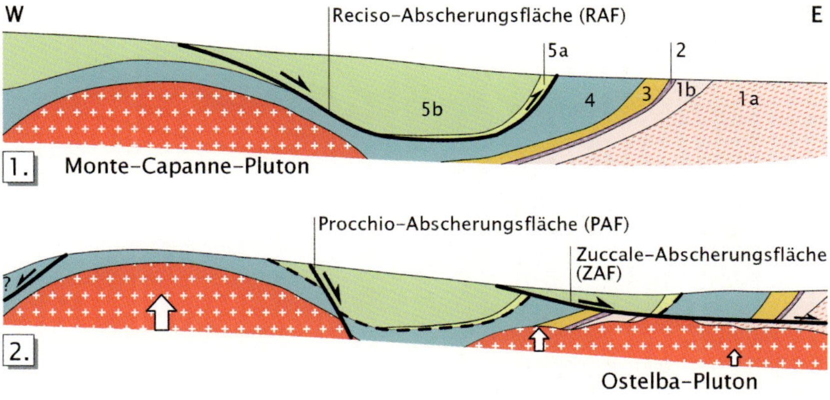

17: Bildung von Abscherungsflächen und gravitativen Gleitdecken nach Intrusion des Monte-Capanne-Granits. Die Zahlen geben die tektonischen Einheiten wieder (siehe Tab. 1)

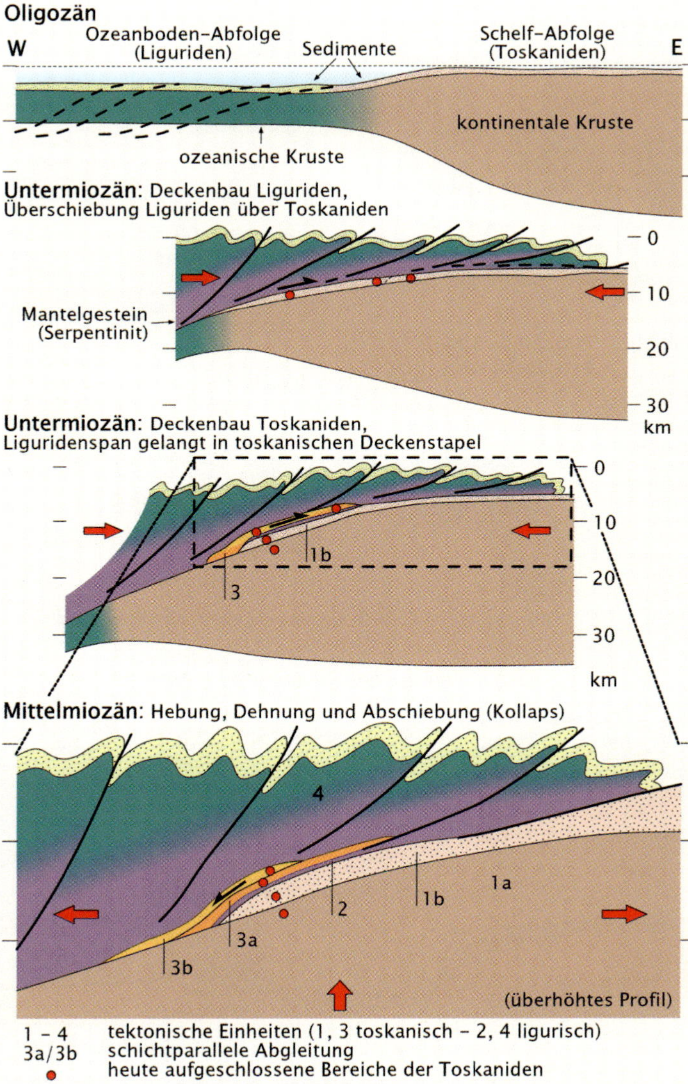

18: Profile zur Entstehung des Deckenbaus auf Elba.

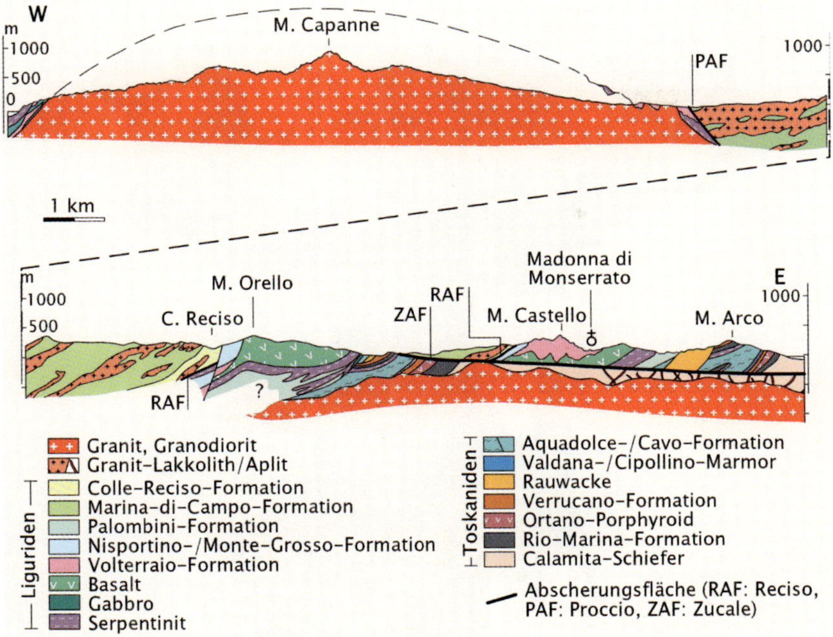

19: Geologisches W-E-Profil durch ganz Elba (Profillinie siehe tektonisches Kärtchen in der Umschlaginnenseite vorn).

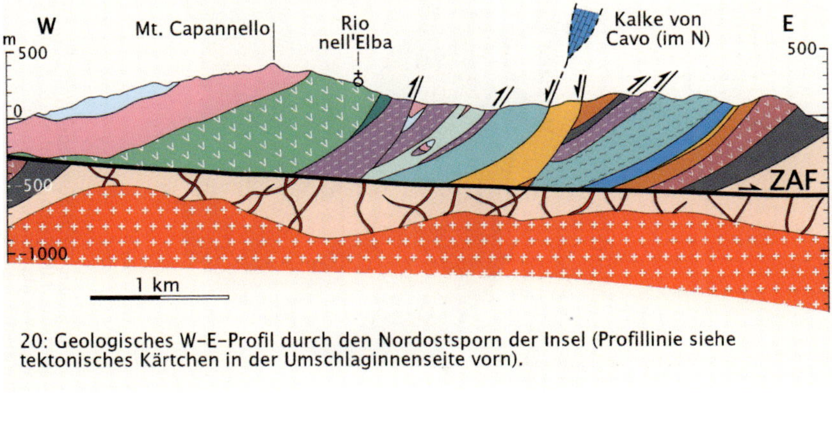

20: Geologisches W-E-Profil durch den Nordostsporn der Insel (Profillinie siehe tektonisches Kärtchen in der Umschlaginnenseite vorn).

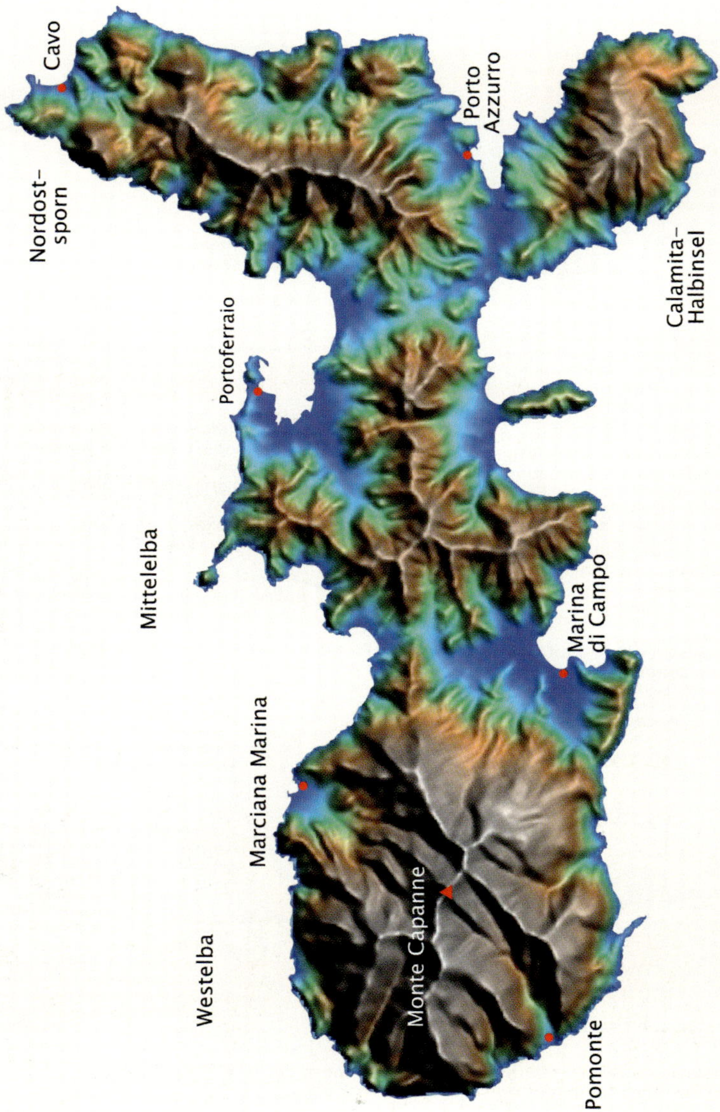

21: Digitales Geländemaodell von Elba (erstellt von B. Székely, Universität Budapest). Die topographische Gliederung in Westelba, Mittelelba, Nordostsporn und Calamita-Halbinsel ist geologisch bedingt (siehe Text und geologische Karte in der Umschlaginnenseite vorn).

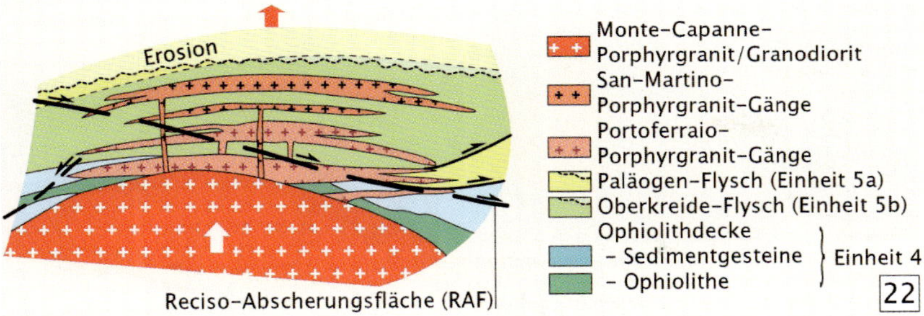

22: Sukzessive Intrusion der Portoferraio- und San-Martino-Lakkolithe, die eine Christbaumstruktur bilden, und des Monte-Capanne-Plutons sowie ungefähre Lage der späteren Reciso-Abscherungsfläche.

23: Granitgang mit poryphyrischem Alkalifeldspat, Turmalinnest und Turmalin-gefüllter Kluft. *EP1a.*

24: Riedel-Scherfläche, die von der Hauptstörung abzweigt und einen halbmondförmigen Ausbiss erzeugt. *EP1b.*

25: Dünnschliffbild (gekreuzte Nicols) eines bei der Metamorphose deformierten porphyrischen Quarzes im Ortano-Prophyroid. *EP2a.*

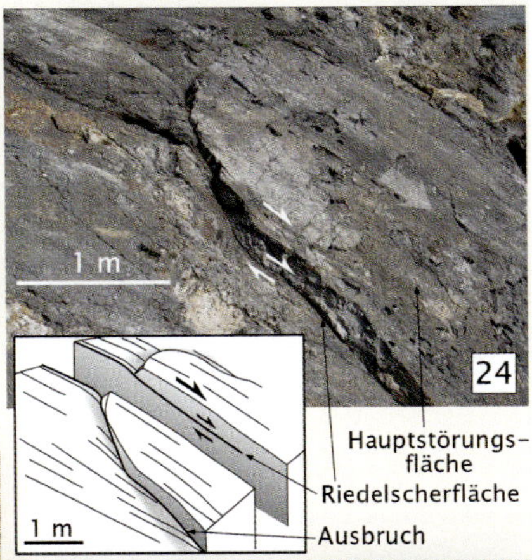

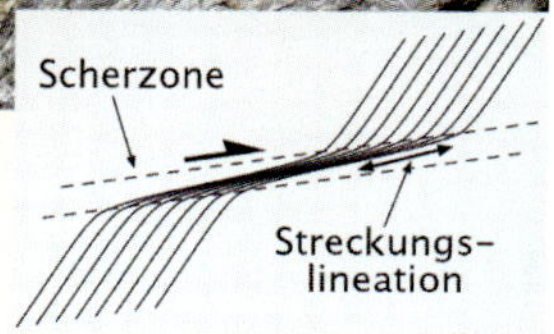

26: Linsen aus kollabiertem Bimsstein im Ignimbrit des Ortano-Porphyroids. *EP2a*.
27: Scherzone im Cipollino-Marmor (gelblich: Hornsteinlagen). *EP2e*.
28: Hohe, schmale Bücherregal-Boudins in einem linsigen Boudin aus Hornstein. *EP2e*.
29: Längliche, rechteckige antithetisch rotierte Boudins aus Hornstein. *EP2e*.

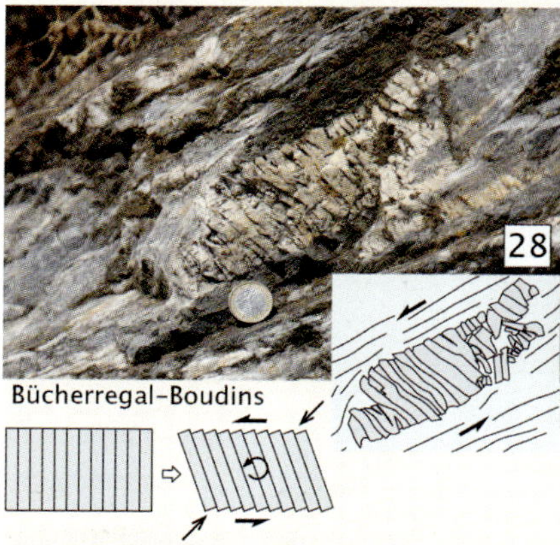

30: Chrysotilfasern an Scherfläche im Serpentinit, abschiebende Bewegung anzeigend. *EP2f*.

31: Rauwacke in typischer Ausbildung als Zellenkalk. *EP2j*.

32: Lagig angeordneter Ilvait (schwarz) und Hedenbergit (braun, verwittert). *EP5a.*

33: Radialstrahliger Ilvait (schwarz, Kristalle bis 10 cm lang) in Hedenbergit. *EP5a.*

34: Hedenbergit-Rosette (Kristalle bis 20 cm lang). *EP5b.*

35: Schieferung-Scherband-Gefüge in tonigen Zwischenlagen der Verrucano-Formation. *EP6.*

36: Gelber Copiapit (Eisensulfat) als Verwitterungsprodukt von Pyrit. *EP6.*

37: Hämatit-Vererzung bei Topinetti (Lagerstättenbezirk Rio Albano). *EP6.*

38: Schwefelverbindungen und Limonit an Wassertümpeln entlang der Hämatit-Vererzung. *EP6.*

39: Brekzie aus Verrucano-Komponenten in Hämatit-Erz. *EP6.*

40: Unterer Hornsteinkalk. Die Hornsteinknollen sind in Lagen angeordnet. *EP7*.

41: Massenkalk mit reichlich Ooiden. *EP8*.

42: Ooide im Massenkalk. (Nahaufnahme). *EP8*.

43: Bunte Kalkschiefer. *EP9*.

44:
Steinbruch am Wildschweinhügel. Rechts im Vordergrund roter Radiolarit, über dem dickbankiger Calpionellenkalk eine Falte bildet. *EP11*.

45:
Ophicalcit mit rötlichem Karbonat in geschiefertem Serpentinit. *EP11b*.

46:
Kissenbrekzie, darüber kieselige Tonsteine (Basis des Radiolarits) mit einem Basaltkissen. *EP11c*.

47:
Dünngebankter Radiolarit. *EP13a*.

Aufschiebung im Faltenscharnier | Ostvergenz der Faltung | Bücherregal-Boudins im Faltenschenkel

48: Vergente Doppelfalte (Radiolarit, Nisportino-Formation) mit Kleinstrukturen. *EP13b*.

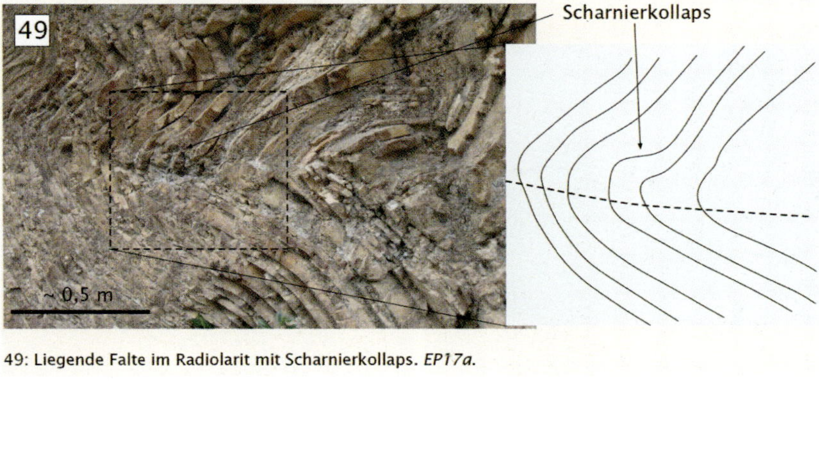

49: Liegende Falte im Radiolarit mit Scharnierkollaps. *EP17a*.

50:
Ruine Volterraio auf Radiolarit, Bucht von Portoferraio und Monte Capanne. *EP16c.*

51:
Geologisches Verkehrszeichen. *EP17b.*

52:
Nisportino-Formation mit kieseligen Kalkbänken und Schiefertonen. *EP17b.*

53:
Madonna di Monserrato. *EP18.*

54:
Spätmiozäner Aplitgang (links unten) in Calamita-Schiefern. Diese enthalten Quarzmobilisate mit typischer Doppelbandbildung (s. Abb. 12). *EP19a*.

55:
Alte Abbaugrube im limonitischen Eisernen Hut einer Eisenerzlagerstätte. *EP19b*.

56:
Harte Krusten aus Braunem Glaskopf in erdigem Limonit. *EP19b*.

57:
Kontaktmetamorph gesprosster Andalusit in alpin regional-metamorph gesprosstem Serizit (Dünnschliff, gekreuzte NIcols). *EP19f*.

58: Lago di Terranera, ein durch Erzabbau künstlich entstandener See. *EP19g*.

59: Graphitischer Schiefer der Rio-Marina-Formation mit kontaktmetamorphem Andalusit (dunkle Flecken). *EP21a*.

60: Graphitischer Schiefer mit in Serizit umgewandeltem Andalusit (Raute) (Dünnschliff, gekreuzte Nicols). *EP21a*.

61: Basisfläche der Zuccale-Scherzone mit Striemung, die zum Monte Capanne (Hintergrund) weist. *EP21c*.

62:
Zuccale-Scherzone zwischen basaler Scherfläche (großes Bild unten) und Flysch (Marina-di-Campo-Formation, ganz oben). Antithetisch rotierte Boudins und Scherbänder innerhalb der Scherzone (kleines Bild). Bewegung nach E (rechts). *EP21b*.

63:
Schieferung-Scherband-Gefüge im Ultrakataklasit der Zuccale-Scherzone. Bewegung nach E (rechts). *EP21b*.

64:
Steil schräggeschichtete Leeseite einer fossilen Düne. *EP21f*.

65: Palombini-Formation: dunkle kieselige Tonschiefer mit Hornsteinlagen (bräunlich anwitternd) und Kalklagen (hell). *EP24a.*

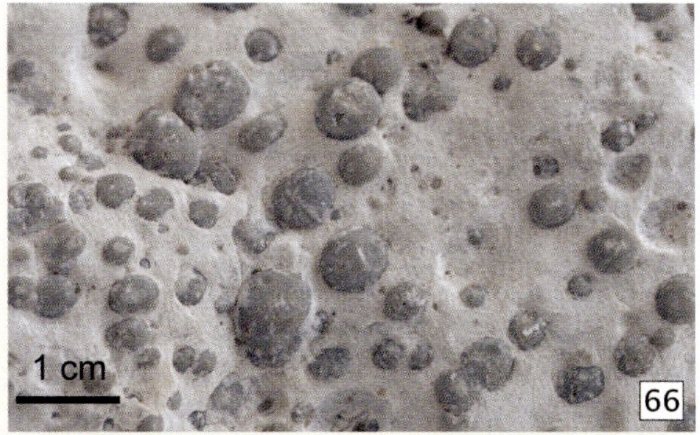

66: Kugelförmige Rosetten aus radialstrahligen, kontaktmetamorphen Wollastonitnadeln in den Kalklagen der Palombini-Formation. *EP24a.*

67: Wechsel von kieseligen Tonschiefern und Hornsteinlagen in der Palombini-Fm. Die Hornsteinlagen bilden Parallelfalten und zeigen Scharnierkollaps (s. Abb. 21). *EP24b.*

68: Randlich kieselige Kalklage (mit Kontaktmineralen) in der Palombini-Fm. Die Raumlage der Schieferung ändert sich entsprechend der Kompetenz des Gesteins. *EP24e.*

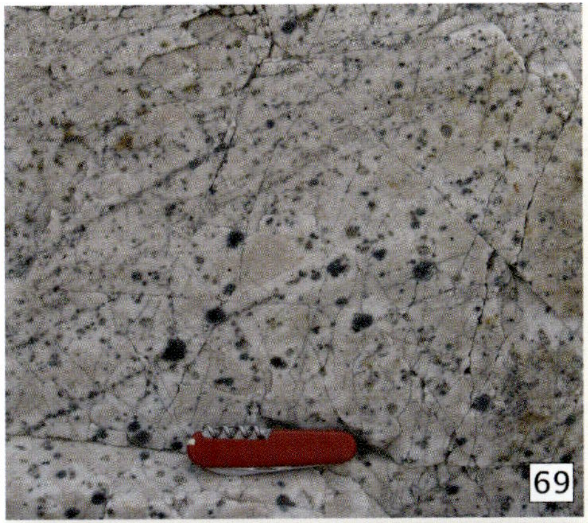

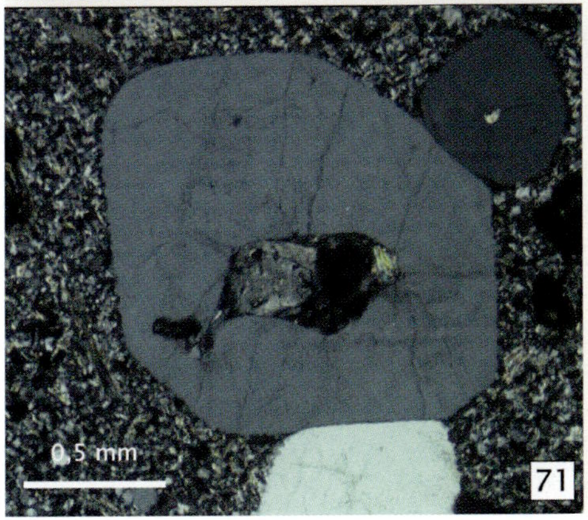

69:
Capo-Bianco-Aplit ("Eurit") mit lagig angeordneten Turmalinsonnen. *EP26.*

70:
Capo-Bianco-Aplit mit besonders großen Turmalinsonnen. *EP26.*

71:
Idiomorpher Quarzeinsprengling im Capo-Bianco-Aplit (Dünnschliff, gekreuzte Nicols). *EP26.*

72:
Amöbenartig in die Grundmasse einwachsender Muskovit (Dünnschliff, gekreuzte Nicols). *EP26.*

73:
Flysch der Marina-di-Campo-Formation. Die invers liegende Turbiditbank zeigt einen vollständigen Bouma-Zyklus (s. Abb. 22). *EP27a.*

74:
San-Martino-Granit mit porphyrischem Alkalifeldspat (Karlsbader Zwilling), großen runden Quarzen und Turmalin. *EP27b.*

75:
Kontakt zwischen San-Martino-Granit und Flysch der Marina-di-Campo-Formation. *EP27b.*

76:
Ostvergente Synklinale mit überkipptem Schenkel in der Marina-di-Campo-Formation. *EP28.*

77:
Liegende Falte in kontaktmetamorphem Marmor mit Kalksilikatlagen. Ein flach liegender Aplitgang schließt den Aufschluss nach oben ab. *EP29c.*

78:
Kissenbasalte. *EP31.*

79:
Fächerbildung in Basaltkissen, die fast 90° nach rechts verkippt sind (s. Abb. 24). *EP31c.*

80:
Basaltkissen mit Brotkrustenstruktur. *EP31c.*

81:
Variolen in der Randzone eines Basaltkissens. *EP31c.*

82:
Porphyrischer Granit/Granodiorit des Monte-Capanne-Plutons. Die großen Kristalle sind Alkalifeldspäte. *EP32a.*

83:
Mafische magmatische Einschlüsse (MME) im Monte-Capanne-Granit/Granodiorit. Der eine Einschluss enthält einen eingedrückten porphyrischen Alkalifeldspat. *EP32a.*

84:
Ein in einen MME hineingedrückter Feldspat hinterlässt eine helle Spur granodioritischer Zusammensetzung. *EP32a.*

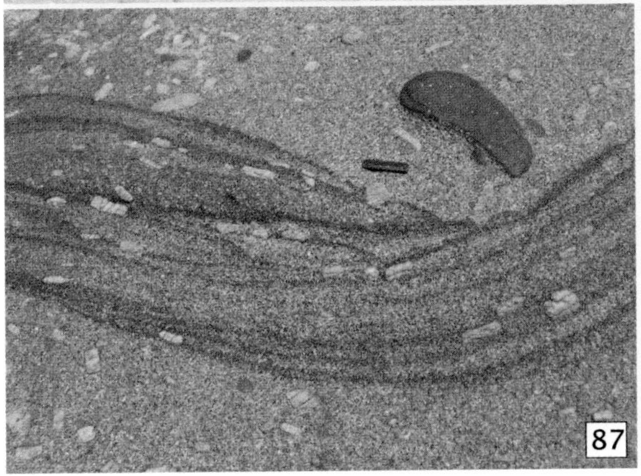

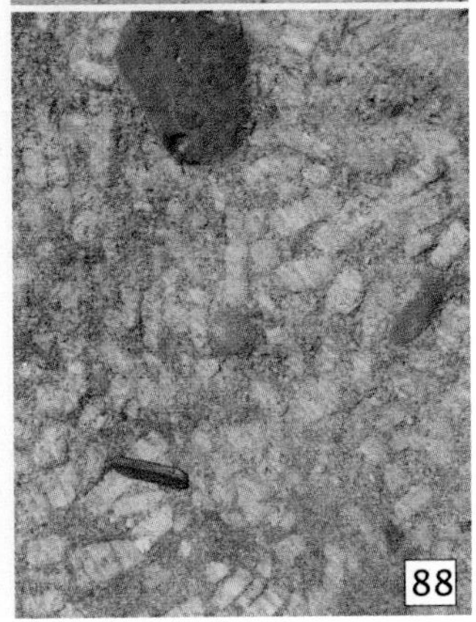

85:
Steil eingeregelte Porphyrfeldspäte zeigen ein Fließgefüge an. *EP32a*.

86:
Kontakt zwischen Cotoncellogang (rechts) und Monte-Capanne-Granit/Granodiorit. *EP32b*.

87:
Scharf abgegrenzter kohärenter mafischer magmatischer Einschluss (rechts oben) und mit dem Granit zu Schlieren verrührter aktiver Bereich. *EP32b*.

88:
Zusammengepresste Porphyrfeldspäte im Monte-Capanne-Granit/Granodiorit und mafischer magmatischer Einschluss. *EP32b*.

89:
Gesteinsgang vom Orano-Typ mit angerundetem Alkalifeldspat aus dem benachbarten Granit. *EP33.*

90:
Orano-Gang: angelöster Plagioklas mit Anwachssaum (Dünnschliff, gekreuzte Nicols). *EP33.*

91:
Orano-Gang: stark korrodierter Quarz (Dünnschliff, gekreuzte Nicols). *EP33.*

89–91 zeigen Reaktionen aufgrund chemischer Ungleichgewichte zwischen Orano-Gang und Mineralen aus dem Granit.

92:
Xenolith im Monte-Capanne-Granit/Granodiorit. *EP35a.*

93:
Biotit-Einschlussringe in porphyrischem Alkalifeldspat. *EP35b.*

94:
Runder, scharf abgegrenzter und länglich ausgewalzter mafischer magmatischer Einschluss. *EP35b.*

95:
Xenolith im Dünnschliff (ein Nicol): Biotit (braun), Hercynit (grün), feinnadeliger Sillimanit ("Fibrolith"), Feldspat (hell). *EP35b.*

96: Xenolith im Dünnschliff (ein Nicol): Korund, im Kern blau (Saphir). *EP35b.*

97: Aplitgänge in kontaktmetamorph beeinflusstem Radiolarit. *EP36a*.

97

98: Pomonte mit Monte San Bartolommeo. Die glatten Felsoberflächen sind Entlastungsklüfte im Granit/Granodiorit. *EP36b*.

98

99:
Besenstruktur an einer Kluftfläche im Granit/Granodiorit, hervorgehoben durch vertikal stehende Turmalinnadeln. *EP38.*

100:
Mit vertikal stehenden Turmalinnadeln besetzte Kluftfläche. *EP38.*

101:
Caprile, einer der am Monte Capanne typischen Hirtenunterstände. *EP40.*

102:
Tafoni-Verwitterung im Granit. *EP40.*

103:
Der Kamm le Calanche vom Monte Capanne aus gesehen. *EP40.*

103

104:
Klettersteig am Westgrat des Monte Capanne. *EP40.*

104

(1) Spiaggia di Barbarossa ☻ ❀ ✪

Calamita-Schiefer (Einheit 1), Granitgang und Aplitgänge, Störungen des Zuccale-Ereignisses

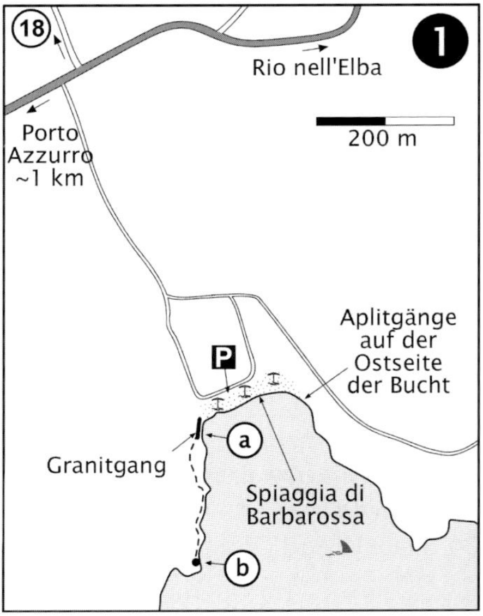

Verlässt man Porto Azzurro auf der Straße nach Rio nell'Elba, kommt etwa 1 km nach dem großen Marktplatz (Sa) bzw. Parkplatz (So–Fr) im Ort in einer Senke eine Abzweigung nach rechts zur Spiaggia (Strand) di Barbarossa. Parkmöglichkeit am Strand (42°46'09", 10°24'24").

Die Halbinsel, auf der die von den Spaniern erbaute Festung von Porto Azzurro steht, wird von den Calamita-Schiefern aufgebaut, die auch den Großteil der im Blickfeld befindlichen Halbinsel Calamita bilden. Östlich der Festung liegt die Bucht mit der Spiaggia di Barbarossa, benannt nach dem berüchtigten Piraten Qair ed-Din alias Barbarossa (Kapitel 2.4), in der ebenfalls die Calamita-Schiefer anstehen. Die Schiefer werden von jungtertiären Aplitgängen und einem Granitgang durchsetzt.

(a) Calamita-Schiefer, Aplite und Granitgang

Wir wenden uns der rechten (westlichen) Seite des Strandes zu, wo unmittelbar am Beginn der Felsküste ein 3–4 m mächtiger Gang aus porphyrischem Granit die Calamita-Schiefer durchschlägt.

Die ***Calamita-Schiefer*** sind deutlich geschieferte und kleinräumig gefaltete quarzreiche Schiefer (Glimmerschiefer bis Quarzitschiefer), die kleine Quarz-

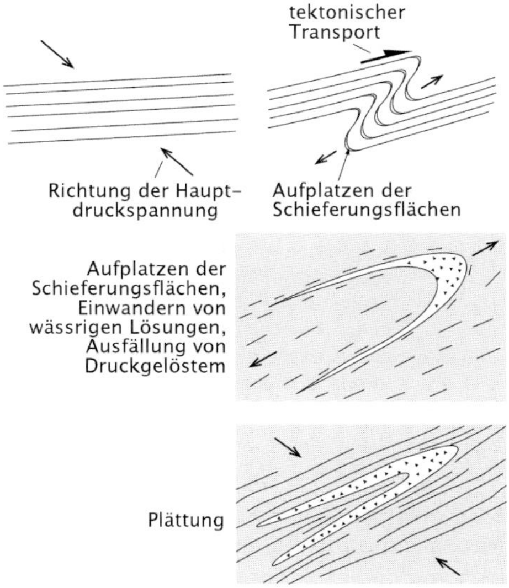

Abb. 12: Ausfällung von druckgelöstem Quarz (oder Calcit) in aufplatzenden Faltenscharnieren und anschließende Doppelbandbildung (unten).

gängchen enthalten. Die Schiefer haben bereits in variszischer Zeit (im Karbon) eine Regionalmetamorphose mitgemacht. Sie bilden das Grundgebirge, also den Sockel, zu der im postvariszisch-alpinen Sedimentationszyklus (Oberkarbon bis Paläogen) abgelagerten Sedimentfolge. Das Ausgangsmaterial sind altpaläozoische Tonsteine, die auch Sandsteinlagen enthielten. Bei der variszischen Metamorphose bildeten sich Muskovit und Biotit, während der Quarz durch Umkristallisation gröberkörnig wurde. Hierbei wurde Quarz durch Drucklösung gelöst und in Faltenscharnieren als so genannte Mobilisate in Gangform wieder ausgefällt. Deshalb sind die Quarzgängchen oft gefaltet, was zu einer charakteristischen Doppelbandbildung führt (Abb. 12; siehe auch Farbbild 54).

Bildung von Quarzmobilisaten. Während tektonischer Beanspruchung unter Bedingungen der schwachgradigen Metamorphose wird in glimmerreichen Schiefern viel Quarz (oder auch Calcit, sofern dieser zur Verfügung steht) durch Druck gelöst. Die Drucklösung findet an schmalen Berührungspunkten von Mineralen statt, weil durch die – wie bei einer Nadelspitze – hier auftretende hohe Druckkonzentration der Berührungsbereich der Minerale elastisch verformt wird. Durch die damit verbundene Verbiegung des Kristallgitters wird das Mineral lösungsanfällig und geht daher im Beisein einer wässrigen Phase im Zwischenkornbereich in Lösung. Besonders wirksam ist diese Drucklösung am Kontakt mit Phyllosilikaten (z.B. Glimmern), weil durch deren schichtige Gitterstruktur druckgelöstes Material leicht transportiert werden kann.

Solange die hohe Druckspannung quer zur Schieferung wirkt, kann das Druckgelöste in den Schieferungsflächen nicht ausgefällt werden – tatsächlich verlässt viel druckgelöstes Material über Porenwässer das Gestein. Bei tektonischem Transport werden die Gesteine aber verfaltet, wodurch auf die Schieferungsflächen im Bereich des Faltenscharniers kurzfristig nicht mehr Kompression, sondern Dehnung ausgeübt wird. In dieser Situation kann die Schieferungsfläche mit ihrer schwachen Kornbindung aufplatzen, was zur Füllung mit wässriger fluider Phase und aufgrund des plötzlichen Druckabfalls zur Fällung des Druckgelösten (hier Quarz, in calcitreichen Gesteinen Calcit) führt (Abb. 12). Die Schieferungfläche kann ein Stück weit entlang der Faltenschenkel aufgerissen werden, wodurch die typischen Quarzmobilisate entstehen, die ein – meist isoklinales – Faltenscharnier nachzeichnen und dadurch ein Doppelband bilden. In den Schiefern werden die Scharnierbereiche der Falte durch Überwachsen mit Glimmern in der Haupt-Schieferungsrichtung überprägt, so dass die Faltenstruktur zerstört wird und daher nicht mehr erkennbar ist. Nur in den glimmerfreien Quarzbändern bleibt die Information über die Falte erhalten.

Da Quarz bei steigender Metamorphose auf Verformung zunehmend duktil (kristallplastisch) reagiert und dann nicht mehr druckgelöst werden kann, ist dieser Vorgang meist an die erste, schwache und aufsteigende Metamorphose gebunden.

Die Calamita-Schiefer wurden während der alpinen Deckenbildung im frühen Miozän im mm- bis cm-Maßstab gefaltet. Diese Fältelung oder Crenulation entstand dadurch, dass die bereits variszisch angelegte Schieferung gestaucht wurde, sofern die Hauptdruckrichtung der erneuten Verformung in etwa parallel zur Schieferungsfläche orientiert war (Abb. 13). Während dieser alpinen Verformung wurden auch die Quarz-Doppelbändchen verfaltet. Diese zweiphasige Verformung ist ein Charakteristikum der Calamita-Schiefer und in der postvariszischen Abfolge der Toskaniden so nicht zu sehen. Während der alpinen Regionalmetamorphose wurde der variszische Muskovit in sehr feinkörnigen Serizit umgewandelt, der Biotit teilweise in Chlorit.

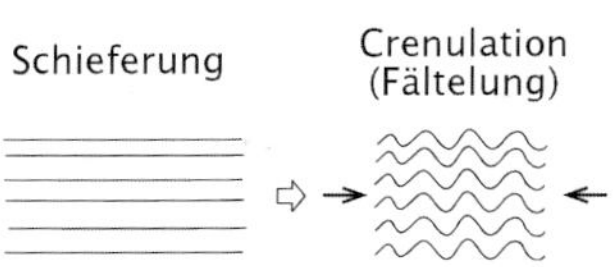

Abb. 13: Bildung von Crenulation durch einen zweiten Einengungsprozess.

Die Calamita-Schiefer wurden auch von der Kontaktmetamorphose erfasst, die mit dem obermiozänen Ostelba-Pluton in Verbindung steht. Dabei bildeten sich Andalusit (siehe Farbbild 57), rotbrauner Biotit (der Ti-reich ist und damit hohe Temperaturen anzeigt), Muskovit (große Plättchen) und Plagiokas. Die kontaktmetamorphen Glimmer sind im Unterschied zu den regionalmetamorph gewachsenen nicht deformiert. Makroskopisch sind am Aufschluss diese

Gefügemerkmale und die verschiedenen Mineralgenerationen schwer oder gar nicht zu erkennen.

Der Ostelba-Pluton schickte eine große Anzahl von Gängen in sein Dach, so dass die Calamita-Schiefer häufig von Gängen durchsetzt sind. Meist sind es Aplitgänge, also feinkörnige granitische Gänge (siehe unten). Auf der Westseite der Barbarossa-Bucht, am Ende des Sandstrands, tritt hingegen ein 3–4 m mächtiger ***Gang aus porphyrischem Granit*** auf, der bis über 10 cm große Alkalifeldspäte in einer grobkörnigen Grundmasse enthält. Die Bimodalität in der Korngröße wird als porphyrisches Gefüge bezeichnet, die großen Feldspäte als Porphyrkristalle. Diese wuchsen während eines frühen Stadiums über einen längeren Zeitraum ungehindert in der Schmelze. In der Folge drang die Schmelze in ein höheres Stockwerk auf, was zur Abkühlung und weitgehenden Auskristallisierung des Restbestandes führte. Die finale Platznahme in einem sehr seichten tektonischen Stockwerk führte schließlich zur vollständigen Erstarrung des dann bereits sehr zähen Kristallbreis. Der Granitgang ist gleichzeitig mit dem Ostelba-Pluton in Spalten im Dach des Plutons eingedrungen. Im Aussehen entspricht er dem Granit des Ostelba-Plutons (EP 20).

Der Granitgang durchschlägt die Schiefer geradlinig, er erfuhr keine Deformation. An seinem unteren Rand befindet sich eine bis zu etwa 1 m mächtige Lage aus feinen, schwarzen Turmalinnadeln. Dünnere, meist parallel laufende Tumalingängchen durchziehen die Calamita-Schiefer wie auch die Aplite und den Porphyrgranit selbst, sie sind also nach dessen Platznahme entstanden. Im Zentrum der Porphyrfeldspäte finden sich immer wieder Turmalinnester, bisweilen erkennt man, dass diese mit Turmalin-gefüllten Klüften in Verbindung stehen (Farbbild 23). Die Lösungen fanden also über feine Klüfte den Weg ins Kristallinnere. Warum ausgerechnet im Zentrum der Feldspäte größere Turmalinnester auftreten, ist ungeklärt – vermutlich hat die im Zentrum der Feldspäte meist etwas andere Gitterstruktur (geringere Si/Al-Ordnung) und die dadurch geringere Stabilität des Feldspats die Ausfällung des Turmalins begünstigt. Der Turmalin, ein Silikat mit Borat-Gruppen, wurde aus Bor-reichen Fluiden gefällt, die mit oder unmittelbar nach der Intrusion des Granitgangs eindrangen. Solche Fluide reichern sich in einem späten Stadium einer Granitintrusion im Dachbereich der Intrusion oder in Gängen darüber an. In Klüften im Gestein oder an Gesteinsgrenzen wie hier am Kontakt Schiefer/Granitgang können die Lösungen besonders leicht zirkulieren, was dann zur Ausfällung der massiven Turmalinzonen führte.

Der Granitgang schneidet dm-mächtige feinkörnige ***Aplitgänge***, die daher älter als die Granitintrusion sind. Auch die Turmalingängchen durchsetzen und versetzen die Aplitgänge, wodurch geringfügige Bewegungen an diesen Flächen angezeigt werden. Die Aplite enthalten aber selbst etwas Turmalin, der im Zuge der Aplitintrusionen gebildet wurde.

Auf der Ostseite der Bucht werden die Calamita-Schiefer von zahlreichen Aplitgängen durchschlagen. Die Aplite werden ihrerseits von flachen abschiebenden Störungen, die zum Zuccale-Ereignis gehören (siehe Aufschluss b), durchschnitten und versetzt.

(b) Abschiebungen in Verbindung mit dem Zuccale-Ereignis

Vom Aufschluss des Granitgangs steigt ein schmaler Pfad an, führt an der Oberkante der Klippen entlang und fällt dann zur Felsküste wieder ab. 200 m vom Strand entfernt, im Bereich unmittelbar vor einer Felsbarriere, die den Weiterweg abschneidet, geht man wenige Meter über dem Meeresspiegel auf einer ziemlich glatten, welligen Fläche (42°46'03", 10°24'24"). Die Fläche ist eine Störungsfläche, die sich während des Zuccale-Ereignisses gebildet hat und eine Striemung aufweist, die etwa senkrecht zur Küste verläuft.

Während des Abgleitens des Sedimentstapels vom aufsteigenden Monte-Capanne-Pluton entlang der Zuccale-Abscherungsfläche (ZAF; Kapitel 5, 7) wurden auch über und unter der Hauptverschiebungsfläche begleitende Störungen mit gleichem Versetzungssinn gebildet. Die ZAF liegt nur wenig über dem Aufschluss: an der Ostseite der Bucht folgen etwa 30 m über dem Meer Tonschiefer der Einheit 3, die durch die flach liegende ZAF von den Calamita-Schiefern getrennt werden.

Die Wellung der Störungsfläche und die Striemung geben die Bewegungsrichtung der Störung an. Die Gesteinsblöcke können nur parallel zur Wellung bewegt worden sein, da diese in anderen Richtungen blockierend wirkt. Die Striemung entsteht durch mechanische Kratzspuren während der Verschiebung der Blöcke. Wellung und Striemung verlaufen parallel und fallen flach nach ESE (Richtung 095–115°) ein. Die Glätte der Störungsfläche zeigt einen relativ hohen Verschiebungsbetrag an.

Der Bewegungssinn kann mit Hilfe von Riedel-Flächen ermittelt werden. Der Bewegungssinn ist hier abschiebend, das heißt, dass der Hangendblock (der Block über der Störung) gegenüber dem Liegendblock in ostsüdöstliche Richtung (also Richtung 095–115°) abwärts bewegt wurde. Die Bewegung ging genau vom Monte Capanne weg. Dies verdeutlicht den Zusammenhang der Abschiebung mit der Hebung des Monte-Capanne-Plutons (siehe Farbbilder 17, 61).

Riedel-Flächen oder Riedel-Scherflächen sind Störungen zweiter Ordnung, die von der Hauptstörung im spitzen Winkel abzweigen und den gleichen Bewegungssinn wie diese besitzen (Farbbild 24). Sie entstehen bei hohen Bewegungsbeträgen auf der Hauptstörung und nehmen einen Teil der Gesamtbewegung auf. Dadurch wird die Verformung aufgefächert, was mechanisch leichter zu bewerkstelligen ist als wenn sich die gesamte Bewegung auf eine einzelne Fläche konzentriert.

Im Aufschluss sind die Riedel-Flächen gut zu sehen (Farbbild 24). Sie zeigen halbmondförmige Ausbrüche an den Stellen, wo sie von der Hauptstörung abzweigen und der zwischenliegende Gesteinskeil daher besonders schmal ist. Charakteristisch sind eine gewisse Krümmung der Flächen, die die halbmondförmige Ausbruchsform bewirkt, und eine Bewegungsstriemung parallel zu jener der Hauptstörung.

Eine Riedel-Fläche kann man in dem Aufschluss auch im senkrechten Anschnitt sehen. Am Südende der freigelegten Störungsfläche zeigt die erwähnte Felsbarriere einen Aplitgang, der von einer relativ steil nach ESE einfallenden Störung geschnitten wird. Diese Störung besitzt die Raumlage der erwähnten Riedel-Flächen und zeigt durch den Versatz des Aplitgangs abschiebende Bewegung an. Ähnliche Störungen versetzen die oben erwähnten Aplitgänge auf der Ostseite der Bucht. Der Aufschluss dort zeigt sie allerdings in einem ungünstigen Anschnitt.

(2) Ortanotal ☻

Profil durch die Einheiten 1 bis 3 (Toskaniden, ligurische Serpentinit-Schuppe); [Lageskizze S. 112]

Das Ortanotal bietet einen hervorragenden Aufschluss entlang eines Weges und der Straße durch die post-variszischen toskanischen Gesteinsabfolgen der Einheiten 1 und 3 und die ligurische Serpentinitschuppe der Einheit 2. Am Besten ist es, das Auto am Ende der Fahrstraße zu parken und das Profil zu Fuß abzugehen. Vom fünfstrahligen Straßenstern südsüdöstlich von Rio nell'Elba (42"48'37", 10°24'11") – Kreisverkehr-Vorfahrtsregel beachten! – nimmt man, dem Wegweiser „Ortano" folgend, die schmale, zuerst steil abwärts führende Straße und fährt diese bis fast ans Ende (gut 2 km). 50 m vor einer Feriensiedlung befindet sich rechts der Straße der öffentliche Parkplatz „Spiaggia d'Ortano" (42°47'44", 10°25'27"). Von dort folgen wir zu Fuß dem Sträßchen, das vor der Einzäunung der Anlage das Tal auf die rechte Seite quert und dann ca. 500 m zur Spiaggia d'Ortano bis vor zur verfallenen Erzverladestelle führt (42°47'33", 10°25'49"). Hier wurde das Erz verschifft, das unweit über der Nordseite des Tals etwa auf der Höhe des Parkplatzes gewonnen wurde (Lagerstätte Rio Ortano; die alten Halden sind gut erkennbar).

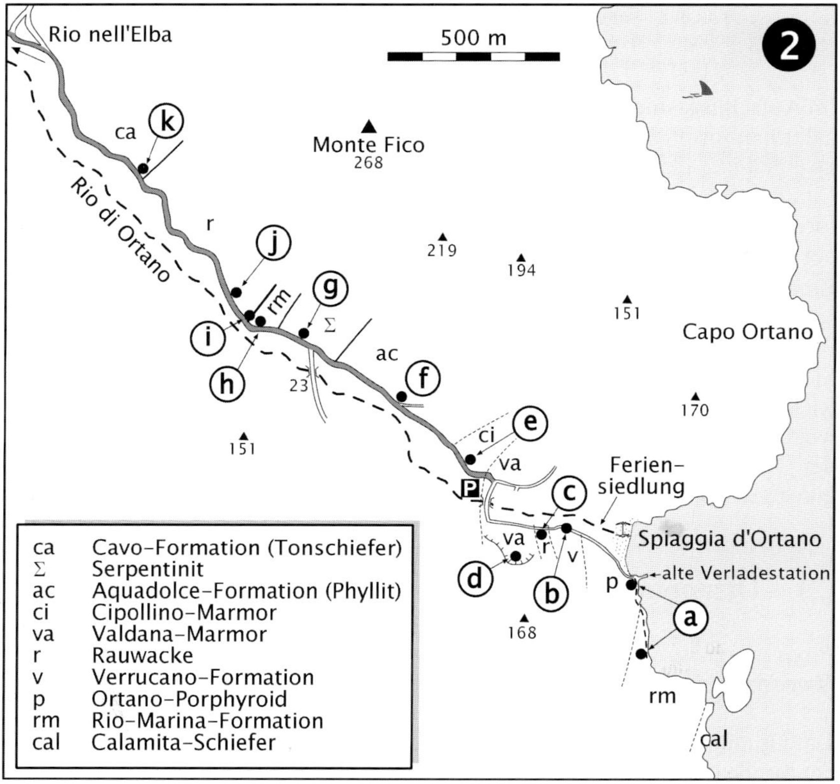

(a) Ortano-Porphyroid, Rio-Marina-Formation

An dieser Stelle steht das Ortano-Porphyroid der Einheit 1 an, das altersmäßig in das Perm gestellt wird. Das Porphyroid ist ein schwachgradig metamorpher Rhyolith, ein saures vulkanisches Gestein, das in seiner Zusammensetzung dem Granit entspricht. Sein an verschiedenen Stellen erkennbares ignimbritisches Gefüge zeigt an, dass es durch Absatz aus einer Glutwolke entstanden ist.

Das Gestein lässt mit freiem Auge noch gut den ursprünglichen porphyrischen Charakter erkennen: kleine Quarz- und Feldspat-Einsprenglinge in einer sehr feinkörnigen Matrix geben dem Gestein ein porphyrisches Gefüge (Farbbild 25). Die Metamorphose erzeugte in der metamorph umkristallisierten Matrix eine Schieferung, die hier steil nach WSW einfällt. Neben Serizit tritt in der Matrix Biotit auf.

Das Porphyroid lässt verschiedentlich eine Flaserung oder Flammenstruktur erkennen, die durch bis etwa 1 cm dicke und etliche cm lange weiße Linsen hervorgerufen wird (Farbbild 26). Es handelt sich hierbei um kollabierte Bimssteine, wie sie für ***Ignimbrite*** typisch sind. Die Flammenstruktur ist bei der verfallenen Verladestation nicht gut zu erkennen. Klettert man von hier aber noch 30–50 m weiter über die Klippen, finden sich in großen Tafonihöhlen (durch Salzsprengung entstandene Überhänge) solche Strukturen in guter Erhaltung.

Ignimbrit. Saure Schmelzen fließen selten als Laven aus, weil sie sehr zähflüssig sind und daher nicht weit fließen können. Häufig sind hingegen Ignimbrite, heiße vulkanische Aschewolken, die sich rasch über große Flächen ausbreiten können. Ignimbrit heißt Feuerregen (von ignis, *lat.* Feuer, dieser Begriff steht für magmatisch; und imber, *lat.* Regen). Die Zähflüssigkeit saurer Magmen, die zudem reichlich wasserreiche Fluide gelöst haben, bringt es mit sich, dass vulkanische Ausbrüche meist explosiv erfolgen. Dabei werden feine Lavatropfen (Lava ist ausgetretenes und dabei entgastes Magma), aber auch größere Lavafetzen und Kristalle, in einer heißen Dampfwolke („Glutwolke") in die Atmosphäre geschleudert. Diese heiße Dampfsuspension kehrt ihre Bewegung schließlich aufgrund der Schwerkraft um und führt eine rasche Abwärtsbewegung durch, die in Bodennähe in eine horizontale Bewegung umgelenkt wird. Dadurch können sich die heißen Aschewolken über große Entfernungen ausbreiten. Wenn die Ignimbrit-Ablagerung nicht allzu weit vom Eruptionszentrum erfolgt, sind die einzelnen Lavafragmente, die zu Gesteinsglas erstarren, noch so heiß, dass sie plastisch verformbar sind und aneinander kleben, so dass ein Tuff entsteht, dessen Partikel fest miteinander verschweißt sind („Schweißtuff"). Bei der Bildung der Ignimbrite kommen auch heiße, blasenreiche Lavafetzen zum Absatz, die zu Bimssteinen erstarren und unter der Last der bis über 1 m mächtigen einzelnen Ignimbritdecken zusammengepresst werden. Diese „kollabierten Bimse" erzeugen im Gestein die Flammenstruktur und sind ein wichtiges Erkennungsmerkmal von Ignimbriten.

Tafoni. Tafoni sind Verwitterungformen in massigen Gesteinen (häufig in Granit), die durch Höhlungen und Überhänge charakterisiert sind. Sie kommen in warmen, zumindest teilweise trockenen Klimaten vor und verdanken ihre Entstehung der Salzsprengung. Die Winterfeuchte des Gesteins verdunstet in der trockenen Jahreszeit. Dabei werden durch Kapillarwirkung Stoffe, die durch chemische Verwitterung aus dem Gestein herausgelöst wurden, an der Oberfläche als Salze ausgefällt. Zudem kann Spritzwasser aus dem Meer bei Stürmen weit ins Land hineingetragen werden, in Risse im Gestein eindringen und bei Verdunstung Steinsalz ausfällen. Durch die Salzkristallisation entsteht eine Sprengwirkung, die Minerale aufbricht und generell den Kornverband des Gesteins lockert. Die Sprengwirkung findet sich vor allem an Überhängen und steilen Felspartien, weil an den nach oben frei liegenden Oberflächen die Salzlösungen durch Regen weggewaschen werden. Auf diese Weise fressen sich Hohlräume von der Seite her weit in das Gestein hinein, was bis zur Bildung von Löchern führen kann (siehe Farbbild 102). Typischerweise haben die Höhlungen Durchmesser im cm- bis m-Bereich. Der Begriff Tafoni kommt aus dem Korsischen: tafonare, „durchlöchern".

Wenn man die Felsküste noch weiter nach S verfolgt, gelangt man ziemlich bald in die dunklen graphitischen Phyllite der ***Rio-Marina-Formation*** (Oberkarbon – tieferes Perm), die das Porphyroid unterlagern (diese Formation treffen wir im Aufschluss h als Schichtglied der Einheit 3 nochmals an). An der Isolotto d'Ortano, der kleinen Insel im Blickfeld im SE, bzw. am Festland südlich der Insel, kommen unter den graphitischen (und hier an der Basis quarzitischen) Phylliten die ***Calamita-Schiefer*** heraus, die das variszische Grundgebirge der Einheit 1 bilden. Um dorthin zu gelangen, muss man allerdings schwimmen.

Am Rückweg von der Verladestation gelangt man nach ca. 60 m, unmittelbar vor Beginn des Asphaltbelags, zu einer Wegausbuchtung. Am W-Ende der Ausbuchtung sind Ignimbrite mit Flammenstruktur in der frischen Aufschlusswand gut zu erkennen (Farbbild 26). Die „Flammen" bilden weiße Flasern in dem insgesamt hellen Porphyroid. Zudem sind die Einsprenglinge aus Quarz und Feldspat als Knoten von etwa 1 mm Durchmesser zu sehen.

Die Schichten fallen hier ziemlich flach nach WNW ein (300/25). Ähnliche Fallwerte beherrschen das Profil im Ortanotal. Es ist außerdem eine Streckungslineation zu erkennen, die nach SW (230/07) fällt. Diese Lineation sagt etwas über die Transportrichtung während der Deckenstapelung aus, da die Gesteine, wenn sie plastisch verformbar sind, in der Transportrichtung gedehnt („gestreckt") werden. Die kinematische Analyse ergibt, dass der Transport in Richtung 050° (parallel zur Lineation, aber entgegen der Einfallsrichtung) erfolgte. Dies wird weiter unten am Aufschluss e (Cipollino-Marmor) erläutert.

(b) Verrucano-Formation

Am weiteren Weg zurück stößt man auf der Höhe des Tennisplatzes beiderseits eines Häuschens am linken Wegrand auf Aufschlüsse von Quarzit, der der Verrucano-Formation angehört. Der weiße, beim meerwärtigen Ende des Tennisplatzes auch grünliche Quarzit ist massig bis schiefrig. Die grünliche Färbung kommt von Ferro-Aktinolith, der während der Bildung der auf der gegenüberliegenden Talseite gelegenen Lagerstätte gesprosst ist.

Der Verrucano kann in den EP 6 und 10 besser studiert werden, vervollständigt hier aber das Profil.

(c) Rauwacke

Am weiteren Weg zurück geht man unmittelbar vor dem ersten Haus nach links in einen ehemaligen Steinbruch. Auf den ersten Metern steht links Rauwacke an, ein groblöchriger, ockerbraun verwitternder Zellenkalk, der mit verdünnter Salzsäure heftig reagiert. Die Rauwacke entstand aus Gips und Dolomit (Kapitel 6.1.2). Dieses Schichtglied ist weiter oben im Ortanotal, in Einheit 3, weit besser aufgeschlossen (Aufschluss j).

(d) Valdana-Marmor

In der hohen Steinbruchwand hinter dem Haus steht heller bis grauer, gebänderter Kalkmarmor des Unterjura an, der auch teilweise dolomitische Partien führt. Der Kalk ist deutlich kristallin, die feinen Calcitpartikel des Ausgangssediments sind zu metamorphen Kristallen von bis über 1 mm Durchmesser umkristallisiert. Da Calcit ab etwa 200 °C zu rekristallisieren beginnt, kann diese Korngröße bereits unter den geringen Metamorphosetemperaturen von etwa 350 °C (siehe Aufschluss e) erreicht werden. Teilweise kann der Marmor auch aus spätigem Crinoidenkalk hervorgegangen sein. Die Schichtlagerung des Marmors ist deutlich erkennbar und zeigt das hier allgemeine WNW-gerichtete Einfallen. Das gleiche Schichtglied ist auch auf der anderen Talseite aufgeschlossen, aber mittlerweile verbarrikadiert (dort, wo der Weg zurück zum Parkplatz auf die nördliche Talseite stößt).

Im oberen Teil des Steinbruchs sieht man deutlich strukturierte Schichten. Es ist dies der Cipollino-Marmor, der im folgenden Aufschluss beschrieben wird.

(e) Cipollino-Marmor, Bewegungsstrukturen

Wir passieren auf der Asphaltstraße in Richtung Rio nell'Elba, nun wieder auf der N-Seite des Tals, die Einfahrt zum Parkplatz und finden unmittelbar danach, noch auf der Höhe des Parkplatzes, auf der rechten Straßenseite einen Aufschluss im Cipollino-Marmor. Dieses ebenfalls schwach metamorphe Schichtglied des Jura zeigt eine dünnbankige Schichtung und einen Wechsel zwischen hellem und grauem, kristallinem Kalkmarmor und hellen, feinkristallinen Hornsteinlagen und -linsen, die aus Radiolarien oder Kieselschwämmen hervorgingen. Serizitische Partien finden sich als dünne Zwischenlagen. Durch den engen Lagenbau entsteht ein zwiebelschalenartiges Aussehen, worauf der Name zurückgeht (cipolla, *ital.* Zwiebel).

Der Marmor ist hier meist grau und gebändert und feinkörniger als im Valdana-Marmor im eben beschriebenen Steinbruch, wo er meist weiß ist. Die kleinere Korngröße in den dunkleren Marmoren geht auf Hemmung des metamorphen Wachstums der Calcitkristalle zurück, wenn Beimengungen (Graphit, Glimmer, Quarz) vorhanden sind und die Korngrenzwanderungen beim Wachstum behindern.

Der Aufschluss ist wegen seiner ***tektonischen Strukturen*** von besonderem Interesse, weil er den Bewegungssinn der untermiozänen Deckenbewegung und der späteren Gegenbewegung während der mittelmiozänen Krustendehnung (Kollapsereignis) erkennen lässt. Die Deckenbewegung hielt in etwa bis zum Temperaturhöhepunkt der Metamorphose an. Hierbei wurden sowohl der Kalkmarmor als auch die Hornsteinlagen duktil verformt, was auf Temperaturen von über 300 °C hinweist. Tatsächlich dürften die Temperaturen nicht wesentlich höher als 300 °C gewesen sein, weil sonst die feinkörnigen Hornsteinlagen gröber kristallin geworden wären. Wir schätzen sie auf etwa 350 °C.

In dem Aufschluss ist zu beobachten, dass die feinkristallinen Hornsteinlagen boudiniert wurden, wobei drei unterschiedliche Formen von ***Boudins*** vorliegen (Abb. 14), die auf zwei Verformungsereignisse zurück zu führen sind. Zum Einen wurden die Hornsteinlagen zu Linsen auseinander gezogen, deren Enden spitz zulaufen. Zum Anderen entstanden zwei unterschiedliche rechteckige Boudin-Formen (siehe unten). Die ausspitzenden Linsen zeigen an, dass der Hornstein während der Boudinierung eine gewisse Duktilität besaß, wenngleich er sich kompetenter als der Kalkmarmor verhielt. Die rechteckigen Formen zeigen hingegen einen höheren Kompetenzkontrast zwischen Hornstein und Kalk an, der Hornstein war nicht mehr duktil verformbar, die Temperaturen daher niedriger.

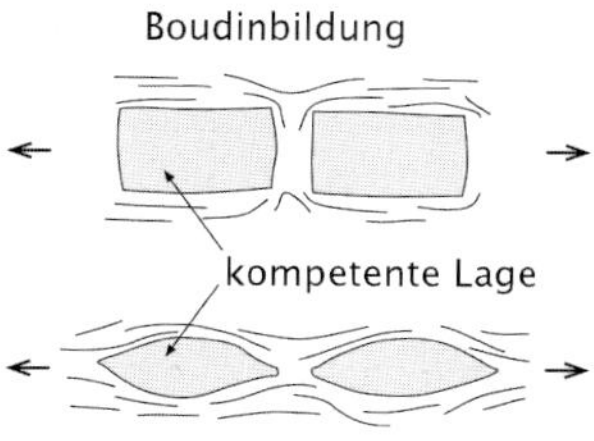

Abb. 14: Bildung von rechteckigen Boudins bei hohem Kompetenzkontrast und ausspitzenden Boudins bei geringem Kompetenzkontrast durch lagenparallele Dehnung.

Boudins (*frz.* Blutwürste) entstehen, wenn kompetente (festere, schwerer verformbare) Lagen in weniger kompetenten (duktilen, leicht verformbaren) Lagen eingebettet sind und einer Dehnung unterworfen werden. Durch die Dehnung werden die kompetenten Lagen eingeschnürt oder zerrissen und können je nach Kompetenzkontrast mehr linsenförmige oder rechteckige Körper bilden (Abb. 14). Die Dehnung kann sowohl bei einengenden Ereignissen (z.B. Deckenüberschiebung) als auch bei Dehnungsereignissen (Abschiebungen) entstehen, da es bei jeder Verformung eine Hauptdehnungsrichtung gibt.

Bei einer Deckenüberschiebung erfolgt die Dehnung ungefähr parallel zur Bewegungsrichtung, auch wenn es sich dabei um einen einengenden tektonischen Akt handelt. Die Minerale werden in dieser Richtung eingeregelt oder gestreckt, wodurch sich eine Lineation auf der Schieferungsfläche bildet, die ***Streckungslineation*** (siehe Farbbild 27). Sie ist, ähnlich wie die Striemung auf Störungsflächen (EP 1b), ein Anzeiger der Bewegungsrichtung.

Die Streckungslineation verläuft in diesem Aufschluss SW–NE (230–050°; Fallwerte: 230/10-20). Der Bewegungssinn kann aus kleinen ***Scherzonen*** abgeleitet werden, die die zu Linsen boudinierten Hornsteinlagen versetzen. Im rechten oberen Teil des Aufschlusses ist eine solche duktile Scherzone ausgebildet (Farbbild 27). Das duktile Verhalten der Gesteine zeigt, dass die Bewegung ebenfalls nahe des erreichten Temperatur-Höhepunkts erfolgte, also etwa zeitgleich mit der Boudinierung. Tatsächlich werden die Enden der linsigen Hornstein-Boudins in die Scherzone eingelenkt. Diese Einlenkung oder Schleppung und der Versatz der Boudins entlang der Scherzone zeigen an, dass die Bewegung nach NE gerichtet war, das heißt, die höheren Schichten wurden relativ zu den tieferen nach NE bewegt. Da diese Verformung gleichzeitig mit der Deckenbewegung abgelaufen ist, kann auf eine NE-gerichtete Deckenbewegung geschlossen werden. Auch andernorts (z.B. EP 6, 9, 11, 13, 18) kann festgestellt werden, dass der tektonische Transport während der Deckenbildung in nordöstliche bis ostsüdöstliche Richtung erfolgte (die Streuung der Richtung geht auf spätere Verstellungen zurück).

Da die rechteckigen Boudins keine duktile Überprägung erfahren haben, müssen sie jünger als die linsigen Boudins sein und folglich während der Abkühlung von der Regionalmetamorphose gebildet worden sein. Der Hornstein verhielt sich dabei bruchhaft, während der Calcit des Marmors in der Verlängerung der Bruchflächen im Hornstein duktil (bruchlos) reagierte. Die rechteckige Form der Boudins deutet auf einen hohen Kontrast in der Duktilität zwischen den boudinierten Lagen und dem umgebenden Kalkmarmor hin. Da Calcit mit gut 200 °C eine deutlich niedrigere Duktilitätsgrenze besitzt als Quarz (knapp 300 °C), kann der Schluss gezogen werden, dass die Verformung, die die rechteckigen Boudins hervorbrachte, im Temperaturintervall zwischen diesen beiden Grenzwerten erfolgte – also bei rund 250 °C. Auch diese Boudinbildung erfolgte während eines Schervorgangs, doch lässt sich aus den Strukturen ableiten, dass der Schersinn jetzt umgekehrt war und somit die höheren Lagen gegenüber den tieferen nach SW und abschiebend verschoben wurden.

Die rechteckigen Boudins sind entweder als ***Bücherregal-Boudins*** (BRB) oder als ***antithetisch rotierte Boudins*** (ARB) entwickelt (Farbbilder 28, 29). Die beiden Typen unterscheiden sich in ihrem Längen/Breiten-Verhältnis. Die Bücherregal-Boudins sind, bezogen auf die kompetente Hornsteinlage, hoch und schmal, die ARB hingegen deutlich länger als hoch. Die Bücherregal-Boudins werden dabei im Sinn dieser Bewegung rotiert, also synthetisch. Im Aufschlussbild ergibt dies eine Gegenuhrzeigersinn-Rotation. Sie kippen wie Bücher im Regal und zeigen damit den Schersinn der Bewegung an. Die ARB hingegen rotieren gegen den Sinn der übergeordneten Bewegung, also antithetisch, weil sich das Boudin durch die angreifende Kraft so dreht, dass es sich mit seiner langen Seite quer zu dieser Kraft stellt.

Im Aufschluss sind im linken oberen Teil mehrere linsige Hornstein-Boudins zu sehen, die nach dem Bücherregal-Prinzip zerlegt wurden (Farbbild 28). Die einzelnen Bücher kippten nach links, synthetisch zur Scherbewegung. Links unten im Aufschluss finden sich etwas versteckt antithetisch rotierte Boudins, deren Stellung und gegenseitiger Versatz eine Rechtsdrehung im Aufschlussbild erkennen lässt (Farbbild 29).

Wenn das Längen/Breiten-Verhältnis nicht ausgeprägt ist, kann es bei rechteckigen Boudins zu Zweideutigkeiten kommen. Im vorliegenden Aufschluss finden sich allerdings beide Arten in deutlicher Ausprägung, und beide ergeben den selben Bewegungssinn nach SW, was eine abschiebende Bewegung bedeutet. Diese erfolgte während der Dehnungsphase im Zuge des Kollapserelgnisses im Mittelmiozän.

(f) Phyllit der Acquadolce-Formation

Wir folgen der Straße 250 m weiter in Richtung Rio nell'Elba. Dort, wo ein Fahrweg nach rechts zurück abzweigt, steht Phyllit an (42°47'50", 10°25'20").

Die gelblich anwitternden Phyllite sind schwach metamorphe Tonsteine mit silbrig glänzenden Überzügen aus Serizit (sehr feinkörnigem Hellglimmer) auf den Schieferungsflächen. Im frischen Bruch sind die Schiefer hellgrau, manchmal auch etwas dunkler. Der Quarzgehalt ist in den Schiefern unterschiedlich hoch, manchmal treten sehr quarzreiche Partien auf. Die Schiefer fallen flach nach W ein und zeigen eine Lineation, die in der Raumlage jener im Cipollino-Marmor entspricht.

In dem Aufschluss ist eine etwa 40 cm mächtige Lage aus Kalkmarmor eingeschaltet. Die Kalklagen im Phyllit können andernorts auch mächtiger sein und finden sich vorwiegend im tieferen Teil der Schiefer. In den Kalklagen wurden, etwa 1 km nördlich von hier, Reste von Fossilien gefunden, die vermutlich ein Oberkreide-Alter anzeigen (Kapitel 6.1.2). Das Alter des gesamten Schichtglieds dürfte oberster Jura und Kreide sein.

(g) Serpentinit

350 m weiter, nach z.T. aufschlussloser Strecke und hinter einer leichten Rechtsbiegung steht Serpentinit an (42°47'56", 10°25'07").

Der stark zerscherte und an zahlreichen Scherungsflächen speckig glänzende Serpentinit gehört zur Ophiolithfolge der Liguriden und markiert hier als Einheit

2 die Deckengrenze zwischen den toskanischen Einheiten 1 und 3. Serpentinit ist leicht verformbar und dient an Deckenbahnen häufig als „Schmiermittel".

Wie in Kapitel 6 dargestellt, ist das Auftreten des Serpentinits innerhalb des toskanischen Deckenstapels durch eine Zweiphasigkeit der Ereignisse zu erklären. Beim ersten Ereignis wurde die ligurische Schichtfolge mit Serpentinit an der Basis über die toskanische geschoben. In einer zweiten Phase bildete sich eine die ältere Deckenbahn schneidende Überschiebung, bei der die nun neu entstehende toskanische Einheit 3 vom Rest der Toskaniden abscherte und über den Serpeninit geschoben wurde (Farbbild 18). Auf diese Weise wurde der Serpentinit wie in einem Sandwich zwischen den beiden toskanischen Einheiten 1 und 3 eingezwängt.

Im frischen Bruch sind in der dichten, schwarzen Masse aus Serpentin mehrere mm bis über 1 cm große Pyroxenkristalle zu erkennen. Während der im Ausgangsgestein, einem lherzolithischen Peridotit, vorherrschende Olivin und auch der Orthopyroxen serpentinisiert wurden, entgingen die Klinopyroxene der Umwandlung. Der Ca-haltige Klinopyroxen wandelt sich generell nicht in die Ca-freien Serpentinminerale um.

Serpentinit bildet bei Beanspruchung zahlreiche Störungsflächen aus, die als Spiegelharnische (glatt polierte, spiegelnde Flächen) entwickelt sind und ein Netzwerk bilden. Die ***Harnischflächen*** weisen meist eine Striemung auf. Parallel zur Striemung wachsen häufig faserige Serpentinminerale (Chrysotil), zum Teil auch als dünne, biegsame Serpentinasbestfasern entwickelt. Aus den Faserkristallisaten lässt sich der Bewegungssinn für die jeweilige Störungsfläche ableiten. Die Fasern setzen entlang einer kleinen Stufe in der Störungsfläche an und wachsen in Richtung der Bewegung des Gegenblocks weiter (Abb. 15). Die faserige Ausbildung hat mit Platzgründen zu tun, da die Fasern sich seit-

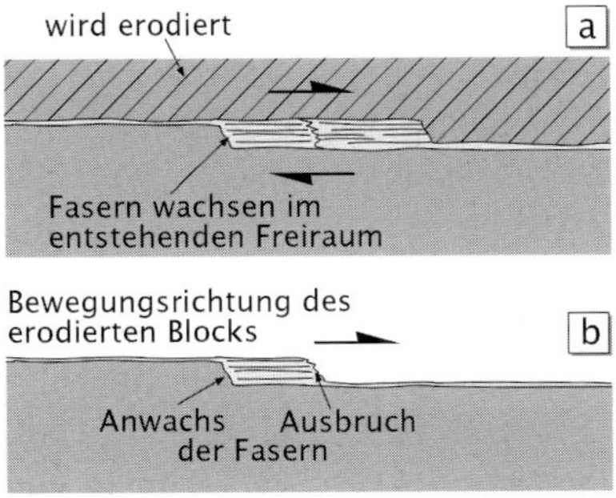

Abb. 15: Bildung von Faserkristallisaten an Stufen entlang einer Störungsfläche. Die Fasern sind parallel zur Bewegungsrichtung orientiert.

lich gegenseitig behindern, aber in der Bewegungsrichtung des Gegenblocks ein Freiraum entsteht, der mit Fluiden aus dem Porenraum des Gesteins gefüllt wird, aus denen dann die Kristalle ausgefällt werden.

Faserkristallisate und Riedel-Flächen (siehe EP 1b) sind die beiden wichtigsten Erscheinungen, die zur Bestimmung des Schersinns an einer Störungsfläche dienen. Wenn eine größere Anzahl von Störungsflächen eingemessen wird und der Schersinn jeder Fläche bestimmt wird, kann man daraus die Paläospannungsrichtungen und den übergeordneten Bewegungssinn berechnen.

Wenn man von der Straße den in den Fels gehauenen Weg etwa 15 m hineingeht, ist am Wegboden eine Störungsfläche mit Faserkristallisaten aufgeschlossen (Farbbild 30). Die Fläche fällt 144/42 ein, die Fasern haben die Orientierung 150/40. Der Bewegungssinn ist abschiebend (Hangendblock bewegt sich nach unten), wie aus den oben angewachsenen und abwärts in die Luft ausstreichenden Fasern zu erkennen ist.

(h) Rio-Marina-Formation (graphitische Phyllite)

100 m nach dem Beginn des Serpentinit-Aufschlusses kommt eine Rechtskurve. In dieser Kurve steht in einem großen Straßenaufschluss dunkler graphitführender Phyllit der Rio-Marina-Formation (Oberkarbon bis tieferes Perm) an, der die Basis der Einheit 3 bildet.

Dieses schwachgradig metamorphe Schichtglied besteht aus dunkelgrauen bis schwarzen, teilweise quarzitischen Phylliten. Neben den feinen Serizit-Überzügen auf den Schieferungsflächen, die bei der Metamorphose im Untermiozän gebildet wurden, enthalten die quarzitischen Partien gröbere klastische Glimmer, die aus dem Abtragungsgebiet des Sediments stammen. Die dunkle Farbe der Schichten wird von feinen Graphitplättchen verursacht, die aus organischer Substanz hervorgegangen sind.

Das Schichtglied ist im Aufschlussmaßstab verfaltet, was aber erst bei genauem Hinsehen erkannt wird, weil die dominierende Schieferung die Schichtflächen nur undeutlich hervortreten lässt. Die Schichtung ist durch den Materialwechsel zwischen den quarzreichen und den mehr schiefrigen Lagen erkennbar. Sie wird von der Schieferung geschnitten. Die Falte besitzt aufrechte, flach bis mittelsteil nach WSW und inverse, steil nach W einfallende Schenkel und zeigt damit eine Vergenz in östliche Richtung an. Der Faltenbau wurde während der Deckenüberschiebung angelegt.

Der graphitische Phyllit unterscheidet sich von den Phylliten der Acquadolce-Formation (Aufschluss f) durch seine generell wesentlich dunkere Färbung, obwohl auch die Phyllite manchmal grau und dem Graphitschiefer ähnlich werden können. Vor allem im verwitterten Zustand oder durch hydrothermale Veränderungen in den Lagerstättenbereichen können beide Schichtglieder eine helle bis bräunliche Farbe annehmen und dann schwer zu unterscheiden sein.

(i) Störung

In einem weniger gekrümmten Teilstück der Straßenkurve ist eine Störung zu sehen (42°48'00", 10°24'59").

Zwischen den graphitischen Phylliten (Einheit 3a) und der auf sie folgenden Rauwacke (Einheit 3b) befindet sich eine senkrecht stehende Störung, die an einer 1,5 m mächtigen Lehmzone erkennbar ist. In dieser Zone wurden die Phyllite zu Ultrakataklasit zerrieben, einem feinen Gesteinszerreibsel, in dem keine größeren tektonischen Komponenten mehr enthalten sind (siehe Erklärung bei EP 19f). Diese zerriebenen Gesteine entlang der Störung sind für Oberflächenwasser gut zugänglich und aufgrund ihres feinen Korns besonders verwitterungsanfällig, weshalb sich Lehm, so genannter Störungsletten, bildete. Wenn man in den Letten hineingräbt, erkennt man im Ultrakataklasit eine kataklastische Schieferung, die vertikal steht und die Ausrichtung der Störung markiert. Eine Striemung, die die Bewegungsrichtung anzeigen würde, ist nicht zu erkennen. Die Störung streicht SW–NE (220–040).

Entlang der Störung wurde der Verrucano, der sich nur wenig weiter nördlich zwischen den graphitischen Phyllit und die Rauwacke schiebt (EP 4), abgeschnitten. Die Störung schneidet die bei der Deckenbewegung und Metamorphose gebildeten Strukturen und ist daher jünger als diese Strukturprägung. Außerdem schneidet sie die abschiebende Fläche, die die sehr schwachgradig metamorphe Einheit 3b (Cavo-Einheit) gegenüber der höher metamorph geprägten Einheit 3a (Giove-Einheit) bewegte (siehe Farbbild 18). Der Kontakt zwischen den beiden Teileinheiten ist immer eine Störungsfläche.

(j) Rauwacke

Direkt an die Störung anschließend ist auf eine Strecke von etwa 500 m Rauwacke der Einheit 3b aufgeschlossen. Das ockerbraun anwitternde Schichtglied besteht im Wesentlichen aus Calcit und Löchern, weshalb die Rauwacke auch Zellenkalk genannt wird (Farbbild 31). Durch die vollständige Umkristallisation der Minerale im Gestein erscheint das Schichtglied massig. Eine Schichtung lässt sich nicht mehr – oder an einzelnen Stellen nur undeutlich – erkennen. Neben den groben Löchern zeigt das Gestein auch sonst eine feinporige Struktur. Die zahlreichen Hohlräume gehen auf die Herauslösung des ursprünglich vorhandenen Gipses zurück.

(k) Tonschiefer der Cavo-Formation

500 m nach der Störung grenzt nach einer ausgeprägten Rechtskurve mit großer Ausbuchtung Tonschiefer der Cavo-Formation an die Rauwacke (42°48'13", 10°24'47").

Auch dieser Kontakt ist eine Störung. Die Störung macht sich dadurch bemerkbar, dass die Rauwacke auf den letzten Metern brekziiert ist. Ebenso sind die Tonschiefer in dm-große Blöcke zerlegt, die gegeneinander verstellt sind. Die Tonschiefer der Cavo-Formation entsprechen dem Phyllit der Acquadolce-Formation in Einheit 1 (Aufschluss f), sind aber deutlich schwächer metamorph als diese. Da die Tonschiefer direkt über der Rauwacke folgen, fehlen die Schichten, die den Großteil des Jura repräsentieren. Diese sind entlang der Störung am Kontakt Rauwacke/Tonschiefer ausgequetscht und finden sich in einer größeren Gesteinsmasse weiter im Norden, im Bereich südlich von Cavo, wo sie als „Kalke von Cavo" zusammengefasst werden (EP 7, 8).

Die Tonschiefer der Cavo-Formation finden sich auf einer Strecke von ca. 400 m im weiteren Verlauf der Straße bis knapp vor eine Straßengabelung. Sie sind frei von kalkigen Beimengungen und sehr einförmig ausgebildet. Sie wittern ockerbraun an und sind mild und weich, oft mit den Fingern leicht zu zerbröseln. Sie lassen einen sehr matten Glanz auf den Schieferungsflächen erkennen. Dies und Untersuchungen der Illit-Kristallinität (dem Gitterordnungs-Zustand der feinen Hellglimmer) weisen sie als sehr schwach (anchizonal) metamorph umgeprägten Schiefer aus. Dadurch unterscheiden sich die Tonschiefer vom Phyllit der Acquacolde-Formation. Immer wieder weisen sie rötliche oder schwärzliche Überzüge aus Eisen- und Mangan-Hydroxiden auf.

Das Profil endet dort, wo die Straßenaufschlüsse unter der Bodenbedeckung verschwinden und man sich der Straßengabelung annähert. Von hier gelangt man die in Schuppenzone von Rio nell'Elba, die im anschließenden Profil (EP 3) beschrieben wird.

(3) Colle la Piana

Schuppenzone von Rio nell'Elba (Einheit 4a), Liguriden

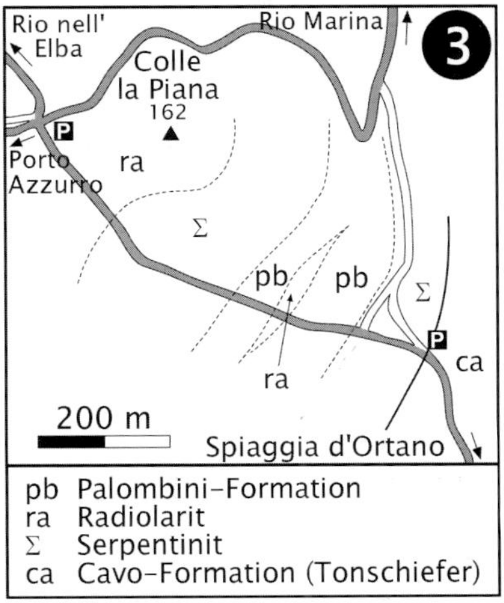

Man kann am Ende des soeben beschriebenen Profils im Ortanotal nahe der erwähnten Straßengabelung parken, 42°48'26", 10°24'34". Von hier geht man die linke Straße in Richtung Rio nell'Elba (Wegweiser) hoch. Bei separater Anfahrt: Vom fünfstrahligen Straßenstern südsüdöstlich von Rio nell'Elba (42"48'37", 10°24'11") nimmt man, dem Wegweiser „Ortano" folgend, die schmale, zuerst steil abwärts führende Straße. Nach ca. 750 m mündet von links eine Straße ein, hier Parkmöglichkeit. Man geht die Straße, die man heruntergekommen ist, zu Fuß zurück. Oder man parkt das Auto am Straßenstern und kommt zu Fuß herunter.

Nach gut 100 m (bei Grundstückseinfahrten kommt Serpentinit am Boden zum Vorschein) folgt nach einer Straßenmauer rechts die Palombini-Formation. Häufig beginnt die ligurische Einheit 4 mit diesem, ihrem jüngsten Schichtglied, was auf eine Einrollung der Deckenstirn und intensive Verschuppung der ligurischen Basis hinweist. Das Schichtglied besteht aus den typischen dunklen, kieseligen Tonschiefern, die aufgrund ihres Kieselgehalts, der auf einen hohen Anteil an Radiolarien oder Schwammnadeln zurückgeht, ziemlich hart sind und beim Brechen knacken (dies – und die Farbe – unterscheidet sie deutlich von den Tonschiefern der Cavo-Einheit). Das Gestein enthält bis über 1 dm mächtige Siltsteinlagen. Die für die Palombini-Formation typischen kieseligen Kalklagen (EP 24) fehlen hier.

Nach ca. 60 m folgen an einem Störungskontakt Radiolarite, die tektonisch stark beansprucht sind. Nach einem aufschlusslosen Stück kommen hinter einer Korkeiche wieder die Tonschiefer der Palombini-Formation, dann Serpentinit, der ebenfalls tektonisch stark beansprucht ist. Nach etwa 100 m Serpentinit folgt ein längeres aufschlussloses Stück, dann nochmals kurz Serpentinit und Radiolarit. Dieser ist auffallend gebändert – weißlich anwitternde und dunkelrote Lagen wechseln sich ab (siehe EP 13a) – und auf Kluftflächen von schwarzen Mn-Fe-Hydroxid-Häuten überzogen. Er fällt mittelsteil nach NW ein (~315/45) und zeigt eine kleinmaßstäbliche ESE-vergente Faltung (Faltenachse: ~030/25).

(4) Westeinfahrt von Rio Marina

Rio-Marina- und Verrucano-Formation (Einheit 3a)

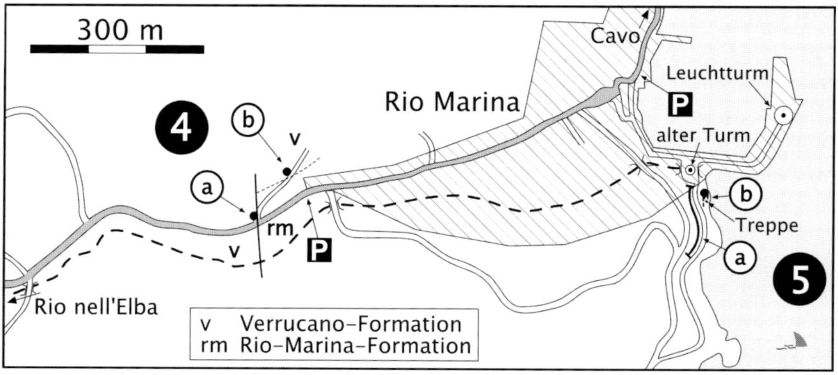

An der westlichen Einfahrt von Rio Marina (von Rio nell'Elba kommend) parkt man beim ersten Haus (nach einer Linkskurve mit gutem Aufschluss) an der rechten Straßenseite (Platz für einige Pkw hinter Alleebäumen; 42°48'50", 10°25'16"). Von hier geht man die Straße 100 m zurück bis zum Ortsschild, wo sich der Aufschluss an einer Auffahrt befindet.

(a) Der Aufschluss wird großteils von den dunklen graphitischen Phylliten der Rio-Marina-Formation gebildet. Gegen links, direkt an der Abzweigung der Auffahrt und rechts neben dem Ortsschild, grenzt er an einer Störung gegen Quarzite und Arkosen der Verrucano-Formation. Beide Schichtglieder gehören der Einheit 3a an.

Der Verrucano wird unmittelbar neben der Störung von einer Arkose (Quarzsandstein mit Feldspatkörnern) gebildet, die eine Schichtung mit flachem Einfallen erkennen lässt. Folgt man dem Aufschluss entlang der Straße, indem man sich von Rio Marina entfernt (*Achtung* auf den Verkehr!), geht die geschichtete Arkose in massigen Quarzit über, der eine auffallend braune Anwitterung zeigt und von vielen weißen Quarzgängchen durchzogen wird. Die Quarzgänge sind Mobilisate und entstanden durch Ausfällung von zuvor durch Drucklösung weggelöstem Quarz. Beim Aufreißen von Klüften drang die fluide Phase ein und fällte aufgrund des vorübergehend abfallenden Fluiddrucks den Quarz aus.

Der graphitische Phyllit entspricht jenem im Ortanotal (EP 2h). Auch er enthält Quarzmobilisate, die aber eng verfaltet sind. Dies zeigt die wesentlich leichtere Verformbarkeit und Faltbarkeit dieser Tonschiefer an. Die Schieferungsflächen sind oft von braunem Limonit überzogen, was eine Durchtränkung von Eisenlösungen aus der unmittelbar nördlich von hier gelegenen Eisenerz-Lagerstätte Valle Giove (Rio Marina) anzeigt. Außerdem finden sich in den Schiefern cm-große limonitische Konkretionen, deren Entstehung möglicherweise auf Ausfällungen aus den Eisenlösungen zurückgeht.

Die Störung zwischen den beiden Schichtgliedern fällt mit 60° nach W ein und ist eine Abschiebung. Den abschiebenden Charakter erkennt man an einer leichten Verschleppung der Schichten an der Störung: beide Schichtglieder werden an der Störung um 25 bis 30° aufgesteilt und schmiegen sich an die Störung an.

(b) Folgt man der Auffahrt weiter und passiert eine Abzweigung, gelangt man nach insgesamt etwa 70 m zum Eingang der Località Piè d'Ammone Nr. 1. Dort steht ein Quarzkonglomerat an, das das basale Schichtglied der Verrucano-Formation bildet (im Gebüsch unterhalb des Fahrwegs steht der graphitische Phyllit an). Es handelt sich um ein schlecht sortiertes Konglomerat mit cm-großen Quarzgeröllen und einer Grundmasse aus Quarzit oder Arkose. Neben den Quarzgeröllen, die aus Quarzgängchen (Mobilisatquarzen; siehe EP 1a) in einem Schiefer des Liefergebiets – möglicherweise den Calamita-Schiefern – stammen, finden sich vereinzelt Quarzitgerölle und Komponenten aus dem graphitischen Phyllit. Diese sind jedoch sehr selten. Die Quarzgerölle sind des öfteren zerbrochen, was auf tektonische Beanspruchung zurückzuführen ist.

(5) Alter Turm von Rio Marina ☻☻

Kontaktmetamorphose: Eisen-Skarne

Von der Westeinfahrt (Rio nell'Elba) kommend folgt man in Rio Marina der Hauptstraße, bis diese das Meer erreicht. Hier befindet sich ein größerer Parkplatz (42°48'58", 10°25'43"); Ausweichmöglichkeiten bei Belegung: Parkplatz von EP 4 oder an der Straße weiter in Richtung Cavo. Man folgt der Straße an der Hafenverbauung nach rechts und nimmt eine Treppe, die zu einer Terrasse hinauf führt. Auf der Terrasse geht man vor bis zum alten Turm mit der Uhr, von dem es zur Hafenmole hinausgeht, geht aber rechts am Turm vorbei über eine Brücke und folgt der kleinen Straße, die von dort über der Steilküste nach S führt (Schild: „lungomare f. cignoni").

(a) Direkt am Turm stehen dunkle Schiefer mit Quarzmobilisaten an, die schwer zuordenbar sind (vermutlich Acquadolce-Formation der Einheit 1 in ungewöhnlich dunkler Ausbildung). Nach gut 20 m folgt weißer Marmor (Valdana- und Cipollino-Marmor der Einheit 1), der unter die Schiefer einfällt. Nach wenigen Metern werden diese teilweise von bunten Überzügen verschleiert und man erkennt Mineralneubildungen. Bald verschwindet der Calcit und wird vollständig von Kalksilikatmineralen (Silikate mit einem erheblichen Calcium-Gehalt), die kontaktmetamorph gewachsen sind, verdrängt. Die vielfach stengeligen Minerale nehmen häufig von den Schieferungsflächen ihren Ausgang und wachsen von dort quer ins Gestein. Dies zeigt an, dass die Minerallösungen entlang der Schieferungsflächen zirkulierten und dort neue Mineralkeime bildeten.

Das kontaktmetamorphe Gestein ist ein Skarn oder Kalksilikatfels, dessen Minerale sich aber durch Eisenreichtum auszeichnen. Dieses seltene Gestein wird daher am besten als „Eisen-Skarn" bezeichnet. Bei den Kontaktmineralen handelt es sich um eisenreichen Epidot, Hedenbergit/Ferrosalit und Ilvait (siehe Tab. 2). Diese Fe-Ca-Silikate verdeutlichen die genetische Verbindung der Kontaktmetamorphose mit der hydrothermal-metasomatischen Eisenerzanreicherung.

Epidot ist an seiner gelbgrünen Farbe zu erkennen. Er bildet Körner, die, dicht gepackt, das Gestein gelbgrün färben. *Hedenbergit/Ferrosalit* ist ein Klinopyroxen und bildet säulige Minerale und radialstrahlige Aggregate von teilweise beachtlicher Größe. Er ist dunkelgrün gefärbt und verwittert intensiv braun. *Ilvait* ist nach der Insel Elba (lateinisch: Ilva) benannt. Er ist hart und spröde und bildet glänzende, schwarze, ebenfalls säulige und rosettenbildende Minerale, meist mit Hedenbergit zusammen vorkommend.

Entlang der Straße findet man anfangs Epidot-reiche Partien, doch wachsen auch hier teilweise Hedenbergit und Ilvait. Wir passieren ein Treppe, die von der Straße zum Meer hinunter führt und folgen der Straße noch ~50 m. Diese Zone ist fast ausschließlich durch Hedenbergit und Ilvait gekennzeichnet, die häufig eine Zebrastreifung bilden – ein Abbild des schiefrigen Lagenbaus des ursprünglichen Marmors (Farbbild 32). Das Gestein ist äußerst eindrucksvoll, einzelne Kristalle oder Kristallrosetten können über 1 dm Größe erreichen. Der Ilvait hebt sich durch seine pechschwarze Farbe von dem bronzefarben verwitternden, im frischen Bruch dunkelgrünen Hedenbergit deutlich ab (Farbbild 33).

(b) Wir gehen die Straße zurück und steigen die vorhin erwähnte Treppe zur Küste hinab. Am Ende der Treppe findet man besonders eindrucksvolle, dm-große

Rosetten von Hedenbergit (Farbbild 34). In Geoden findet man weißen Calcit, der hier eine sekundäre, späte Bildung aus wässrigen Lösungen ist.

Trotz des allgemeinen und strikten Probenentnahmeverbots der folgende Hinweis: Es ist praktisch nicht möglich, Proben aus den Eisen-Skarnen zu gewinnen, weil das Gestein äußerst hart und zäh ist – versuchen Sie es auf keinen Fall! Erfreuen Sie sich vielmehr an dem schönen Mineralvorkommen.

(6) Topinetti ☻ ✪

Verrucano-Formation (Einheit 3a), Hämatit-Lagerstätte Rio Albano

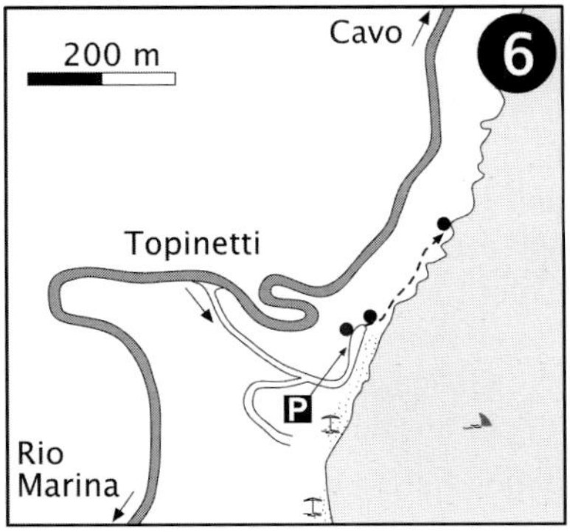

An der Straße von Rio Marina nach Cavo quert man etwa 3 km nördlich von Rio Marina den tiefen Taleinschnitt des Rio Albano. Auf der N-Seite des Tals, gut 100 m vor einer Kehre, zweigt rechts ein Fahrweg mit dem Wegweiser „Topinetti" ab, der zum Strand führt (am Weg hinunter links halten). Dort befindet sich ein großer Parkplatz (42°15'13", 10°26'13").

Direkt am Parkplatz steht der Quarzit der basalen ***Verrucano-Formation*** an. Er ist gut geschichtet und zeigt bereichsweise eine etwas steilere weitständige Drucklösungsschieferung. Zwischengeschaltet finden sich Lagen von violetten Tonschiefern.

Am Strand findet man Serpentinit-Gerölle, obwohl hier weithin kein Serpentinit ansteht. Der Serpentinit der unterlagernden Rio-Marina-Schuppe (Einheit 2), der, von Süden kommend, bei Rio Marina ins Meer hinausstreicht, zieht ganz nahe der Küste nach N weiter, so dass er, unmittelbar vor der Küste am Meeresgrund anstehend, durch die Brandung als Geröll an den Strand gespült wird. Der Sand am Strand ist schwarz und besteht zum Großteil aus feinen Hämatitplättchen, die von den im unmittelbaren Hinterland anstehenden Vererzungen der Lagerstätte Rio Albano bzw. vom Erzabbau und der in der Nähe erfolgten Schiffsverladung stammen.

Am ersten Felssporn am Strand, etwa 25 m hinter dem Ende des Parkplatzes, findet man Schieferung-Scherband-Gefüge (SC'-Gefüge) in tonigen Zwischenlagen der Verrucano-Quarzite (Farbbild 35). Die Scherbänder fallen etwa 30–40° nach NE ein. Die Achsen von Kleinfalten sind N–S ausgerichtet. Die SC'-Gefüge und die Falten zeigen einen NE- bis E-gerichteten tektonischen Transport an. Die Quarzite sind z.T. auffallend dünnschichtig.

> ***Schieferung-Scherband-(SC'-)Gefüge*** sind geeignet, den tektonischen Transport anzuzeigen (Farbbild 35: Skizze). Sie treten bei Scherung in schiefrigen Gesteinen auf, wobei die Schieferungs-(S-)Flächen einen spitzen Winkel zur Scherrichtung einnehmen und gegen sie einfallen. Sekundär entwickeln sich in Richtung der Scherung einfallende Scherbänder (C'-Flächen; C = cisaillement, *frz.* Scherung), die die Schieferung versetzen. Aus der Anordnung der S- und C'-Flächen kann der Schersinn ermittelt werden. (C-Flächen werden Scherflächen genannt, die genau in der Scherrichtung liegen.)

Die Quarzite am Nordende des Strands enthalten Konglomeratlagen und die für die Verrucano-Formation typischen roten Quarze (Kapitel 6.3.2). Sie wechsellagern mit intensiv violett gefärbten Tonschiefern, die entlang von Klüften entfärbt sind. Die Entfärbung geht auf die Mobilisierung und Abfuhr des Eisens und Konzentration an anderer Stelle im Zuge der Lagerstättenbildung zurück. Mit den violetten Tonschiefern treten auch grüne Tonschiefer auf, die reich an Chlorit sind, der im Zuge der hydrothermal-metasomatischen Durchtränkung des Gesteins während der Lagerstättenbildung gewachsen ist. Dezimeter-mächtige Gänge aus Quarz und Hämatit durchschlagen das Gestein. Es liegen Erzblöcke aus der seinerzeitigen Förderung herum.

In den Felsen nördlich des Strands findet man intensiv gelb und weiß gefärbte Ausblühungen von Schwefelverbindungen, meist Eisensulfaten, die sich aus zersetztem Pyrit bilden und den Quarzit, der von Schwefelsäure-Einwirkung stark angegriffen ist, überziehen (Farbbild 36). Das vorherrschende Eisensulfat ist der gelbe bis grünlichgelbe Copiapit – $(Fe^{+2},Mg)Fe^{+3}{}_4(SO_4)_6(OH)_2 \cdot 20H_2O$. Weitere möglicherweise auftretende Eisensulfate sind der meist weiße Ferrinatrit – $Na_3Fe^{+3}(SO_4)_3(OH)_2 \cdot 3H_2O$ – oder das auffallend orange gefärbte Botryogen – $MgFe^{+3}(SO_4)_3(OH) \cdot 7H_2O$.

Turnt man über die Klippen noch etwa 100 m weiter, gelangt man zu größeren ***Erzmassen*** (Farbbild 37). Sie bestehen aus Hämatit, teilweise ist auch frischer Pyrit in den Hämatitmassen enthalten. Wassertümpel sind vom Eisen intensiv rot gefärbt, die Felsen sind mit ockergelbem Limonit und Eisensulfaten überzogen – ein reizvoller Anblick (Farbbild 38). Vor den Erzmassen ist eine grobe Brekzie aufgeschlossen: Dezimeter-große Komponenten aus Verrucanoquarzit schwimmen in einer feinkörnigen Masse, die im Wesentlichen aus Hämatit (und etwas Pyrit) besteht (Farbbild 39). Die Brekzie entstand während der Erzbildung und zeigt, wie die Erzlösungen das Gestein aufgesprengt und verdrängt haben. Zusammen mit dem Hamätit kommt auch Epidot vor, der an seiner intensiv gelbgrünen Farbe zu erkennen ist.

(7) Straßenprofil östlich des Monte le Paffe

Rhätkalk und Kalke von Cavo (Obertrias bis Unterkreide, Einheit 3b)

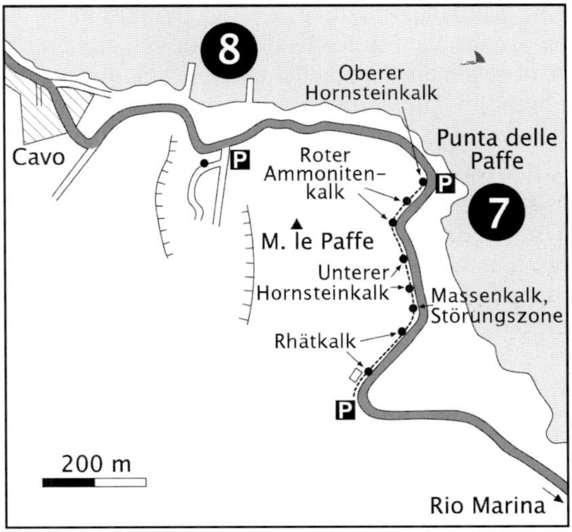

Die Straße von Rio Marina nach Cavo quert bei der Cala (Bucht) del Telegrafo einen weiteren ausgeprägten Taleinschnitt, etwa 2,5 km nördlich des Einschnitts des Rio Albano. Eine Parkbucht für etwa 3 Pkw befindet sich unmittelbar hinter der Brücke links (42°51'04", 10°25'57"); wenn diese belegt ist, fährt man etwa 500 m weiter, wo in einer großen Linkskurve (oberhalb Punta delle Paffe) eine gute Parkmöglichkeit besteht (42°51'19", 10°26'03"). Wir folgen dem Straßenprofil, das an der Ostseite des Monte le Paffe entlang zieht, von der ersten zur zweiten Parkmöglichkeit und kommen dadurch stratigraphisch vom Älteren ins Jüngere.

Zwischen der Parkbucht und der Linkskurve 200 m weiter Richtung Cavo steht ***Rhätkalk*** an: dickbankiger mittel- bis dunkelgrauer, dichter Kalk, der auch spätige (Crinoiden-führende) Lagen enthält. Knapp vor der Linkskurve befinden sich Dolomitbänke im Rhätkalk, die aus Stromatolithen, dünnen Lagen von Cyanobakterien, die sich im intertidalen Bereich bilden, hervorgegangen sind. Der Rhätkalk steht bis unmittelbar hinter der Linkskurve (hier *Achtung* auf den Verkehr!) an.

Hinter der Kurve macht sich eine Störungszone durch grobe tektonische Brekzien mit roten Letten bemerkbar. An sie grenzt ein dichter, heller, massiger bzw. dickbankiger Kalk, der nach N einfällt. Es ist dies der ***Massenkalk***, der i.a. in den Unterjura gestellt wird und noch in sehr seichtem Wasser abgelagert wurde. Er steht nur für wenige Meter entlang der Straße an, weil das relativ mächtige Schichtglied durch die Störung stark reduziert ist. Wir stoßen in EP 8 nochmals auf diesen Kalk.

Der Massenkalk wird vom ***Unteren Hornsteinkalk*** überlagert, einem dünnbankigen grauen, kieseligen Kalk mit unregelmäßigen Schichtflächen und Hornsteinknauern und -lagen (Farbbild 40). Dieser hemipelagische Kalk signalisiert eine deutliche Abtiefung des Ablagerungsraums, die mit der Entstehung des neuen ozeanischen Bereichs der Liguriden einhergeht. Der erst dunkelgraue Kalk wird gegen oben hin heller und z.T. bräunlich, die Welligkeit der Schichtflächen nimmt ab. Die Hornsteine sind nicht sehr häufig, doch treten sie in einzelnen Partien gehäuft auf. Es gibt auch durchgehende Hornsteinlagen, so z.B. eine 5 cm mächtige Lage unmittelbar rechts der Bushaltestelle. Der Untere Hornsteinkalk dürfte einen großen Teil des Jura repräsentieren.

Vor der Rechtskurve, die einen flachen Taleinschnitt nachzeichnet, kommen hellrote, hellgraue oder gelblich-bräunliche, teilweise knollige Kalke und Kalkmergel ohne Hornsteine. Es ist dies der ***Rote Ammonitenkalk*** (Rosso Ammonitico), der bereits den höheren Oberjura vertritt. In den mergeligen Partien ist eine Schieferung zu erkennen, die steiler einfällt als die Schichtung. Knapp vor der großen Linkskurve am Ende des Profils (zweite Parkmöglichkeit) folgen dickbankige Hornsteinkalke: es ist dies der ***Obere Hornsteinkalk***, der im obersten Jura und in der tiefen Kreide abgelagert wurde.

Die dichten (mikritischen) Kalke in diesem Profil zeigen eine sehr feine metamorphe Kristallinität, die eine Überprägung in der beginnenden Anchizone (um 200 °C) widerspiegelt.

(8) Steinbruch am Monte le Paffe

Massenkalk (Obertrias(?)–Unterjura, Einheit 3b); [Lageskizze S. 129]

Etwa 400 m vom Ende des vorhergehenden Profils entfernt befindet sich, vor einer ausgeprägten Rechtskurve, links der Straße eine Einfahrt zu einem großen Steinbruch. Hier kann geparkt werden (42°51'22", 10°25'46"). Man geht das Asphaltsträßchen hinein, an der nach etwa 30 m folgenden Weggabelung hält man sich rechts, nach weiteren ca. 25 m befindet sich rechts ein Felsriegel; an dessen Rückseite ist der Aufschluss gut zugänglich.

Hier wie in dem umgebenden Steinbruch steht der ca. 150 m mächtige Massenkalk (Unterjura; ev. auch Obertrias) an. Im rechten (westlichen) vorderen Steinbruchteil sieht man, wie nahe der Oberkante die gut gebankten Unteren Hornsteinkalke den Massenkalk überlagern.

Der ***Massenkalk*** ist ein massiger bis dickbankiger Kalk, der mit seiner hellgrauen bis bräunlichen Färbung eine undeutliche Schichtung anzeigt. Der Kalk ist dicht (durch schwache anchizonale Überprägung feinkristallin) oder spätig (in diesem Fall enthält er Crinoidenreste). Erklettert man die Schneide des Felsriegels, findet man, auf der gelblich angewitterten Oberfläche gut erkennbar, Lagen, die reichlich Ooide enthalten (Farbbilder 41, 42). Andere gelblich angewitterte Partien sind Dolomite. Ooid- und Dolomitbildung weisen auf sehr seichtes und warmes, episodisch bewegtes Wasser bei der Ablagerung hin.

(9) Capo Castello ❀ ✪

Bunte Kalkschiefer und Macigno-Formation (Maastricht–Oligozän?, Einheit 3b)

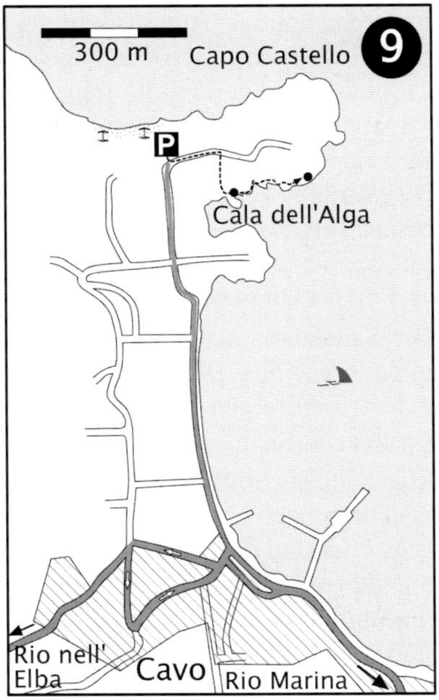

Von Cavo fährt man 500 m am Strand entlang nach N, wo die Straße die Küste verlässt, und noch weitere 300 m geradewegs nach N bis zu einem mit Pinien bestandenen großen Parkplatz vor der Nordküste des Capo Castello (42°52'00", 10°25'11"; nicht die Sackstraße nach rechts weiterfahren!). Bademöglichkeiten beim Parkplatz und am Aufschlussprofil. Man geht die erwähnte Sackstraße gut 100 m vor und zwischen den Grundstücken Via Capocastello 14 und 20 einen schmalen Weg nach rechts zum Meer hinunter. Man erreicht an der Südseite der Halbinsel von Capo Castello den innersten Teil der Cala dell'Alga.

Es stehen die stark verfalteten ***Bunten Kalkschiefer*** an, die aufgrund von Fossilfunden und Vergleichen mit dem

Festland in die oberste Kreide und das Paläogen (Maastricht bis Eozän) gestellt werden. Die Kalklagen sind sehr dünnschichtig, dicht, hellgrau. Sie enthalten dünne Tonschieferlagen, die an den Schieferungsflächen einen matten serizitischen Seidenglanz aufweisen, wie er für sehr schwache Metamorphose typisch ist. Die Tonschiefer sind dunkel oder häufig auch intensiv violett oder ocker gefärbt und dann auch etwas mächtiger, wie man vor allem im weiteren Verlauf sieht, wenn man die Küstenklippen nach Osten überklettert. Violette Lagen bestehen auch oft aus Mergeln. Vereinzelt finden sich laminierte Lagen aus weißem Hornstein. Die mikro- bis mesoskalige Faltung ist ENE-vergent, die Faltenachsen tauchen nach NNW ab. Die Schiefer sind von weißen Mobilisat-Gängchen aus Calcit (teilweise auch aus Quarz) durchzogen.

Verfolgt man die Küste nach Osten, kommt man nach knapp 100 m zu einem Felsvorsprung vor einer kleinen Bucht mit einem 20 m langen Kiesstrand. Der Vorsprung wird von senkrecht stehenden groben Sandsteinen und Arkosen aufgebaut. Sie enthalten feinbrekziöse Lagen mit schlecht gerundeten, unter 1 cm großen Komponenten (oft Mobilisat-Quarze). Bisweilen kann man eine Gradierung erkennen, eine gegen das Hangende der Schichtbank hin abnehmende Korngröße, die eine Ablagerung durch einen Trübestrom anzeigt. Die Bankung ist wegen häufiger Amalgamierung dieser Turbiditlagen nur undeutlich erkennbar, feinklastische Zwischenlagen sind geringmächtig. Bei Amalgamierung von Turbiditlagen werden die feineren Anteile der einen Lage durch den darauffolgenden Turbidit erodiert – oder das feine Material wird wegen der starken Strömung gar nicht erst abgelagert –, so dass es zur „Verschmelzung" der gröber-körnigen Schichtanteile kommt. Dieses turbiditische Schichtglied stellt Teil einer Flyschfolge dar (siehe Erklärung bei EP 27a) und wird durch Vergleich mit der Schichtfolge auf dem Festland als ***Macigno-Formation*** angesprochen und in das Oligozän gestellt.

Die Sandsteine der Macigno-Formation sind etwa 12 m mächtig und werden in der erwähnten Bucht mit dem Kiesstrand wieder von den Kalkschiefern abgelöst, bald folgen wieder die Sandsteine. Diese bilden, durch Salzsprengung verursacht, löchrige, bienenwabenartige Verwitterungsformen.

Man kann am erwähnten Vorsprung mit den Sandsteinen wieder umkehren, oder man turnt noch einmal so weit über die Küstenklippen, bis es nicht mehr weitergeht. Hier sind die Kalkschiefer mit den violetten Ton- und Mergelzwischenlagen und den vereinzelten weißen Hornsteinlagen besonders schön aufgeschlossen (Farbbild 43). Die ostvergente Kleinfaltung wiederholt sich im größeren Maßstab – was man aber nur erkennt, wenn man hinausschwimmt (was durchaus zu empfehlen ist) und die Wand aus einiger Entfernung ansieht. Faltung und

Verschuppung bedingen den mehrmaligen Wechsel zwischen Kalkschiefer und Sandstein entlang des hier beschriebenen Küstenabschnitts.

(10) Torre del Giove

Verrucano-Formation der Einheit 3a und Gesteine der Einheit 3b; Wanderung ca. 1 Stunde

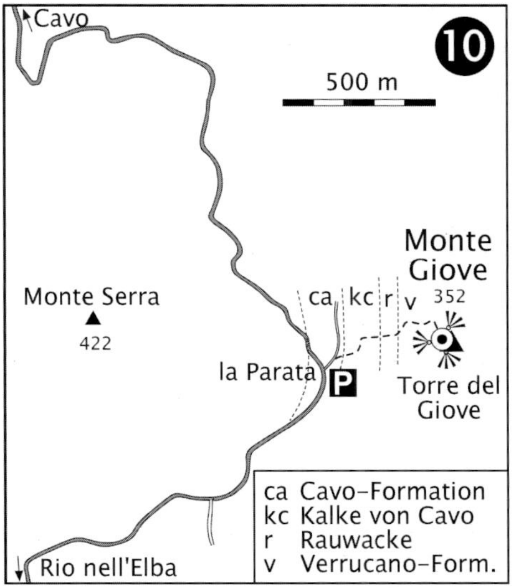

Dieser Exkursionspunkt bringt keine neuen Gesteine, die nicht schon an den EP 2, 4, 6, 7 oder 8 zu sehen waren, doch ist die kurze Wanderung als „Zugabe" lohnend und der „Jupiterturm" bietet eine gute Aussicht. Nach dem Torre del Giove haben wir die Giove-Einheit (3a) benannt.

Fährt man von Cavo nicht die Küstenstraße zurück, sondern die Straße, die sich in der Mitte des Nordostsporns der Insel durch das Bergland windet, gelangt man im Sattel zwischen Monte Serra und Monte Giove, auf dem die Burgruine Torre del Giove steht, an den höchsten Punkt der Straße zwischen Cavo und Rio nell'Elba, einer Lokalität, die la Parata genannt wird (242 m, 42°49'48", 10°25'07"; von Rio nell'Elba sind es etwa 2,5 km bis hierher). Gute Parkmöglichkeit. Ein kleiner Holzwegweiser („59") zeigt den Wegbeginn an.

An der Straße (W-Seite) sind die Tonschiefer der Cavo-Formation (Einheit 3b) schlecht aufgeschlossen. Man folgt dem Weg 59 nach Osten und erreicht nach ca. 60 m eine Senke mit einem großen Holzlagerplatz. Diesen überquerend sucht man den Einstieg zum schmalen Wanderweg (wieder Holzwegweiser: „Monte Giove, 59"; nicht den breiteren Forstwegen folgen!). Der Wanderweg steigt den dichten Wald Richtung Turm an.

Zuerst findet man immer wieder schlechte Aufschlüsse in den Tonschiefern der Cavo-Formation (Kreide). Bald folgen, meist in Blöcken, aber auch immer wieder anstehend, verschiedene Kalke, die weiß, rosa oder gelblich gefärbt sind. Es sind dies die Kalke von Cavo (großteils Jura), wie sie in den Aufschlusspunkten 7 und 8 zu sehen sind. Knapp unterhalb 300 m Meereshöhe sind dunkle dichte Kalke (Rhätkalk) und Rauwacke in wenigen nicht anstehenden Blöcken zu finden. Alle diese Schichtglieder gehören der nur schwach anchizonal metamorphen Cavo-Einheit (Einheit 3b) an. Bei etwa 300 m Meereshöhe folgen, nicht zu übersehen, nun gute Aufschlüsse von massigen Quarziten der epizonal metamorphen Verrucano-Formation der Giove-Einheit (Einheit 3a). Es sind fast durchwegs grobsandige Quarzite, die nur undeutlich eine Schichtung erkennen lassen. Sie enthalten Lagen von Feinkonglomeraten, deren Komponenten Mobilisat-Quarze sind, oft rot gefärbt. Auch einzelne Quarzkörner der Sandfraktion sind rot gefärbt, ein Charakteristikum des Verrucanos.

Die Ruine am Gipfel war eine spätmittelalterliche Festungsanlage. Man genießt hier einen schönen Rundblick, u.a. auf die Ruine Volterraio, die zwischen Cima del Monte und Monte Capannello hervorschaut. Die Festung ist großteils aus dem Verrucano aufgebaut, jedoch findet sich auch lokales Fremdmaterial unter den Bausteinen. So erkennt man am Ansatz des alten Gewölbes, dass Rauwacke verwendet wurde, die nur am Fuß des Berges in ausreichender Menge vorkommt.

(11) Steinbruch am Wildschweinhügel (Colle degli Cinghiali) ☻☻

Ligurische Schichtfolge (Einheit 4a): Serpentinit, Ophicalcit, Kissenbasalt-Brekzie, Radiolarit (Volterraio-Formation), Calpionellenkalk (Monte-Grosso-Formation); Falten

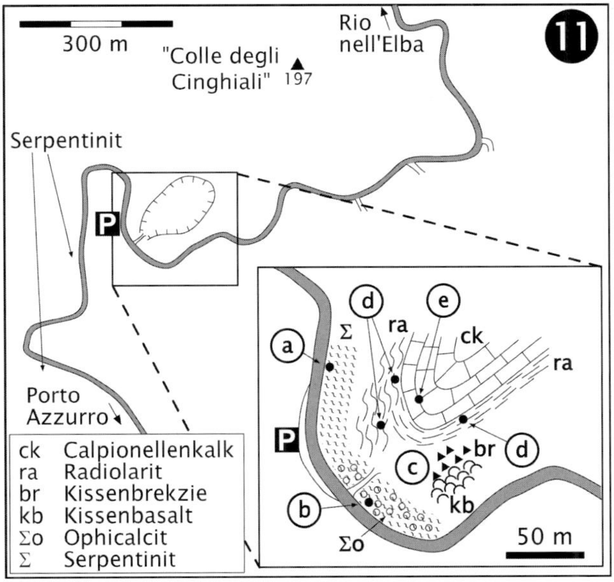

Von Porto Azzurro nimmt man die Straße nach Rio nell'Elba. Nach etwa 3 km (2 km nach der Abzweigung zur Spiaggia di Barbarossa, EP 1) führt die Straße in einen Taleinschnitt, bald darauf kommt nochmals ein ausgeprägter Einschnitt. In der folgenden langgezogenen Linkskurve befindet sich auf der rechten Straßenseite eine gute Parkmöglichkeit gegenüber dem Eingang zu einem aufgelassenen Steinbruch auf der Südseite des Wildschweinhügels (42°47'20", 10"24'18").

Die Bezeichnung Wildschweinhügel, Colle degli Cinghiali, ist kein offizieller Name dieses von der Straße an drei Seiten umrundeten Hügels, sondern eine unter Geologen geläufige Bezeichnung, die auf eine entsprechende Population im dichten Gestrüpp dieser Bergkuppe und auf stetige Warnungen eines cholerischen Bauern zurückgeht. Der Steinbruch am Wildschweinhügel (Farbbild 44) ist einer der interessantesten Aufschlüsse in den Liguriden, weil hier das Geschehen am Ozeanboden vor etwa 160 Millionen Jahren lebendig wird. Der Aufschluss befindet sich in der Schuppenzone von Rio nell'Elba (Einheit 4a).

(a) Serpentinit

Ca. 50 m links unterhalb des Eingangs zum Steinbruch befindet sich entlang der Straße verwitterter Serpentinit. Unterhalb des Taleinschnitts, den die Straße quert, ist dieser auf längere Erstreckung in frischem Zustand zu sehen. Charakteristisch sind zahlreiche glänzende Harnischflächen, die auf die Verformung des Gesteins zurückgehen. An nicht so stark verformten Gesteinsproben kann man große Klinopyroxene erkennen, die aufgrund ihrer Zusammensetzung (Ca-Gehalt) nicht serpentinisiert wurden (siehe EP 2g).

Unmittelbar links vom Eingang in den Steinbruch ist der Serpentinit von zahlreichen mit Calcit gefüllten Klüften durchzogen und von Calcit durchsetzt. Der Serpentinit zeigt eine steilstehende kataklastische Schieferung (siehe Erklärung des Begriffs bei EP 19f).

(b) Ophicalcit

Unmittelbar rechts des Eingangs in den Steinbruch steht an der Straße ebenfalls stark beanspruchter, kataklastisch verschieferter Serpentinit mit Calcit-Klüften an. Zusätzlich enthält er Komponenten aus meist feinkristallinem, rötlich gefärbtem Kalk. Die Kalkkomponenten sind meist einige cm groß, eine erreicht ein Ausmaß von 20 x 40 cm (Farbbild 45), ist in sich brekziiert und enthält ihrerseits Serpentinitkomponenten. Dies alles zeigt eine intensive tektonische Beanspruchung des Gesteins an.

> ***Ophicalcit.*** Kataklastisch verschieferte Serpentinite, die mit calcitischem Material (kalkigem Sediment bzw. durch chemische Fällung im Gestein gebildetem Calcit) intensiv vermengt sind, entstehen am Ozeanboden meist entlang von Störungszonen (vor allem Transformstörungen) und werden Ophicalcite genannt.
>
> Serpentinite sind umgewandelte Peridotite des Mantels. Entlang von abschiebenden Störungen, die die Achse eines Mittelozeanischen Rückens begleiten und parallel zu diesem laufen, oder von Transformstörungen, die im allgemeinen senkrecht zur Rükkenachse stehen und zwei Rückenabschnitte verbinden, kann Meerwasser tief eindringen und in der noch jungen, heißen Kruste Mineralumwandlungen verursachen. Vor allem die Transformstörungen durchschlagen die gesamte Kruste, so dass Wasser bis in die Mantelgesteine vordringen und dort den Peridotit zu Serpentinit umwandeln kann. Serpentinite sind deutlich leichter als der ursprüngliche Peridotit, aber auch leichter als die überlagernde ozeanische Kruste. Zudem sind sie leicht verformbar. Aus diesem Grund steigen sie entlang der Störungen als Diapire auf, werden dabei verformt und

können bis an die Oberfläche, den Meeresboden, gelangen (Abb. 16). Hier können sie mit Sedimenten vermengt werden, Sedimentkomponenten werden durch die andauernde Durchbewegung entlang der aktiven Störung in die geschieferten Serpentinite eingearbeitet. Außerdem können an der Störung durch Kataklase stark zerriebene und mit Porenwasser gefüllte Serpentinite abrutschen und dabei mit Sedimentmaterial vermischt werden.

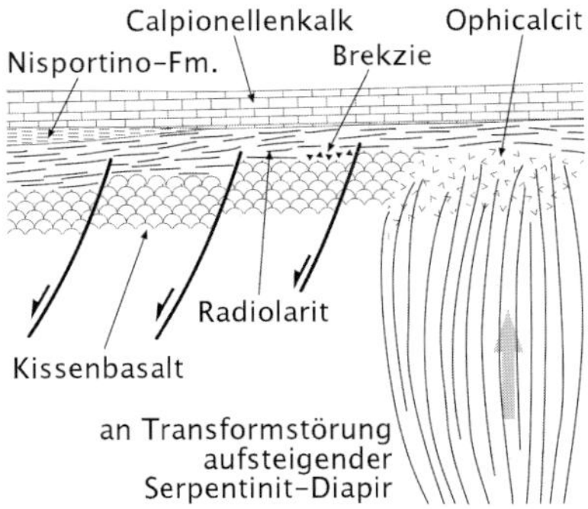

Abb. 16: Schemaskizze eines an einer Transformstörung aufsteigenden Serpentinit-Diapirs mit begleitenden Abschiebungen zur Erklärung der geologischen Situation am Wildschweinhügel.

Im vorliegenden Aufschluss sind die Komponenten im Ophicalcit rot gefärbte Kalke, die andernorts in der ligurischen Schichtfolge nicht bekannt sind. Zur Zeit des späten Mittel- und frühen Oberjura, als sich der Ozeanboden der elbanischen Liguriden und seine erste Sedimentauflage bildeten, lag die Calcit-Kompensationstiefe (CCD von *engl.* calcite compensation depth) ziemlich seicht, weil die pelagische Karbonatproduktion gering, die Radiolarienproduktion aber außerordentlich hoch war. Die CCD ist jene Grenzfläche in der Wassersäule, unterhalb der keine kalkigen Sedimente abgelagert werden können, weil die feinen Schalen des absinkenden kalkigen Planktons infolge des Drucks, der niederen Wassertemperatur und des hohen Gehalts an gelöstem Kohlendioxid im Wasser aufgelöst werden. Die ersten Sedimente auf dem ligurischen Ozeanboden waren daher Radiolarite. Die roten Kalke müssen demnach lokal auf hochgelegenen Schwellen gebildet worden sein. Eine solche lokale Schwelle kann sich entlang einer Transformstörung bilden, wenn Serpentinitdiapire aufdringen oder durch Kompression entlang eines Störungsabschnitts Schollen hochpresst werden. Diese dynamischen Vorgänge erklären auch die intensive Verformung, die sich in der Schieferung und kataklastischen Beanspruchung widerspiegelt. Vermutlich lag also ein hochgepresster Rücken teilweise oberhalb der CCD und ermöglichte die Ablagerung von Kalken in Rotfazies, wie sie typisch für Schwellen im offenen Ozean sind. Strömungen, die über die Schwellen hinweggleiten, bringen sauerstoffreiches Wasser, so dass das stets vorhandene Eisen zu Hämatit oxidiert, der, fein im Sediment verteilt, die Rotfärbung verursacht.

Der in den Ophicalciten fein verteilte Calcit kann auch durch die Wechselwirkung der aufdringenden Serpentinite mit dem Meerwasser entstanden sein („authigener“ Calcit). Im Porenraum des zerriebenen Serpentinits zirkuliert Meerwasser, das durch Vermischung mit dem Gesteinsstaub einen hohen pH-Wert von bis zu 11 erreicht (Bonatti et al. 1973). Unter diesen Bedingungen wird das Wasser Kalk-übersättigt und kann im Gestein Calcit ausfällen, auch wenn der Ozeanboden unterhalb der CCD liegt. Dies erklärt die feine Verteilung von Calcit in vielen Ophicalciten.

Die starke Verformung der Serpentinite in diesem Aufschluss erfolgte also bereits am Ozeanboden vor Ablagerung der darüberliegenden Sedimente (Radiolarit, Calpionellenkalk). Die Verfaltung der Sedimentauflagerung (siehe Aufschluss d, e) zeigt darüber hinaus auch eine tektonische Überprägung bei der späteren Gebirgsbildung an.

(c) Kissenbasalt und Kissenbasalt-Brekzie

Bei Eintritt in den Steinbruch befindet sich rechter Hand ein wandartiger Aufschluss, der an seiner Basis hinter den Büschen stark verwitterte Kissenbasalte enthält. Die Kissen besitzen mehrere Dezimeter Durchmesser. Die verwitterten Basalte sind braun – im frischen Bruch sind sie hingegen dunkelgrün bis schwarz und sehr feinkörnig.

Über den Kissenbasalten folgt eine Kissenbasalt-Brekzie, ein Gestein, das aus eckigen Bruchstücken der Kissenlaven aufgebaut ist. Die meist unter 1 dm großen Bruchstücke lassen dichte, chloritreiche Partien erkennen, die ursprünglich basaltisches Glas der abgeschreckten Kissenränder darstellen. Zwischen den sich abstützenden Komponenten findet sich eine feinsandige Matrix aus Basaltmaterial; teilweise besteht die Matrix auch aus rot gefärbtem kieseligtonigen Sediment.

Unmittelbar über der Brekzie folgen rote kieselige Schiefertone. An ihrer Basis steckt ein ovales, über 1 m langes Basaltkissen, das der Brekziierung entging (Farbbild 46). Das Kissen zeigt eine zerbrochene Außenhaut, wie dies häufig bei Kissen auftritt, wenn die Außerhaut erstarrt, das Kissen-Innere aber noch flüssig und daher verformbar ist (siehe EP 31c). – *Das Kissen bitte nicht beschädigen, der Aufschluss ist eine Rarität!*

Kissenlava-Brekzien entstehen an den abschiebenden Störungen entlang des Zentralgrabens eines Mittelozeanischen Rückens oder an den quer zum Rücken stehenden Transformstörungen. Damit wird das durch die Ophicalcite bereits skizzierte Bildungsmilieu bestätigt (Abb. 16). Entlang der Störung wurden die Kissenlaven zerbrochen. Zudem ist von einem gewissen Relief auszugehen. Die Bruchstücke wurden vermutlich am Fuß einer Geländestufe, die durch die Störung verursacht wurde, abgelagert. Es handelt sich also um eine tektonisch-sedimentäre Brekzie, deren Komponenten tektonisch gebildet und dann einsedimentiert wurden. Ein unzerbrochenes Kissen rollte ebenfalls die Stufe hinab und wurde innerhalb der ersten, auf die Brekzie folgenden Sedimente eingebettet.

Somit ergeben Ophicalcit und Kissenbrekzie zusammen ein lebhaftes und konsistentes Bild der Dynamik am Ozeanboden. Eine Störungszone ermöglichte den Aufstieg von Serpentinitdiapiren bis an die Oberfläche. In einer aktiven Störungsphase wurde der tektonisch stark beanspruchte Ophicalcit gebildet. Darüber hinaus zerlegte Störungsaktivität Kissenlaven zu eckigen Bruchstücken, die sich am Fuß eines Störungsabbruchs zu Brekzien mit wenig Matrix anhäuften, über denen zufällig auch ein ganzes Kissen eingebettet wurde. Diese Situation wurde von den darüberliegenden Radiolariten und Calpionellenkalken versiegelt.

(d) Radiolarit (Volterraio-Formation)

Radiolarit der Volterraio-Formation steht auf der linken Seite im unteren Teil des Steinbruchs und auf der rechten Seite oberhalb der Kissenbrekzie an. In dem letztgenannten Bereich treten über der Kissenbrekzie zuerst kieselige Tonsteine auf, die das beschriebene Einzelkissen enthalten (Farbbild 46). Diese leiten in einen gut gebankten roten Radiolarit über, der 10 m mächtig ist und mittelsteil nach NNW einfällt. Es ist dies die typische Entwicklung des Radiolarits. Die rote Färbung wird auch hier von sehr feinen Hämatitpartikeln im Gestein verursacht. Die Fugen der Bänke werden durch dünne Tonhäute markiert.

In der linken Steinbruchwand ist der Radiolarit, der mit einer Störungfläche an den Ophicalcit grenzt, tektonisch sehr stark verformt, was an der Zerbrechung und der chaotischen Verfaltung erkennbar ist, und teilweise entfärbt – es entsteht dann eine grünliche Färbung der Schichten. Die Entfärbung kommt häufig durch salinare und schwach saure Formationswässer zustande, die im stark zerbrochenen Gestein zirkulieren und den Hämatit, der für die rote Färbung verantwortlich ist, lösen und abtansportieren oder das Eisen reduzieren und in Mineralneubildungen einbauen. Die dünn gebankten Radiolarite lassen sich trotz der Sprödigkeit des Materials leicht verfalten (siehe Erklärung bei Aufschluss e). Diese Verformung ist bei der tertiären Deckenbildung erfolgt. Der stark beanspruchte Radiolarit enthält zahlreiche weiße Quarzadern. Hier wurde druckgelöster Quarz in aufreißenden Spalten ausgefällt. Ersteigt man im Steinbruch die obere, ca. 10 m höher liegende Etage, sieht man linker Hand immer noch den stark beanspruchten Radiolarit, der jedoch großteils seine ursprüngliche rote Farbe besitzt. Auch rechter Hand zieht der hier eben geschichtete rote Radiolarit weiter hoch.

Der Radiolarit der Volterraio-Formation ist im Steinbruch des Wildschweinhügels insgesamt nur wenig mehr als 10 m mächtig. Im Bereich nördlich der Ruine Volterraio (EP 16), Luftlinie von hier gut 2 km (aber ursprünglich deutlich mehr), erreicht er hingegen eine Mächtigkeit von rund 300 m. Dies deutet auf ein erhebliches Relief am Ozeanboden, was wiederum im Einklang mit der durch die Ophicalcite und die Kissenlava-Brekzie nachgewiesenen Störungsaktivität und Reliefbildung durch hochgepresste Rücken steht (Abb. 16). Der geringmächtige Radiolarit des Steinbruchs wurde auf einer Schwelle abgelagert. Die auf Schwellen typischen Strömungen trugen das feine Sediment ständig weg, was die geringe Mächtigkeit erklärt. In Beckenlagen erreichten die großteils turbiditischen Radiolarite in derselben Zeitspanne daher deutlich höhere Mächtigkeiten. Die Mächtigkeitsunterschiede des Radiolarits lassen vermuten, dass das untermeerische Relief mehrere hundert Meter betrug. Am Ende der Radiolaritzeit war es dann weitgehend ausgeglichen.

(e) Calpionellenkalk (Monte-Grosso-Formation)

Der obere Teil des Steinbruchs wird vom Calpionellenkalk der Monte-Grosso-Formation eingenommen, den man auf der höheren Etage des Steinbruchs studieren kann. Es ist ein heller, dickbankiger Kalk, der hier eine Muldenstruktur bildet (Farbbild 44). Der linke (westnordwestliche) Flügel der Mulde steht steil und ist leicht überkippt, das heißt um mehr als 90° gegenüber seiner ursprünglichen horizontalen Lagerung rotiert. Der ostsüdöstliche Flügel hingegen fällt – wie der Radiolarit darunter – mittelsteil ein. Damit zeigt die Falte eine Vergenz nach ESE an.

Die Faltung von Sedimentgesteinen wird durch die Bildung zahlreicher Mikrorisse sowie durch Drucklösung und Wiederausfällung des gelösten Materials möglich. Dickbankige Sedimentgesteine können jedoch viel schwieriger in Falten gelegt werden als dünnbankige, da bei der Faltung an den Bankungsfugen Verschiebungen stattfinden müssen (Abb. 17). Je geringer die Abstände der Bankungsfugen sind (und je besser diese Fugen mit tonigem Material „geschmiert“ sind), desto leichter und enger kann das Gestein daher verfaltet werden. Aus diesem Grund sind die dünnbankigen Radiolarite im linken Steinbruchteil und anderswo (EP 17a) viel enger verfaltet als die dickbankigen Calpionellenkalke, obwohl sie vom Material her spröder sind. Der Calpionellenkalk zeichnet im Steinbruch des Wildschweinhügels den großräumigen Faltenbau nach.

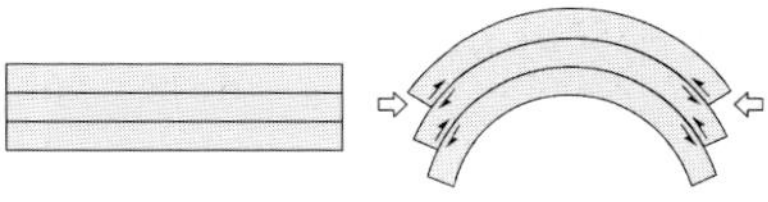

Abb. 17: Schichtparalleles Gleiten bei Faltung.

In dem mikritischen Gestein erkennt man häufig kleine dunkle Pünktchen, die von Radiolarien oder – seltener – Calpionellen her stammen. Radiolarien trieben auch nach der starken Radiation des kalkigen Nannoplanktons im Oberjura in der Wassersäule und wurden zusammen mit den Kalkpartikeln sedimentiert. Im Dünnschliff erscheinen die Radiolarien als rundliche, durch Verformung oft schwach elliptische Quarz- oder Calcitaggregate. Der Quarz (SiO_2) bildete sich aus dem ursprünglichen, nicht stabilen Skelett-Opal ($SiO_2 \cdot nH_2O$). Fast immer wurden die Radiolarien aber in Calcit umgewandelt, was eine häufige Erscheinung in Radiolarien-führenden Kalken ist. Die primär calcitischen Calpionellen erkennt man an ihrer Becherform.

An Kluftflächen im Kalk sind Dendriten (von dendros, *griech.* Baum) zu beobachten. Dies sind baumartig verästelte Strukturen aus Eisen- und Manganhydroxiden, die aus Wässern, die im Kluftsystem zirkulieren, ausgefällt werden. Die limonitischen Eisenhydroxide sind braun gefärbt. Die schwarzen Baumstrukturen enthalten vorwiegend Mangan. Beide Varietäten kommen nebeneinander vor.

Im Calpionellenkalk sind an Schicht- und Kluftflächen Stylolithen zu sehen. Dies sind Drucklösungssuturen mit zapfenförmigen Ausstülpungen, die in Richtung der maximalen Druckbeanspruchung weisen (Abb. 18). Entlang der Suturen wurde durch Drucklösung Calcit entfernt und unlöslicher Rückstand (Tonminerale, Limonit) passiv angereichert. Der druckgelöste Calcit wurde teilweise wieder in Dehnungsklüften ausgeschieden, die sich senkrecht zur Hauptdruckspannungsrichtung öffneten.

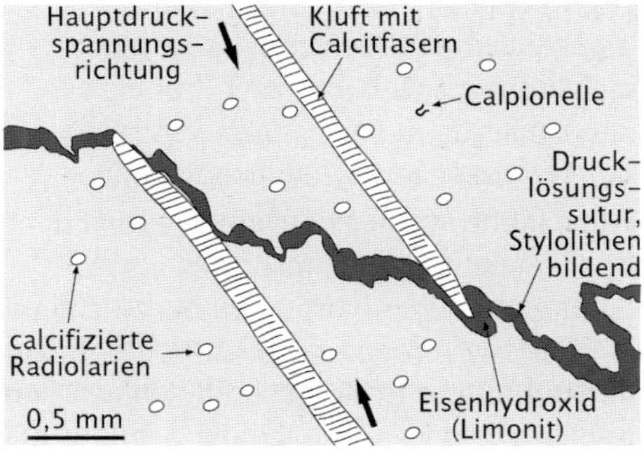

Abb. 18: Bildung von Stylolithen und Klüften mit Faserkristallisation unter demselben Spannungsregime. Die calcitisierten Radiolarien werden dabei entsprechend verformt. Nach einem Dünnschliffbild.

(12) Rio nell'Elba

Gabbro (Einheit 4c)

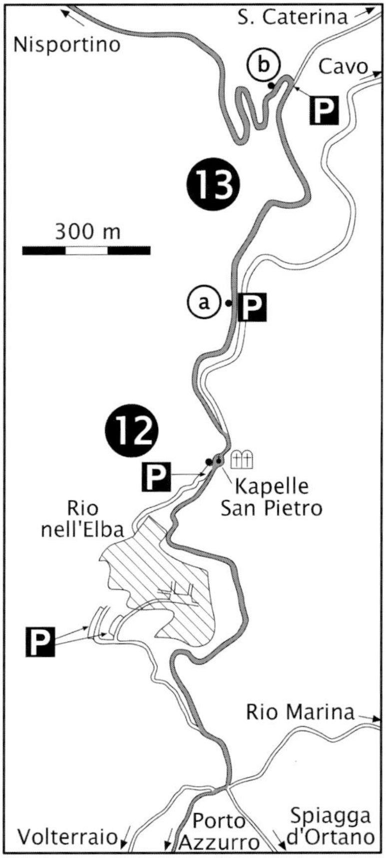

Fährt man, von Süden kommend, nach Rio nell'Elba und nimmt knapp 200 m hinter dem fünfstrahligen Straßenstern südsüdöstlich des Orts die rechte Abzweigung, womit der Ort im Osten umfahren wird, gelangt man nördlich des Orts zu einem Kreisverkehr, in dessen Mitte die Kapelle San Pietro steht. Vor dem Kreisverkehr, an jener Straße, die in die Ortsmitte führt, befindet sich ein Parkplatz (42°49'00", 10°24'08"). Der Gabbro kann auch, aber weniger gut, an den beiden Parkplätzen am südlichen Ortseingang von Rio nell'Elba angesehen werden (42°48'47", 10°23'56").

Unmittelbar südwestlich der Kapelle San Pietro steht an der Straße der stark verwitterte, ***grobkörnige Gabbro*** der Ophiolith-Abfolge an. Er enthält bis zu mehrere Zentimeter große Pyroxen- und Plagioklaskristalle. Die Plagioklase sind an ihrer weißen Farbe erkenntlich. Die Pyroxene (Endiopsid, ein Ca- und Mg-reicher Pyroxen) bilden auffallende glänzende Spaltflächen. Diese erinnern an Glimmer, aber bei näherer Prüfung erkennt man, dass es sich um dickere, spröde brechende Spaltplättchen handelt.

Der Gabbro bildet hier einen kleinen Span, zieht sich aber ansonsten als größerer gangartiger Körper mit bis zu 200 m Ausstrichbreite über fast 3 km in N–S-Richtung hin und wird südlich von Rio nell'Elba mehrfach von der Straße angeschnitten. Er ist generell schlecht aufgeschlossen. Durch seine Grobkörnigkeit besitzt er vielfach die Struktur eines ***Pegmatits***. Pegmatite sind großkörnige Ganggesteine, die meist im Gefolge von granitischen Intrusionen auftreten (EP 29b). Die Großkörnigkeit geht auf die Aktivität von Wasser in der Schmelze zurück. Gabbros enthalten Pyroxen, ein gegen Wasser empfindliches Mineral (unter Wasserzutritt verwandeln sich Pyroxene in Amphibol, Serpentin oder Chlorit), und gehen daher in der Regel aus trockenen Schmelzen hervor. Bei den hohen Temperaturen gabbroider Schmelzen von über 1000 °C steht Pyroxen jedoch mit einer wässrigen fluiden Phase im Gleichgewicht. Aus diesem Grund ist es möglich, Gabbro-Pegmatit zu bilden, wenn dieser Vorgang auch eher selten ist.

Die pegmatitischen Gabbros entsprechen nicht nur in ihrem z.T. gangartigen Auftreten, sondern auch in ihrer Struktur nicht den normalen Gabbros der tiefen ozeanischen Kruste. Vielmehr dürfte es sich zumindest bei den Vorkommen Ostelbas um einen großen Lagergang handeln, der bei der Intrusion reich an wässriger Lösung war.

Frischer Gabbro steht auf der Halbinsel Fetovaia im Westteil der Insel an, die aber schwierig zu erreichen ist, weil sie als Privatgrund eingezäunt ist. Ein Zugang über die Küste ist möglich und wird für Interessierte unter EP 37 beschrieben.

(13) Kehre bei Santa Caterina

Radiolarit (Volterraio-Formation) und Nisportino-Formation (Einheit 4c), Falten

(a) Am Kreisverkehr um die Kapelle San Pietro am Nordausgang von Rio nell'Elba (EP 12) nehmen wir die Straße nach Nisporto/Nisportino. 500 m weiter befindet sich an einem geraden Straßenstück ein guter Aufschluss im Radiolarit (42°49'13", 10°24'11").

Der ***Radiolarit*** weist eine deutliche Bänderung auf (Farbbild 47): die dünnen Bänke sind meist dunkelrot gefärbt, dazwischen gibt es aber etliche, die weißlich anwittern. Die weißlichen Lagen sind im Anschlag dunkelrot und bestehen aus reinem Quarz (Hornstein, *engl.* Chert). Die dunklen Lagen sind hingegen tonig und dadurch etwas schiefrig. Hier wurde kieseliges Material während der Diagenese druckgelöst und abgeführt und so der Tonanteil passiv angereichert. Die Kluftflächen, die das Gestein durchziehen, sind mit schwarzen Häuten aus Mangan- und Eisenhydroxid überzogen.

(b) In der Weiterfahrt erreicht man nach 500 m den Parkplatz zur Einsiedelei Santa Caterina (42°49'28", 10°24'16"). Von hier folgt man der Straße zu Fuß bis über die folgende Kehre, 50 m hinter dieser sieht man im Straßenaufschluss eine Doppelfalte.

Die ***Falten*** befinden sich im Radiolarit der Volterraio-Formation und den darüberliegenden Kalken der Nisportino-Formation (Farbbild 48). Im Radiolarit sind einzelne Kalkbänke enthalten, womit der Übergang zur Nisportino-Formation, die aus einer Wechsellagerung von Kalken, kieseligen Schiefertonen und vereinzelten Radiolaritlagen besteht, angezeigt wird. Die erste Kalkbank der Nisportino-Formation auf der rechten Seite der Doppelfalte ist etwa 2 m mächtig und besteht aus weißem, dichtem Kalk vom Typ der Calpionellenkalke. Die darüberfolgenden Kalkbänke (im Aufschluss rechts) sind kieselig und im Anschlag dunkel. Die ockerbraune Anwitterung ist für kieselige Kalke typisch. Straßenabwärts erkennt man, dass die Kalke mit kieseligen Schiefertonen wechsellagern; diese sind am besten auf der Außenseite der Kehre zu sehen.

Der rechte (ostnordöstliche) Schenkel der rechten Antiklinale ist teilweise überkippt. In der linken Antiklinale sind hingegen beide Schenkel aufrecht, aber der rechte (ostfallende) ist steiler als der westfallende. Die Faltenachse taucht flach nach NNW ab (330-340/25). Die Asymmetrie der Falten zeigt somit eine Vergenz nach ENE an, was für den Deckentransport im Untermiozän charakteristisch ist.

In den Antiklinalen kann man ***Kleinstrukturen*** studieren, die mit der Faltung in ursächlichem Zusammenhang stehen. Die Faltenscharniere zeigen Kollaps-Strukturen („Scharnier-Kollaps“), die durch die Verschiebung der Radiolaritlagen bei der Faltung entstehen (siehe EP 17a). Im Faltenscharnier der linken Antiklinale erkennt man an einer etwa 20 cm mächtigen Kalklage im Radiolarit eine nach rechts (ENE) gerichtete aufschiebende Bewegung entlang von kleinen Störungsflächen (Farbbild 48). Der gesamte Versatz bewegt sich im cm-Bereich. Die Struktur setzt sich in die Radiolarite darüber und darunter fort, ist aber an der Kalklage besonders deutlich zu erkennen. Solche aufschiebenden Bewegungen im Scharnierbereich einer Falte spiegeln Platzprobleme bei der Faltung wider und zeigen Grenzen der Faltbarkeit des Gesteins im Scharnierbereich auf.

In einzelnen Radiolaritbänken in den Schenkeln der Falten finden sich Bücherregal-Strukturen (Farbbild 48). Bücherregal-Strukturen oder -Boudins entstehen bei Scherung spröder Lagen, die etwa senkrecht zu ihrer Begrenzung brechen. Die einzelnen schmalen Körper werden dann im Sinn der Scherung (synthetisch) gekippt, wodurch der Eindruck einer gekippten Bücherreihe auf einem Regal entsteht (siehe auch EP 2e, Farbbild 28). Da bei einer Faltung entlang der Bankfugen Verschiebungen auftreten, die auf den beiden Schenkeln gegenläufig sind (Abb. 17), entstehen auf den Schenkeln Bücherregal-Strukturen mit entgegengesetztem Kippsinn. Dies ist hier zu beobachten, wenn man die

Schenkel der Falten studiert, und zeigt, dass die Strukturen während der Faltung gebildet wurden.

Ein Besuch der Einsiedelei Santa Caterina (Eremo di Santa Caterina) lohnt sich vor allem für botanisch Interessierte (400 m Fußweg). Am Weg dorthin steht hauptsächlich die Nisportino-Formation an, ein Felszahn mit einem Kreuz darauf unmittelbar vor der Einsiedelei besteht aus Radiolarit. Die Einsiedelei bietet einen Garten mit Pflanzen der Umgebung, Heilpflanzen und Wildpflanzen, die hier für wissenschaftliche Zwecke gezogen werden. Öffnungszeiten (2006) vom 1. Juni bis 30. Sept. 13–19 Uhr, ansonsten Di, Do, So 15–20 Uhr. Die Öffnungszeiten können sich ändern und sind am Parkplatz angezeigt.

(14) Pass le Panche ❀

Aussichtspunkt und Picknickplatz

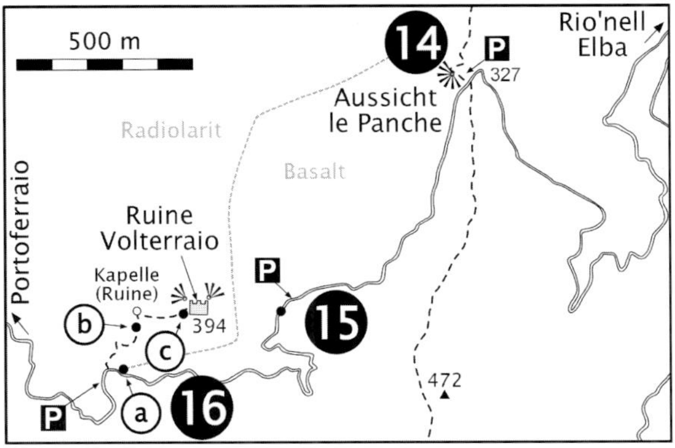

Vom fünfstrahligen Straßenstern südsüdöstlich von Rio nell'Elba nehmen wir die Straße Richtung Bagnaia (zwischen den Straßen nach Rio nell'Elba und nach Porto Azzurro). Sie windet sich in einer langen Kehre zum Pass le Panche (327 m) hoch, wo sich eine Parkmöglichkeit sowie schattige Tische und Bänke befinden (42°48'31", 10°23'36").

Der Pass bietet eine hervorragende Aussicht nach Westen mit dem Monte Capanne in der Ferne. Im Vordergrund ist die Burgruine Volterraio (EP 16) auf einem Felsgipfel zu sehen, der aus Radiolarit aufgebaut ist, während die Gesteine rund um den Pass aus Basalt bestehen: Kissenlaven, deren Struktur man aber wegen der schlechten Aufschlussverhältnisse und der Verwitterung meist nicht mehr erkennt. Gut zu lokalisieren ist die Grenze zwischen dem Basalt (dichter Wald unterhalb des linken Gipfels des Volterraio-Felsens) und dem Radiolarit darüber.

(15) Straßeneinschnitt unter dem Volterraio-Felsen

Kissenlaven (Einheit 4c); [Lageskizze S. 145]

Von le Panche fährt man auf etwa gleicher Höhe weiter Richtung Bagnaia. Bevor die Straße nach 1,1 km in einen künstlich geschaffenen tiefen Einschnitt eintritt, befindet sich rechts eine Parkbucht für wenige Pkw (42°48'10", 10°23'14").

Man geht in den Straßeneinschnitt (*Vorsicht vor dem Verkehr*, unübersichtliche schmale Straße, aber dafür hupende Autos), wo man die Kissenlaven studieren kann. Leider wurden die Felsen vor einigen Jahren vergittert, damit einem kein Kissen auf den Kopf fällt, seither wuchert die Botanik am Aufschluss. Die Kissenlaven sind aber im Westteil der Insel in einem geradezu spektakulären Aufschluss zu sehen (EP 31) – eine genauere Beschreibung erfolgt dort. Das anstehende Gestein ist ein feinkörniger, schwarzer bis dunkelgrüner Basalt. Die konvex gewölbten Oberseiten und die teilweise konkaven Unterseiten der Kissen zeigen an, dass der Basaltkomplex nach NW einfällt. Das entspricht auch der Lagerung der darüber folgenden Radiolarite, die den Felsen der Ruine Volterraio aufbauen.

(16) Burgruine Volterraio ❀

Aussichtspunkt; Kissenlaven und mächtiger Radiolarit (Einheit 4c); Wanderung ca. 1 Stunde; [Lageskizze S. 145]

Fährt man die nun bergab führende Straße 1,2 km weiter, befindet sich am Ende einer ausgeprägten Linkskurve rechter Hand ein großer Parkplatz bei einem verfallenen Gebäude (42°48'01", 10°22'48"). Von der anderen Seite kommend befindet sich die Stelle auf der von Portoferraio kommenden Straße 1,7 km nach der Abzweigung nach Bagnaia, wieder hinter einer ausgeprägten Linkskurve.

(a) Vom Parkplatz gehen wir zuerst die Straße 100 m aufwärts bis zu einer Hausruine. 10 m oberhalb derselben befindet sich die Grenze vom Radiolarit (hier relativ dickbankig) zum unterlagernden Basalt. Der Basalt ist verwittert, lässt aber erkennen, dass es sich um ***Kissenlaven*** handelt. Am Außenrand der Kissen sind Variolen, kugelige Entglasungsstrukturen von weniger als 1 cm Durchmesser zu erkennen. Geht man nochmals 10 m aufwärts, erkennt man im Inneren der Kissen ebene Fächer, die durch das episodische Auslaufen der Lavafüllung zustandekommen (Abb. 24b; siehe EP 31c, der diese Strukturen in bestmöglicher Qualität zeigt). Die Fächer fallen mittelsteil nach NNW ein.

(b) Aufstieg zur Ruine. Man geht einige Schritte zurück zur Kurve und nimmt den deutlichen Pfad, der zur Ruine Volterraio führt (Aufstieg 20–25‘). Der Weg läuft zur Gänze im Radiolarit der Volterraio-Formation. *Vorsicht* wegen des kleinstückigen, scharfkantigen Gerölls, das vor allem im Abstieg zu Ausrutschern führen kann! Auf halbem Weg gelangt man über einer Steilstufe zu einer Kapellenruine. In der Steilstufe kann man die Radiolarite am besten studieren.

Das Gestein fällt mittelsteil nach NW ein und ist nur leicht verfaltet. Die Vergenz der Falten ist nach NE gerichtet. Man erkennt in dem dünnbankigen Gestein Bankgruppen: die einige cm dicken Bänke fassen sich zu übergeordneten Bankgruppen von mehreren dm oder 1 m Mächtigkeit zusammen. Das Gestein ist meist dunkelrot, teilweise weißlich oder auch grün gefärbt (zur Entfärbung von rotem Radiolarit siehe Exkursionpunkt 11d, doch gibt es auch primär weiße Radiolarite). Die Bänke lassen immer wieder eine feine interne Laminierung erkennen, die auf einen turbiditischen Ablagerungsmechanismus hinweist.

(c) Von der ***Burgruine Volterraio*** genießt man einen guten Ausblick. Im W sieht man den Monte Capanne und Portoferraio (Farbbild 50). Im NE erkennt man rechts das Festland und den Torre del Giove (EP 10) über dem Pass le Panche. Der Pass befindet sich im Basalt. Links davon erkennt man, wie der Radiolarit, ruhig lagernd und nach NW einfallend, dem Basalt aufliegt.

Blickt man geradewegs nach N in das Valle del Frasso hinab, fasziniert das wilde, schroffe Gelände im Radiolarit. Am Rücken dahinter erkennt man die Überlagerung der Radiolarite durch die Kalkbänke der Nisportino- und der Monte-Grosso-Formation. Dieser Blick zeigt ein weitgehend ungestörtes Profil durch die zentrale Masse der Cima-del-Monte-Decke (Einheit 4c). Die Radiolarite werden hier mit bis zu etwa 300 m am mächtigsten. Solche Mächtigkeiten in Radiolarit gehen auf die Anhäufung der Radiolariengehäuse durch Trübeströme zurück – ansonsten sind die Sedimentationsraten in ozeanischen Radiolariten sehr niedrig (1–10 mm in 1000 Jahren), so dass in dem Zeitraum der Radiolaritbildung Mächtigkeiten von maximal wenigen Zehnermetern zustande kommen würden. Im Vergleich zu der geringen Mächtigkeit am Wildschweinhügel (EP 11d) verdeutlicht die große Mächtigkeit hier, dass die Radiolarite ein Relief am Meeresboden aufgefüllt hatten.

Zur Flora: Der Felsen der Ruine Volterraio zeigt als Bewuchs die typische Garrigue. Dies ist eine Sekundärflora, nachdem die ursprünglichen Steineichenwälder bereits im Altertum von den Etruskern abgeholzt wurden, um das auf Elba gewonnene Erz zu verhütten. Bei der Garrigue ist der Großteil der Humusdecke verloren gegangen. Der karge Bewuchs ist zudem Ausdruck des chemisch sehr einseitigen und nährstoffarmen geologischen Untergrunds.

(17) Straße nach Bagnaia

Liegende Falten im Radiolarit (Volterraio-Formation), Nisportino-Formation, Calpionellenkalk (Monte-Grosso-Formation) (Einheit 4c)

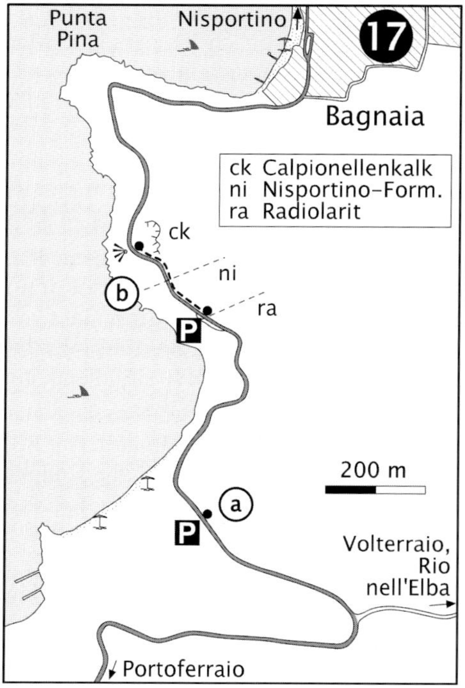

(a) Fährt man vom Parkplatz zur Ruine Volterraio 1,7 km weiter abwärts, gelangt man an eine Straßengabelung. Die Gabelung erreicht man auch, wenn man von Portoferraio kommend Richtung Bagnaia fährt (Abzweigung nach Rio nell'Elba). Von dieser Straßengabelung fahren wir die Straße in Richtung Bagnaia. Nach 350 m kann man an einem geraden Straßenstück links gut parken, der Aufschluss ist rechts (42°48'04", 10°21'43").

Im Radiolarit der Volterraio-Formation befinden sich enge ***liegende Falten*** mit subhorizontalen Achsenebenen und N–S ausgerichteten Faltenachsen (Farbbild 49). Solche Falten entstehen nicht bei der Deckenüberschiebung, sondern bei einem abschiebenden Ereignis (Abb. 19), das hier am ehesten mit der Krustendehnung während des orogenen Kollapses im mittleren Miozän korreliert werden kann. Das abschiebende Ereignis ist vermutlich das Gleiche wie jenes, das die

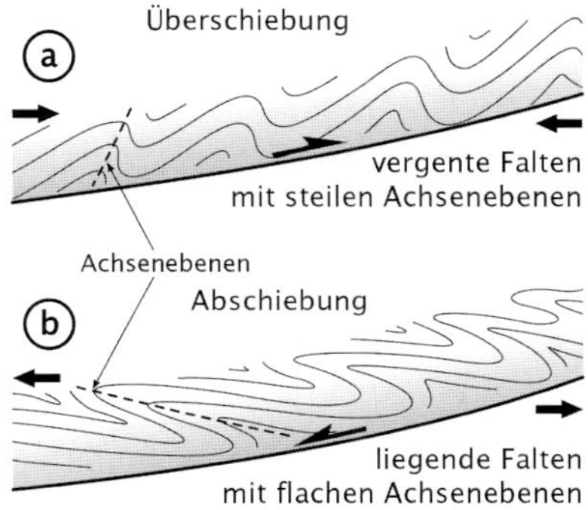

Abb. 19: Bildung von vergenten, aufrechten Falten mit steilen Achsenebenen bei Einengungstektonik und von liegenden Falten mit flachen Achsenebenen bei Dehnungstektonik.

Bücherregal- und die antithetisch rotierten Boudins im Cipollino-Marmor des Ortanotals (EP 2e) erzeugt hat.

Die enge und kleinräumige Verfaltung wurde durch die Dünnbankigkeit des Radiolarits und dünne Tonzwischenlagen ermöglicht. Da bei einer Faltung eines Schichtstapels die einzelnen Schichten entlang der Bankungsfugen verschoben werden (Abb. 17), hängt die Faltbarkeit eines Pakets weniger von den direkten Materialeigenschaften als vielmehr von der Verfügbarkeit solcher Verschiebungsflächen ab. Je engständiger diese Flächen auftreten, desto leichter ist der Stapel faltbar. Aus diesem Grund ist der Radiolarit wesentlich kleinräumiger verfaltbar als z.B. der dickbankige Calpionellenkalk (siehe EP 11e).

Im Detail kann man in dem Aufschluss studieren, wie Platzprobleme im Scharnierbereich der Falten ausgeglichen werden. An zahlreichen Stellen erkennt man einen „Scharnierkollaps“ (Farbbild 49). Scharnierkollaps kommt dadurch zustande, dass bei der gegenseitigen Verschiebung der Bänke während der Faltung Hohlräume im Scharnierbereich entstehen würden, für deren Verfüllung kein leicht bewegliches und verformbares Material zur Verfügung steht (das Tonmaterial in den Bankungsfugen fällt volumenmäßig kaum ins Gewicht). Der Hohlraum kann aber dem Druck nicht standhalten und kollabiert daher, das heißt die Schenkel werden im Scharnierbereich besonders eng zusammengepresst.

An anderen Stellen kann beobachtet werden, wie kleine Störungen entstehen, die den Scharnierbereich durchscheren. Auch hiermit kann das Platzproblem im Scharnierbereich teilweise gelöst werden (siehe EP 13b; Farbbild 48).

(b) 500 m weiter in Richtung Bagnaia kann man nach Querung eines doppelten Taleinschnitts an einem geraden Straßenstück bei einem Verkehrsschild „Achtung Kurven“ auf der linken Straßenseite parken (42°48‘17“, 10°21‘43“).

Vom erwähnten Taleinschnitt weg gibt es schlechte Aufschlüsse im Radiolarit (Volterraio-Formation). Ab dem Verkehrszeichen, das zeitweise den Weg zu Radiolarit und Calpionellenkalk weist (Farbbild 51), folgen kieselige Kalke, aber erst 25 m weiter gibt es gute Aufschlüsse in der Nisportino-Formation, die hier mittelsteil nach WNW einfällt (Farbbild 52). Sie besteht aus einer Wechsellagerung von kieseligen Kalken mit bis über 1 m mächtigen Bänken und kieseligen Schiefertonen, die beim Brechen hart sind und knacken. Die Kalke sind im Anschlag bräunlich bis rosa gefärbt. Beide Gesteinstypen wittern ockerbraun an. Vereinzelt finden sich auch reine weiße Kalkbänke vom Typ des Calpionellenkalks. Die bräunliche Anwitterung verrät immer einen gewissen Kieselgehalt im Kalk, der wie in den Schiefertonen von Radiolarien stammt.

Die Schiefertone sind quer zur engständigen Schichtung bruchhaft geschiefert und zerfallen durch den Schnitt dieser zwei Flächensysteme in dünne lange Stäbchen – man nennt diese Struktur Bleistiftstruktur, da die Stäbchen an Stifte erinnern. Bleistiftstrukturen findet man im Nordostteil Elbas immer wieder dort, wo die Nisportino-Formation auftritt. Während die kieseligen Kalke und auch die Bänke des Calpionellenkalks keine Schieferung ausbilden, ist sie in den tonigen Schichten entwickelt, weil diese auf die tektonische Beanspruchung leichter reagieren. Die bruchhafte Schieferung ist hier kein Anzeichen von Metamorphose.

Geht man weiter in Richtung Bagnaia, folgen nach etwa 80 m, hinter einer Störung, die sich durch Zerbrechung und schlechte Aufschlussverhältnisse bemerkbar macht, dichte weiße, im Anschlag hellrosa Kalke, die geringere Bankmächtigkeiten aufweisen. Diese Kalke der Monte-Grosso-Formation kann man bis zu einer Rechtskurve verfolgen, in der sich ein kleiner aufgelassener Steinbruch befindet und an deren Außenseite ein Aussichtspunkt einen guten Blick auf Portoferraio und den Monte Capanne freigibt.

(18) Madonna di Monserrato ❀

Radiolarit der Volterraio-Formation (Einheit 4c), Wandabfälle des Monte Castello

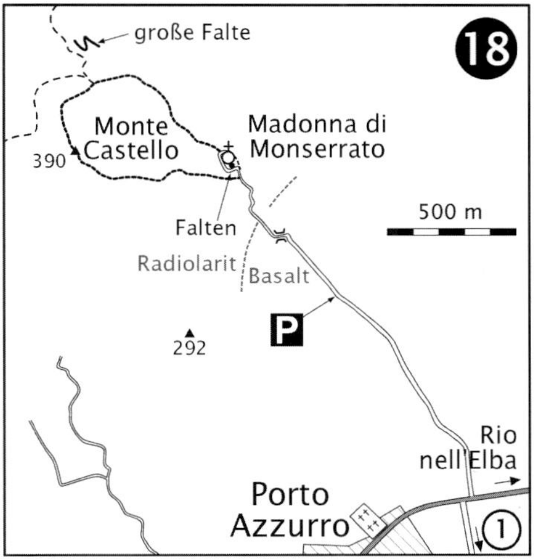

Von der Hauptstraße, die von Porto Azzurro nach Osten (Richtung Rio nell'Elba) hinausführt, zweigt man 1 km hinter dem großen Martkplatz (Sa) bzw. Parkplatz (So–Fr) im Ort, gegenüber der Abzweigung zur Spiaggia di Barbarossa (EP 1), links (nach N) ab. Nach 1 km parkt man 100 m vor dem Fahrverbotsschild (großer Baum; 42°46'50", 10°23'47"). Von hier wandert man ca. 15 Minuten zur Kirche Madonna di Monserrato, die auf einem Felshügel im Tal steht.

Vom Parkplatz folgt man 200 m der Asphaltstraße, es steht verwitterter Basalt an. Im weiteren Verlauf steigt die Straße, nun mit Sandbelag, bergan; zuerst ist nur Hangschutt zu sehen, dann kommt Radiolarit, der schließlich den Kirchenberg und den gesamten Talschluss aufbaut. Auf der gegenüberliegenden (nordöstlichen) Talseite sieht man sehr deutlich, wo die Grenze Basalt/Radiolarit den Hang steil hinaufzieht: der Basalt (rechts) ist bewachsen und schlecht aufgeschlossen, der Radiolarit bildet rote, schroffe Felsen.

Im letzten Anstieg zur Kirche sieht man bei den Kreuzwegstationen IX und X aufrechte enge Falten im Metermaßstab. Die Faltenachse taucht flach nach SSE ab. Durch die Asymmetrie mit einem steileren ostnordöstlichen Schenkel wird eine Vergenz nach ENE angezeigt, was der allgemeinen Richtung des tektonischen Transports während des Deckenbaus entspricht. Eine Achsenebenen-parallele bruchhafte Schieferung, die im rechten, tektonisch stark beanspruchten Teil des Aufschlusses zu sehen ist, fällt steil nach WSW ein. Die Falten lassen teilweise einen Scharnierkollaps erkennen, wie er an der Straße nach Bagnaia beschrieben wurde (EP 17a). Im Unterschied zu den Falten dort, die dem Dehnungsereignis zuzuordnen sind, wurde hier die Faltung durch Einengung erzeugt, was aus der steilstehenden Achsenebene hervorgeht (Abb. 19).

Bei der Kirche angelangt, beeindruckt der Blick in den Talschluss, der zur Gänze von den weithin senkrecht stehenden Radiolariten eingenommen wird. Im Rother-Wanderführer „Elba“ ist unter Route 17 eine interessante Rundwanderung über den Monte Castello enthalten, die aber nur geübten Wanderern und „Pfadfindern“ empfohlen sei; der Weg geht am Fuß des Kirchenfelsens weg, man kommt bei der Kirche über die ehemalige Wasserleitung zurück (Farbbild 53). Man wandert fast durchwegs im Radiolarit, nur im Sattel nördlich des Monte Castello, vom Gipfel desselben gut zu sehen, finden sich die Nisportino-Formation und der Calpionellenkalk mit einer großen, engen Doppelfalte.

(19) Reale – Terranera ☻ ❀ ✪

Gesteine der Toskaniden; Calamita-Schiefer, Aplit, Eiserner Hut, Eisenerz-Lagerstätte Terranera, Zuccale-Abscherungsfläche; Wanderung entlang der Küste

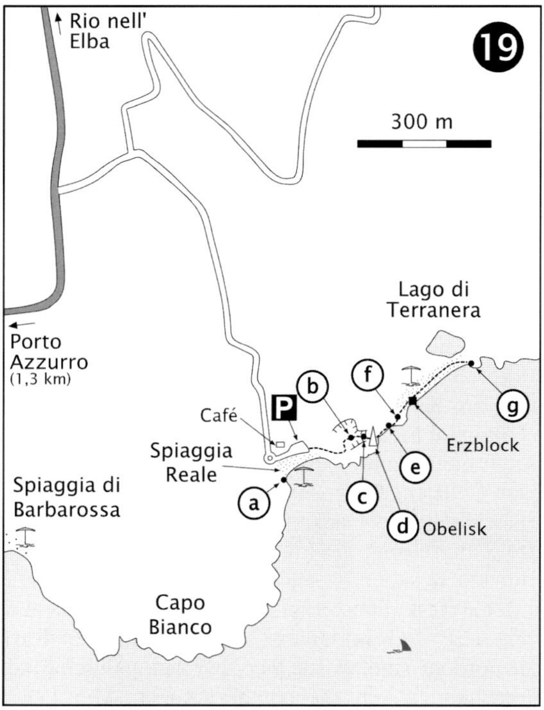

Auf der Straße Porto Azzurro Richtung Rio nell'Elba biegt man knapp 2 km hinter Porto Azzurro (700 m nach der Abzweigung zur Spiaggia di Barbarossa) nach rechts ab (Wegweiser: „Reale", „Terranera", „Capo d'Arco"), fährt nach 200 m wieder rechts und etwa 800 m vor zur Küste. Dort besteht eine Parkmöglichkeit (Lokalität Reale; 42°46'17", 10°24'56"). Es gibt ein Café und einen Badestrand. Der Exkursionspunkt erstreckt sich von hier etwa einen halben Kilometer der Küste entlang nach Osten, wo weitere Bademöglichkeiten bestehen.

(a) Auf der W-Seite des Strands von Reale (auf das Meer blickend rechts) stehen ***Calamita-Schiefer*** an. Die Schiefer fallen mittelsteil bis steil nach NW ein und enthalten – gleich auf den ersten Metern, wenn man den Strand betritt – Quarz-Mobilisate, die typischerweise eng gefaltet sind und damit eine charakteristische Doppelbandbildung aufweisen. Dies ist eine weit verbreitete Erscheinung in Schiefern und zeigt, dass das Gestein eine intensive Verfaltung erfahren hat, die man ohne die Quarzbänder nicht erkennen würde (siehe Erklärung unter EP 1a; Abb. 12, Farbbild 54).

Der Aufschluss wird im unteren Teil von einem 5-7 cm mächtigen ***Aplitgang***, der feine Turmalinnadeln enthält, durchschlagen (Farbbild 54). Der Aplit ist geradlinig und daher jünger als die metamorphen Strukturen im Calamita-Schiefer. Er ist im Zuge der spätmiozänen Platznahme des Ostelba-Plutons eingedrungen. Eine späte Kluftbildung ist das jüngste tektonische Ereignis und erfasste auch den Aplit.

(b) Auf der Ostseite des Strands von Reale führt ein Fahrweg (mit Fahrverbot) auf eine kleine Plattform. Dahinter befindet sich ein Zaun, der trotz „vietato l'accesso"-Information leicht umgangen werden kann (und darf). Hinter dem Zaun ist eine Grube, ein alter Abbau in einem ***Eisernen Hut*** (Farbbild 55); hier wurde das primäre Erz in Limonit, ein Gemenge aus Eisen-Hydroxiden umgewandelt (Kapitel 9.2). Rechts vom Zaun befinden sich Calamita-Schiefer, in der Grube stehen vorwiegend ockerbraune erdige Massen (Limonit) an (Farbbild 56). Die ursprünglichen Gesteine, die nur noch bereichsweise zu erkennen sind, waren die graphitischen Phyllite der Rio-Marina-Formation und die Quarzite und Phyllite der Verrucano-Formation (Einheit 3a), die im Zuge der Bildung des Eisernen Huts von limonitischem Eisen durchtränkt wurden. Das limonitische Erz ist gut verhüttbar und wurde hier und auf dem Hügel westlich Reale abgebaut.

Im Westteil der Grube können die ockerbraunen, erdigen Gesteine studiert werden. Sie entstanden durch deszendente (von der Oberfläche absteigende) wässrige Lösungen, die das ursprüngliche Gestein und die darin enthaltenen Eisenerze (Magnetit, Pyrit, Hämatit; Tab. 3) im Zuge der Bildung des Eisernen Huts in ein

Mineralgemenge umwandelten, das reich an Tonmineralen und Limonit ist. Die ockerbraunen Massen enthalten braune und schwärzliche, harte Partien: Braunen Glaskopf (Farbbild 56). Diese harten Limonit-Konkretionen und -krusten bilden traubig-nierige Oberflächen, die einen starken Glanz aufweisen. Neben den ockerbraunen treten auch weiße erdige Massen auf, die reich an Tonmineralen sind, aber keinen Limonit enthalten.

In den erdigen Massen finden sich linsige Partien mit grünen Mineralen. Dies sind feine Nadeln aus eisenreichem Aktinolith und Ferro-Aktinolith, die im Bereich Reale–Terranera immer wieder auftreten und kontaktmetamorphe Bildungen darstellen, die unmittelbar vor der Erzbildung entstanden. Außerdem gibt es eine metergroße Linse aus weißem Quarzit der Verrucano-Formation. Wie man im weiteren Verlauf dieses Exkursionspunkts noch sieht, verläuft zwischen den Calamita-Schiefern als tieferem Block und allen anderen Gesteinen (einschließlich den Eisenerz-Lagerstätten) als höherem Block die Zuccale-Abscherungsfläche (ZAF). Die Verrucanolinse wurde bei der Abscherung als antithetisch rotiertes Boudin (ARB; siehe Beschreibung bei EP 2e) gegen die Transportrichtung aufgestellt. Da ihr Einfallen nach WNW gerichtet ist, spricht dies für einen Transport des hangenden Blocks entlang der ZAF in ostsüdöstliche Richtung (ca. 105°).

(c) Folgt man der Grube in ihren Ostteil, findet sich an der Südseite in einer steilen Aufschlusswand eine 1,5 m mächtige weiße Linse, die wiederum reich an Tonmineralen ist und eine zersetzte Ultrakataklasezone (siehe Erklärung bei Aufschluss f) darstellt, die während der Bewegung der ZAF gebildet wurde. Die Linse enthält auch schwarze Schlieren und Äderchen, die aus feinen glänzenden Plättchen bestehen: Hämatit, einem der primären Erzminerale der elbanischen Lagerstätten. Unterhalb der Linse findet sich eine Brekzie mit mm- bis cm-großen Schiefer-Bruchstücken in einer braunen erdigen Matrix. Die Komponenten sind wieder völlig zersetzt und in weiche Tonminerale umgewandelt, sie sind mit dem Fingernagel leicht ritzbar. Die Brekziierung erfolgte ebenfalls im Zuge der Bewegung entlang der ZAF. Unmittelbar unter der Sohle dieses Aufschlusses befinden sich die Calamita-Schiefer (siehe Aufschluss d).

Auf der gegenüberliegenden Seite der weißen Linse am Ostende der Grube sieht man in der steilen Aufschlusswand dunkelgraue, ***graphitische Phyllite*** der Rio-Marina-Formation. Sie enthalten Quarz-Mobilisate und liegen über einem 1 m mächtigen Horizont aus Ultrakataklasit (im Wegniveau), der die ZAF markiert. Die graphitischen Phyllite lassen die Bewegung der ZAF erkennen: sie werden von Abschiebungen durchsetzt, die die Stellung von Riedel-Flächen einnehmen (siehe Beschreibung bei EP 1b; Farbbild 24) und aufgrund ihrer Striemung und

Raumlage ostgerichtete Scherung (Richtung 090–100°) erkennen lassen. Die ostwärtige Bewegung stimmt mit der in der Verrucanolinse festgestellten (Aufschluss b) sowie der generellen Bewegungsrichtung an der ZAF überein.

(d) Tritt man aus der Grube nach Osten heraus, kommt man zu einem Obelisken (42°46'19", 10°25'06"), von dem ein Weg nach rechts zurück zu einem Haus führt. 15–20 m vom Obelisken entfernt ist die Oberkante der Calamita-Schiefer aufgeschlossen, die von der flach liegenden ZAF markiert wird.

(e) Östlich vom Obelisken führt ein Pfad steil zum Strand hinunter, der von schwarzem Hämatitsand geprägt ist. Knapp oberhalb dieses Strandabschnitts ist in einem sehr kleinen und extrem stark verwitterten Aufschluss (den wir jetzt nicht suchen) Serpentinit der Rio-Marina-Schuppe (Einheit 2) zu finden, der Deckenscheider zwischen den Einheiten 3 (westlich, mit den graphitischen Phylliten der Rio-Marina-Formation) und 1 (östlich, mit den Phylliten der Acquadolce-Formation). Im Strandniveau werden all diese Schichten, die fast im rechten Winkel auf die Küste zustreichen, von der ZAF abgeschnitten.

In der entfernten (östlichen) Hälfte dieses weniger als 100 m langen Strands findet man eine ***tektonische Mélange***, die Teil der ***Zuccale-Abscherungsfläche*** (ZAF) ist. Zentimeter- bis Zehnermeter-große Blöcke von Valdana-Marmor (Einheit 1) sind von einer kataklastischen Matrix umgeben. Neben Blöcken aus Kalkmarmor finden sich zuweilen auch solche aus gelblichem Dolomit. Diese Komponenten sind in der kataklastischen Schieferung oft ausgelängt. Kleine dunkle Komponenten führen Hämatit, andere sind stark zersetzt, in Tonminerale umgewandelt und nicht mehr zu bestimmen, obwohl ihre Form noch erhalten ist. Ein lagiges Boudin, ca. 1,5 m lang und 20–40 cm dick, ist in sich zerbrochen und bildet eine tektonische Marmorbrekzie mit cm-großen Komponenten. Östlich davon befindet sich ein größerer Aufschluss aus Marmorbrekzie mit cm- bis dm-großen Kalk- und Dolomitkomponenten. Am Ostende des Strands steht ein großes Kalkmarmor-Boudin an. Calcitfasern auf Störungsflächen fallen mit Winkeln zwischen 7 und 40° überwiegend in Richtung 095° bis 100°, wobei sie stets abschiebende Bewegung anzeigen. Diese Störungen stellen wieder Riedel-Flächen dar, der Bewegungssinn stimmt mit der großräumigen Bewegung an der ZAF überein.

(f) Am Ende des Strandabschnitts steigt man wenige Meter an, um auf eine felsige Klippe zu gelangen, die aus Calamita-Schiefern besteht. Landwärts wird die Klippe von der ZAF begrenzt, die als mehrere Meter mächtige ***Ultrakataklasit-Zone*** in einer lehmigen Böschung gut aufgeschlossen ist. Der Ultrakataklasit enthält fast keine Komponenten (einige mm- bis cm- große Komponenten sind zu Lehm zersetzt) und ist gesteinsmäßig nicht mehr bestimmbar: hydrother-

male Lösungen haben das Gestein – vermutlich Phyllit der Acquadolce-Formation – zu Tonmineralen umgewandelt. Im Ultrakataklasit finden sich schwarze Schlieren, die kleine glänzende Hämatitplättchen enthalten.

> ***Ultrakataklasit*** ist ein feines Gesteinszerreibsel, das durch mechanische Zerkleinerung (Kataklase, *griech.* Zerbrechen) innerhalb einer Störungszone entsteht. Beträgt der Anteil an gröberen Komponenten weniger als 10 %, spricht man von Ultrakataklasit, machen sie zwichen 10 und 90 % aus, von Kataklasit. Bei Vorherrschen der eckigen Komponenten gegenüber der kataklastischen Matrix wird das Gestein auch als tektonische Brekzie bezeichnet.
>
> Ultrakataklasezonen können sich im Gesamtbild wie duktile (bruchlose) Scherzonen verhalten. Scherzonen sind an sich ein Charakteristikum von duktil verformten Gesteinen und daher in metamorphen Gesteinen zu finden. Eine Kataklasezone bildet sich hingegen im spröden Verformungsbereich der Gesteine, also bei niedriger Temperatur. Durch Aneinandergleiten der feinen Gesteinsfragmente entsteht der Vorgang des quasiduktilen kataklastischen Fließens, bei dem typische Merkmale von (duktilen) Scherzonen entstehen können. Hierher gehören eine kataklastische Schieferung und Scherbänder, so genannte SC'-Gefüge, aus deren Raumlage man den Schersinn entlang der Bewegungszone ermitteln kann (siehe Farbbild 35, EP 6; auch Farbbild 63, EP 21b).

Im basalen Teil der Scherzone, unmittelbar über den Calamita-Schiefern, findet sich eine 20–80 cm mächtige grünliche Zone, die wieder reich an feinen Mineralnadeln aus kontaktmetamorphem (Ferro-)Aktinolith ist und auch etwas Epidot enthält.

Kontaktminerale und Vererzung finden sich in dem ganzen Bereich zwischen Spiaggia di Barbarossa und der Lagerstätte Terranera stets über der ZAF und sind – wie hier – teilweise in die Kataklasite der Störung mit eingearbeitet, finden sich aber nie in den Calamita-Schiefern unterhalb der ZAF. Dies zeigt, dass beides transportiert und somit älter als die ZAF ist; möglicherweise hat die letzte Hämatitgeneration mit der Aktivität der ZAF interferiert, da sich in den Ultrakataklasiten unzerbrochene Hämatitplättchen finden.

Die Calamita-Schiefer sind auf der Felsklippe unterhalb der ZAF hervorragend aufgeschlossen und von zahlreichen spätmiozänen dm-mächtigen, steilstehenden ***Aplitgängen*** durchsetzt, die von der ZAF abgeschnitten werden, also ebenfalls älter sind als diese (siehe Farbbilder 19, 20). Die Schiefer sind hier wieder kontaktmetamorph beeinflusst (Neusprossung von Andalusit – Farbbild 57 –, Ti-haltigem Biotit und Plagioklas), was aber mit freiem Auge kaum wahrnehmbar ist. Die Aplitgänge, die auch Turmalin enthalten, folgen mehreren Richtungen. Eine Schar von Gängen streicht ziemlich genau W–E. N–S oder NNW–SSE streichende Störungen mit geringen sinistralen Versätzen schneiden sie und wurden von einer jüngeren Aplitgangschar als Aufstiegswege benutzt. Es finden sich auch NE–SW streichende Aplitgänge, die ebenfalls von Störungen begleitet werden, die N–S-Gänge schneiden und sie dextral versetzen.

Im Ostteil der Klippe befindet sich an einem Kreuzungspunkt der W–E- und N–S-Gänge eine viereckige Masse aus Turmalin-führendem Aplitgranit. Der feinnadelige Turmalin findet sich vor allem in Flecken und Linsen von bis zu 10 cm Länge (vor allem am Rand des Körpers). Teilweise sind porphyrische Quarze im Gestein enthalten. Meerwärts sind auch die Calamita-Schiefer von streifigen Turmalin-Aggregaten durchsetzt. Sie sind nach der Schieferung ausgerichtet, weil die Lösungen, aus denen der Turmalin ausgefällt wurde, entlang der Schieferungsflächen wandern konnten.

(g) Nach Osten taucht der Calamita-Schiefer ins Meer ab; über ein paar Felsen gelangt man auf den Strand, der direkt zum Lago di Terranera hinüberführt. Am Beginn dieses Strands liegt ein metergroßer Erzblock aus Hämatit, der unterschiedlich große, stark glänzende schwarze Mineralplättchen bildet, die manchmal bunte Anlauffarben zeigen. Vor allem auf der meerwärtigen Seite kann man mit dem Kompass oder einem Magneten feststellen, dass die Erzmasse auch Magnetit enthält. Es findet sich zudem durch Verwitterung entstandener Limonit, der aus dem leicht zersetzbaren Pyrit hervorgegangen ist.

In der steilen Böschung hinter dem Erzblock stehen mit Limonit durchsetzte und hydrothermal zersetzte quarzitische Schiefer des Phyllits der Acquadolce-Formation (Einheit 1) an. Der Lago di Terranera ist ein See hinterm Strand, der durch den Erzabbau der ***Lagerstätte Terranera*** künstlich entstand (Farbbild 58). See und alter Abbau dahinter sind vor einigen Jahren leider eingezäunt worden. Die Erzzone zeigt aber nicht viel Interessantes. Die schwarze Masse besteht überwiegend aus Hämatit, enthält auch Magnetit und einzelne Nester von Pyrit bzw. Eisensulfatbildungen, die durch die Zersetzung des Pyrits bei der Verwitterung entstanden sind.

Im östlichen Teil des Sees und am Meer davor sind die graphitischen Phyllite der Einheit 3a in einem tektonischen Span eingespießt. Die Phyllite sind an der felsigen Steilküste östlich des Sees zugänglich, gut aufgeschlossen und ebenfalls vererzt. Sie enthalten dunkle Mineralknoten, kontaktmetamorphe gewachsene Andalusite, die das Quarz-Glimmer-Gefüge überwachsen und graphitische Substanz eingeschlossen haben (siehe Farbbild 59). Sie sind durch die hydrothermalen Erzlösungen teilweise in Tonminerale zersetzt, was sich durch weiße Zonen und Streifen bemerkbar macht. Zum anderen sind sie von Limonit durchtränkt, der aus der Verwitterung der Eisenerzminerale entstanden ist, auch Glaskopf findet man. Sie enthalten querschlagende, meist steil stehende Erzgänge. Knapp bevor der Steilabfall die Küste erreicht, befindet sich am Strand eine größere Masse aus Hämatit-Erz. Die Kompassnadel reagiert hier nicht.

Die graphitischen Phyllite sind im cm- bis m-Maßstab verfaltet, die Falten vermitteln einen eher chaotischen Eindruck, was vermutlich mit der Einschuppung der Schiefer in die jetzige Position zu tun hat. Die Erzgänge schneiden geradlinig durch das verfaltete Gestein, sind also jünger als die Faltung. Da die Vererzung älter als die ZAF ist, muss die Einschuppung der Schiefer bereits bei der Deckenstapelung erfolgt sein.

(20) La Serra

Ostelba-Pluton

Von Porto Azzurro kommend fährt man von der Abzweigung nach Capolìveri (Ampel) auf der Straße in Richtung Portoferraio noch 1250 m weiter und biegt nach rechts ab (von der Gegenrichtung, aus Portoferraio, kommend: 1800 m hinter der Abzweigung nach Lacona links abbiegen). Nach 400 m nimmt man die Sandstraße, die rechts steil hinaufführt. Nach weiteren 600 m parkt man in der 4. Kehre (2-3 Pkw; 42°46'00", 10°22'06").

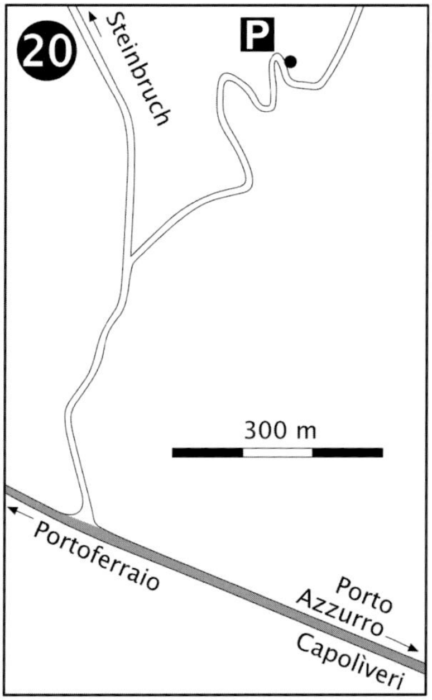

Der Aufschluss zeigt den nur an zwei Stellen die Oberfläche erreichenden Ostelba-Pluton, der in seichter Tiefe einen großen Körper bildet. Es ist ein porphyrischer Granit mit bis zu 10 cm großen Alkalifeldspatkristallen, die Karlsbader Zwillinge erkennen lassen, und bis zu 1 cm großen rundlichen Quarzen. In der Matrix zwischen den Porphyrfeldspäten ist Plagioklas der vorherrschende Gemengteil. Als dunkler Gemengteil tritt Biotit auf. Das Gestein erinnert an den Granitgang an der Spiaggia di Barbarossa (EP 1a), der vermutlich direkt vom Ostelba-Pluton gespeist wurde, bzw. auch an die porphyrischen Granite des Westelba-Zentrums.

(21) Punta di Zuccale ☻☻ ❀ ✪

Zuccale-Abscherungsfläche, toskanische Schichten und ligurischer Flysch, fossile Dünen; Wanderung entlang der Küste

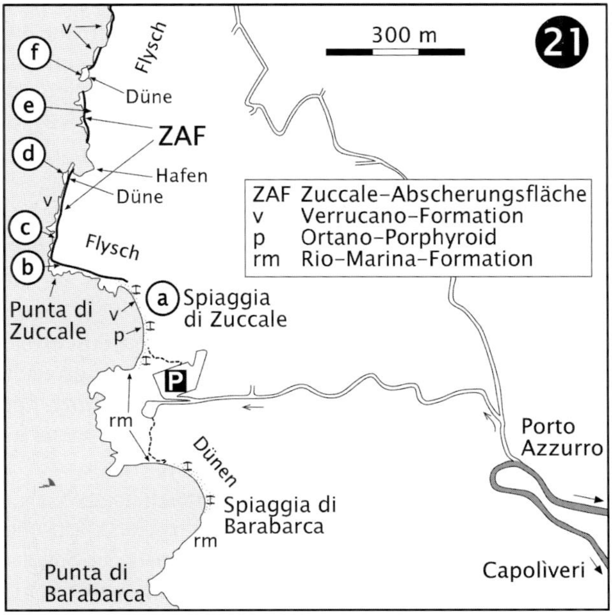

Von der Straße von Porto Azzurro nach Portoferraio folgt man bei der Ampel knapp 2 km westlich von Porto Azzurro der Straße nach Capolìveri. Nach weiteren knapp 2 km nimmt man direkt am Beginn einer Linkskehre die Abzweigung nach rechts (d.h. man fährt geradeaus), nach 100 m folgt man den Wegweisern „Zuccale“ und „Barabarca“. Nach weiteren 600 m ist das Ende der Straße erreicht (42°44‘58“, 10°21‘35“). Links befindet sich ein kleinerer Parkplatz, von dem aus nach links ein Steig zur Spiaggia di Barabarca führt. Knapp davor ist rechts hangabwärts ein sehr großer Parkplatz angelegt, von dessen linkem unteren Ende man bald die Spiaggia di Zuccale erreicht.

(a) An der Spiaggia di Zuccale stehen dort, wo die Treppe hinunter führt, die ***graphitischen Phyllite*** der Rio-Marina-Formation (Oberkarbon bis Unterperm) an, die hier der Einheit 1 angehören (diese Schiefer, teilweise mit kontaktmetamorphen Andalusiten, sind sehr viel besser beiderseits der Spiaggia di Barabarca aufgeschlossen: Farbbilder 59, 60). Die Spiaggia di Zuccale wird von einem Felssporn und großen Blöcken in zwei Teile geteilt. Die großen Blöcke bestehen aus Flyschsandstein, der wenige Meter höher, über der Zuccale Abscherungsfläche (ZAF), ansteht (siehe Aufschluss e). Der Felssporn wird vom permischen ***Ortano-Porphyroid*** gebildet, das sich unterhalb der ZAF befindet. Am entfernten (nördlichen) Ende des Sporns sind die für Ignimbrite typischen Flammenstrukturen zu erkennen – allerdings nicht so deutlich wie im Mündungsbereich des Ortanotals (EP 2a).

Vom N-Ende des Strands geht man über die Blöcke und Felsen vor bis zur Punta di Zuccale. Wenn im Mai die einheimischen Möwen brüten, gibt es erbitterte Kämpfe ums Wegerecht. Man geht etwa im Niveau der ZAF. Das Gestein an der Basis der ZAF ist hier der Quarzit der ***Verrucano-Formation***. Er führt als besonderes Erkennungsmerkmal immer wieder die für ihn typischen roten Quarze.

(b) Vom N-Ende der Spiaggia di Zuccale etwa 150 m entfernt erreicht man die Punta di Zuccale (42°45‘08“, 10°21‘26“), an der die Küste im rechten Winkel nach N springt. Es ist die Typlokalität der ***Zuccale-Abscherungsfläche (ZAF)***, die hier und im weiteren Verlauf der Küste nach N hervorragend aufgeschlossen ist.

Die Zuccale-Abscherungsfläche (ZAF) ist hier – ähnlich wie zwischen Reale und Terranera (EP 19f; siehe Beschreibung dort) – als (ultra)kataklastische Scherzone entwickelt, die bis etwa 4 m mächtig wird. An der Basis der Scherzone, einige Meter über dem Meeresspiegel, befindet sich die polierte (aber vom Salzwasser zerfressene) obere Begrenzungsfläche des Verrucano-Quarzits, die gleichzeitig die basale Begrenzungsfläche der Scherzone darstellt. Der Quarzit ist teilweise zu einer tektonischen Brekzie mit cm-großen Komponenten in einer kataklastischen Matrix aufgerieben worden. Die glattgeschliffene Störungsfläche zeigt eine gewisse Wellung (die etwas nördlich der Punta besonders schön zu sehen ist) und eine auffallende Striemung, die durch die Bewegung entlang der Fläche eingraviert wurde. Wellung und Striemung verlaufen parallel, fallen ganz flach in Richtung W (280°) ein und zeigen damit genau zum Monte Capanne, der im Hintergrund zu sehen ist – als Kronzeuge, dass der Gleitvorgang an der ZAF durch den Aufstieg des Monte Capanne ausgelöst wurde (Farbbild 61).

Die Scherzone über dieser Fläche wird von einer Treppe geschnitten, in deren höherem Teil der Oberkreide-Flysch (Marina-di-Campo-Formation) der Einheit 5b folgt (Farbbild 62). Der Flysch wurde entlang der ZAF über eine Entfernung von 5–6 km aus westlicher Richtung in die heutige Position gebracht. Die Scherzone besteht aus feinem Gesteinszerreibsel (Kataklasit), in dem vor allem nahe der Basis auch größere Komponenten (bis über 1 m Länge) schwimmen. Unter der Treppe befinden sich im basalen Teil der Scherzone längliche Komponenten aus Dolomit- und Kalkmarmor (Farbbild 62). Wie bei EP 19e sind entlang der ZAF Späne von Valdana-Marmor mitgeschleppt worden. Daneben kommen Komponenten aus Verrucano-Quarzit vor. Die Komponenten verhalten sich kompetent gegenüber der kataklastischen Matrix und bilden Boudins, die durch ihre asymmetrische Struktur den Bewegungssinn entlang der Störung bestimmen lassen. Die Aufschlüsse unter der Treppe und rechts davon in einer Höhlung sind von ihrer Lage hierfür geeignet, weil sie in etwa parallel zur Bewegungsrichtung (gegeben durch die Striemung an der Basisfläche der Scherzone) ausgerichtet sind.

Die länglichen Komponenten sind entsprechend dem Entstehungsmechanismus von antithetisch rotierten Boudins (ARB – siehe EP 2e, Farbbild 29) gegen den Rotationssinn der nach Osten gerichteten Bewegung gekippt, fallen also nach W ein (Farbbild 62). Ihre Langseite nimmt damit die Position der Schieferung in einer Scherzone ein. Die Enden der Boudins zeigen vielfach eine Schleppung in flach nach Osten einfallende sekundäre Scherflächen, so genannte Scherbänder. Die Boudins können somit als SC‘- (Schieferung-Scherband-) Gefüge beschrieben werden (siehe EP 6, Farbbild 35). Die Raumlage der Boudins bzw. von Schieferung und Scherbändern ergeben wieder einen nach Osten (parallel zur Striemung: Richtung 100°) gerichteten Bewegungssinn.

In der erwähnten Höhlung rechts des Treppenaufschlusses sind schöne SC‘-Gefüge zu sehen (Farbbild 63). Sie befinden sich im Ultrakataklasit, der ein feines weißes Gesteinszerreibsel mit ockerbraunen Schlieren darstellt. Die weiße Masse ist reich an Calcit oder Quarz und Tonmineralen, die ockerbraunen Schlieren enthalten Limonit. Die lang gezogenen Schlieren lassen ein welliges Auf und Ab erkennen, das durch die Kombination der nach W (links) einfallenden kataklastischen Schieferungs- (S-) Flächen und der nach E (rechts) einfallenden Scherbänder (C‘-Flächen) erzeugt wird, wodurch auch hier die ostgerichtete Bewegung an der ZAF angezeigt wird (vgl. Farbbild 35).

(c) Geht man von der Punta di Zuccale auf der Basisfläche der ZAF die Küste weiter (jetzt genau nach N), gelangt man nach etwa 50 m an eine Stelle, an der der großteils weiße und ockerbraune Ultrakataklasit der ZAF in einer Höhlung nochmals hervorragend aufgeschlossen ist (grüne Partien enthalten einen Fe-reichen Aktinolith und auch Chlorit). Man wandert in diesem Küstenabschnitt meist auf der basalen Störungsfläche mit ihrer deutlichen Wellung und Strie-

mung, die vor allem hinter der erwähnten Höhlung gut studiert werden können. Oberhalb der ZAF steht der Flysch an.

(d) Im Weitergehen muss man über m-große Wellenbrecher-Blöcke turnen und gelangt schließlich, 200 m von der Punta di Zuccale entfernt, an einen Punkt mit ein paar Bunkerrelikten aus dem Krieg, an dem die Küste in einen kleinen Fischerhafen zurückspringt. An diesem Punkt stehen ***fossile Dünen*** an, die im nordwestlichen Teil der Calamita-Halbinsel verbreitet sind (siehe Farbbild 64).

Die Dünen bestehen aus ockerbraun anwitterndem, kalkig gebundenem Sandstein, der mäßig verfestigt ist, karstartig verwittert und eine Schrägschichtung aufweist. Relativ steile Schrägschichtung (25–30°) entsteht auf der Dünen-Leeseite, wo dem Wind, der die Sandpartikel heranschafft, die Kraft genommen wird und diese ablagert. Im Wasser entstehende Schrägschichtungen weisen geringere Böschungswinkel auf, weil die innere Reibung des Sandkörpers durch das Porenwasser deutlich herabgesetzt wird. Die Luvseiten von Dünen sind ebenfalls deutlich flacher schräggeschichtet (in die entgegengesetzte Richtung).

Die Schrägschichtungskörper verraten, dass es sich in diesem Aufschluss um zwei verschiedene Dünen handelt, die durch eine deutliche Diskordanz getrennt werden. Von der unteren Düne ist das steilere Lee-Schrägschichtungsblatt aufgeschlossen, das mit etwa 25° nach ENE einfällt. Von der höheren Düne ist das flache Luvblatt zu sehen, das mit etwa 10° nach WSW einfällt. Beide Dünen zeigen somit eine Hauptwindrichtung von WSW an.

Die Dünen setzen sich unter Wasser fort, was an verschiedenen Stellen (so bei Aufschluss f) an den karstartigen Verwitterungsformen auch im Meer erkennbar ist. Sie entstanden bei niedrigerem Meeresspiegelstand als heute sowie bei trockeneren und vor allem windigeren Klimaverhältnissen. All dies war während der Eiszeit gegeben. Zur Zeit des letzten Gletschermaximums in der Würmeiszeit lag der Meeresspiegel bis zu 125 m tiefer als heute.

Ein Charakteristikum von Dünensanden ist ihre ziemlich gleichmäßige Korngröße. Die deutlich unter 1 mm großen gerundeten Sandkörner bestehen überwiegend aus Quarz und Calcit. Die calcitischen Komponenten bestehen aus Kalk oder Marmor der umliegenden Gesteine, zum Großteil aber aus Bruchstücken von rezenten Rotalgen oder auch Muscheln. In geringerer Zahl kommen Feldpäte aus den granitischen Gesteinen der Insel oder das eine oder andere Basalt- oder Serpentinitkorn vor.

Die Sandkörner sind mit Calcit zementiert, was dem Gestein trotz seines geringen Alters die Festigkeit verleiht. Der Calcit-Zement wird verstärkt im Grenzbereich Salzwasser/Süßwasser gebildet (weiter landeinwärts gelegene Dünen sind deutlich weniger gut verfestigt). Dies hängt mit der unterschiedlichen Löslichkeit von Calcium-Karbonat in Süßwasser (bessere Löslichkeit) und Salzwasser (schlechtere Löslichkeit) zusammen. Calcit und Aragonit (viele Schalenreste bestehen aus Aragonit, der dieselbe chemische Zusammensetzung wie Calcit besitzt, aber nach einem anderen System kristallisiert) werden durch Regenwasser gelöst und dann im Salzwassermilieu bzw. durch Verdunstung des Wassers als Calcit ausgefällt. Dadurch bildet sich vor allem an Küsten warmer Klimate harter Strandfels („beachrock"), bei dem Sandkörner oder Gerölle durch Calcit-Zement fest miteinander verbunden werden. Die Bildung des Calcit-Zements in den Dünen erfolgte somit durch das Zusammenspiel von Salzwasser, Niederschlagswasser und Verdunstung im Wellen- bzw. Spritzwasserbereich (die Gezeitenunterschiede von ~20 cm sind hier vernachlässigbar) bei primär im Sediment vorhandenem kalkigen Material. Die Verfestigung der Düne muss daher in den warmen, nacheiszeitlichen Perioden bei ähnlichem Meeresspiegelstand wie heute stattgefunden haben.

(e) Passiert man den kleinen Fischerhafen, kann man den ***Oberkreide-Flysch*** der Marina-di-Campo-Formation (Einheit 5b: Marina-di-Campo-Decke) studieren, der unmittelbar über der auch hier teilweise frei liegenden ZAF aufgeschlossen ist. Der Flysch besteht aus Sandsteinbänken mit Zwischenlagen aus Silt- und Tonstein. Die dm-dicken Sandsteinbänke enthalten klastische Muskovite und lassen eine Gradierung erkennen, die sich in die Silt- und Tonlagen fortsetzt. Im Aufschluss ist die Gradierung aufrecht, die Korngröße wird also nach oben hin feiner. Der Sandstein enthält Kalkzement. Im Flysch sind 2–3 m mächtige dunkelgraue, bläulich anwitternde Mergellagen eingeschaltet, die die Hintergrundsedimentation zwischen den Trübestromereignissen darstellen und anzeigen, dass das Sediment oberhalb der Calcit-Kompensationstiefe (CCD) abgelagert wurde. Der Oberkreide-Flysch wird in EP 27a im Detail behandelt.

An der Oberfläche einiger Blöcke aus Flyschsandstein ist ein auffallendes Bienenwabenmuster mit tief ausgewitterten Löchern zu erkennen. Dieses entsteht durch Salzsprengung im Spritzwasserbereich des Meeres. Wenn (nach dem Zufallsprinzip) eine kleine Kuhle an der Oberfläche des Gesteins entstanden ist, wird darin Salzwasser gefangen, das in feine Risse und Poren eindringt und in der Folge verdunstet, was zur Ausfällung von Salzkristallen führt. Die wachsenden Kristalle sprengen das Gestein auf, die feinen Gesteinsbrösel können dann weggespült werden. Auf diese Weise vertiefen und vergrößern sich die Kuhlen und bilden schließlich das Wabenmuster.

(f) Nördlich einer sehr kleinen Bucht mit Kiesstrand befindet sich eine Felsklippe, die wieder eine fossile Düne darstellt und zudem auch landschaftlich reizvoll ist (ca. 400 m von der Punta di Zuccale entfernt; 42°45'20", 10°21'27"). Man sieht hier die steile Schichtung der Leeseite, die mit etwa 30° nach NE einfällt,

im Querschnitt sehr gut aufgeschlossen (Farbbild 64). Daraus ergibt sich wieder eine Hauptwindrichtung aus SW, ähnlich wie bei den ersten Dünen. Steigt man die Klippe hoch, sieht man die Verkarstungsformen der Düne, die sich – an diesen Karsterscheinungen gut erkennbar – unter Wasser fortsetzt. Es lohnt hier zu schnorcheln, weil viele kleine Fische in den Karsthöhlungen Schutz finden.

(22) Spiaggia del Lido ✪

Strukturen im Valdana-Marmor (Einheit 1), Vererzung

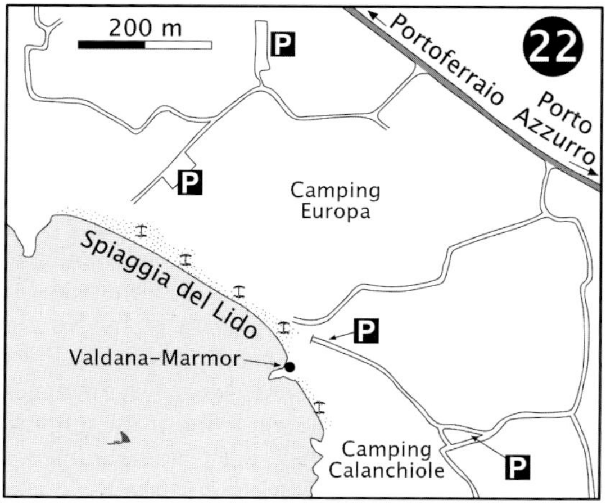

Von der Ampel mit der Abzweigung nach Capoliveri westlich von Porto Azzurro fährt man auf der Straße Richtung Portoferraio entweder 1500 m, biegt links ab (Wegweiser „Camping Europa", „Lido di Capolìveri"), fährt nach 100 m nochmals links (wenn man hier rechts weiterfährt, kommt man direkt zum Ostende der Spiaggia del Lido nahe des Aufschlusses, dort gibt es aber keine Parkmöglichkeit) und vor bis zum Zeltplatz „Calanchiole", vor dem sich ein Parkplatz befindet, der allerdings für Campinggäste reserviert ist (42°45'30", 10°21'40"). Rechts vom Parkplatz führt ein Fahrweg 300 m bis knapp vor das Ostende der Spiaggia del Lido (hier noch Parkmöglichkeit für 3 Pkw, wenn frei).

Die zweite Möglichkeit (mit anschließendem Fußweg am Strand entlang) ist, nahe am Westende der Spiaggia del Lido zu parken. Von der erwähnten Ampel fährt man 1750 m in Richtung Portoferraio, also 250 m weiter, biegt beim 2. Wegweiser „Camping Europa" links ab, fährt an der Zeltplatzeinfahrt vorbei und parkt auf einem großen gebührenfreien Parkplatz in einer Linkskurve rechts oder wenig danach auf einem im Sommer gebührenpflichtigen Parkplatz links der Straße knapp vor dem Strand (42°45'42", 10°21'18").

Am Ostende der Spiaggia del Lido (42°45‘33“, 10°21‘27“) befindet sich ein Felssporn, der ins Meer hinausragt. Er besteht aus dem Valdana-Marmor der Einheit 1 und ist die Fortsetzung der in EP 21 unterhalb der ZAF anstehenden Abfolge (graphitischer Phyllit – Porphyroid – Verrucano – Rauwacke; diese in einem kleinen Aufschluss unmittelbar südlich des Felssporns) oder ein an der ZAF mitgerissener Span wie jener zwischen Reale und Terranera (EP 19e). Im Kalkmarmor sind in der dem Strand zugewandten Aufschlusswand Dezimeter mächtige gelbliche Dolomitlagen eingeschaltet. Die gelbliche Anwitterung ist ein häufiges Charakteristikum von metamorphen Dolomiten.

Bruchflächen in den Dolomitlagen setzen sich vielfach nicht in den Kalkmarmor fort. Dies ist aus dem ***unterschiedlichen Materialverhalten*** der beiden Gesteinsarten zu erklären. Calcit verhält sich schon bei Temperaturen von knapp über 200 °C duktil. Das heißt, dass auch sehr schwach metamorpher Kalkstein bruchlos durchbewegt werden kann. Gleichzeitig setzt das metamorphe Korngrößenwachstum ein, so dass Kalke bereits bei anchizonal-metamorpher Überprägung zunehmend kristallin werden. Dolomit (der Name – nach Déodat de Dolomieu, 1750–1801 – steht sowohl für das Mineral wie das Gestein) verhält sich grundlegend anders. Dolomit wird erst bei Temperaturen zwischen 450 und 500 °C (mittlere bis höhere epizonale Metamorphose) duktil, und erst dann setzt auch sein metamorphes Größenwachstum ein. Im schwach metamorphen Bereich unterscheiden sich die beiden Gesteine daher grundsätzlich in ihrem Verhalten. Dies kann an dem Aufschluss beobachtet werden.

Die gelblichen Dolomitlagen sind wesentlich feiner körnig als die weiß-grau gebänderten Kalkmarmorlagen. Diese erreichen Korngrößen um 1 mm. Außerdem kann man in den Dolomitlagen Bücherregal-Strukturen erkennen (siehe Beschreibung bei EP 2e). Brüche, die ursprünglich senkrecht auf die Schichtgrenze standen, zerlegen die Dolomitlage in schmale, hohe Scheiben. Diese sind nach links gekippt, wobei an den Kontaktflächen der „Bücher“ abschiebende Bewegungen entstanden. Die Kippung zeigt einen tektonischen Transport nach NNE (im Aufschluss links), was mit der generellen Richtung der Deckenüberschiebungen nach NE bis E nur ungenau übereinstimmt. Da der Aufschluss unmittelbar an der ZAF liegt, sind spätere Verstellungen wahrscheinlich.

Die Bruchflächen im Dolomit pflanzen sich großteils nicht in die Kalkmarmore fort. Dies zeigt, dass zur Zeit der Bildung der Bruchflächen im Dolomit der Kalk nicht bruchhaft, sondern duktil reagierte und die Verschiebung durch plastisches Fließen ausglich. Dadurch verhielt er sich inkompetent gegenüber dem starren Dolomit. Der Kompetenzkontrast ermöglichte die Bildung der Bücherregal-Strukturen. Einzelne in die Kalke reichende Bruchflächen entstanden während der Abkühlung des Kalkmarmors in dessen sprödem Verformungsbereich.

Nahe der Spitze des Felssporns befindet sich eine bis über 1 m mächtige Dolomitlage und eine bis 1,5 m dicke Linse aus Hämatit, der zum Teil limonitisiert ist. Die Erzmasse ist teilweise parallel zur Schichtung, teilweise quer dazu ausgerichtet, d.h. die erzbringenden Lösungen benutzten zum einen die Schichtfläche (bzw. die parallel dazu verlaufende Schieferung), zum anderen quergreifende Klüfte.

(23) La Valdana

Kontaktmetamorpher Valdana-Marmor (Einheit 1)

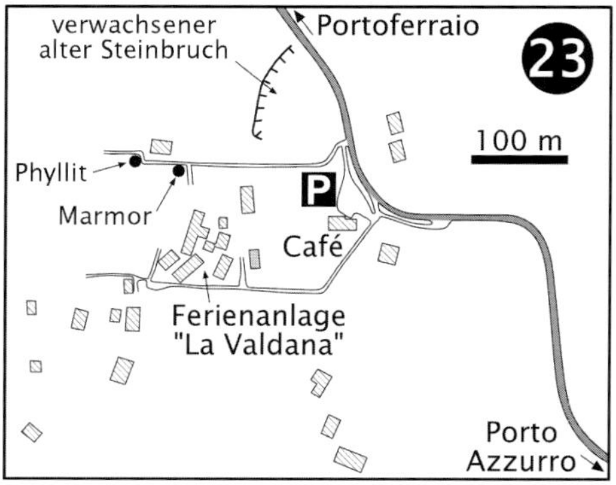

Von der bei EP 22 beschriebenen zweiten Abzweigung Richtung Camping Europa fährt man die nun kurvige Straße Richtung Portoferraio 750 m weiter (2500 m von der Abzweigung mit Ampel nach Capolìveri) und gelangt bei der Zufahrt zum „Villagio turistico La Valdana" links zum Restaurant und Café La Fontanella (42°46'07", 10°21'14"), wo für das Parken die durchaus lohnende Investition in einen Cappuccino empfohlen wird (*Vorsicht* beim Linksabbiegen!). Fährt man den Punkt von Portoferraio an, befindet sich die Stelle 600 m hinter der Abzweigung nach Lacona (ca. 7 km von Portoferraio Richtung Porto Azzurro).

Am NW-Ende des Parkplatzes vor dem Café führt eine Auffahrt nach W zu Parkplätzen des Feriendorfs, der man gut 100 m folgt. Hinter überdachten Autostellplätzen zweigt ein Weg links zum Feriendorf ab, der Weg geradeaus bietet unmittelbar danach links einen Aufschluss im Valdana-Marmor (Obertrias oder Unterjura der Einheit 1). Der weiße Marmor führt auf den steil stehenden Flächen, die sowohl Schichtung als auch Schieferung darstellen, reichlich ***Wollastonit***. Die langsäuligen Kristalle sind während der Kontaktmetamorphose in Garben von bis zu mehreren cm Länge auf den vorgegebenen Flächen gewachsen. Die weißen Wollastonitgarben sind in dem weißen Marmor erst bei genauem Hinsehen zu erkennen.

Wollastonit bildet sich durch die Reaktion von Calcit und Quarz nach der einfachen Formel

$$CaCO_3 \text{ (Calcit)} + SiO_2 \text{ (Quarz)} = CaSiO_3 \text{ (Wollastonit)} + CO_2 \Uparrow,$$

wobei das gasförmige Kohlendioxid entweicht (⇑). Tatsächlich kann im Dünnschliff beobachtet werden, dass sich Calcit und Quarz (der Marmor enthält Quarz) in dem Gestein nicht berühren, sondern immer von Wollastonit gepuffert werdern. Ab welcher Temperatur Wollastonit, der ein typisches Kontaktmineral ist, wächst, hängt von der Zusammensetzung der fluiden Phase im Gestein ab. Ist diese wasserreich, genügen Temperaturen um 400 °C, ist sie CO_2-reich, werden wesentlich höhere Temperaturen benötigt.

Wegaufwärts folgen die Phyllite der Acquadolce-Formation, die etwas weiter oben, wo der Fahrweg eine Biegung zu einem Haus hin macht, dm-dicke Marmorlagen enthalten. Die Marmorlagen führen hier keinen Wollastonit; dies bedeutet nicht unbedingt, dass die Aufheizung durch den Intrusionskontakt hier geringer war. Das Auftreten von Wollastonit kann vielmehr durch kleinräumige Unterschiede in der Zusammensetzung der fluiden Phase gesteuert worden sein.

(24) Schwarzer Strand (Spiaggia Nera) ☻☻ ❀ ✪

Palombini-Formation (Einheit 4a), Kontaktmetamorphose, Strukturen; [Lageskizze S. 168]

Von der Straße von Portoferraio nach Porto Azzurro zweigt etwa 7 km von Portoferraio nach rechts – und in der Gegenrichtung 3 km von der Abzweigung nach Capolìveri nach links – eine Straße nach Lacona ab, der man folgt. Nach 1,7 km kommt in einer unübersichtlichen Rechtskurve eine große Parkmöglichkeit links (*Vorsicht* beim Abbiegen!), und zwar auf dem Sporn, der hinaus zum Capo Norsi führt (42°45‘52“, 10°20‘16“). Vom Parkplatz nimmt man rechts (auf der W-Seite des Sporns) den Weg, der großteils durch Serpentinit hinab zum Schwarzen Strand führt (es gibt mehrere Einstiege in die Macchia, die alle zusammen führen). Im unteren Teil, über dem Abbruch, hält man sich links, steigt das letzte steile Stück in einer Rinne ab und erreicht das Ostende des Strands bei einer geologischen Schautafel, die man nicht allzu genau lesen muss.

Der Schwarze Strand (Spiaggia Nera) – diese nicht offizielle Bezeichnung findet sich in keiner Karte – verdankt seinen Namen den schwarzen Tonschiefern der Palombini-Formation, die zu Sand zerfallen, und erstreckt sich westlich des Kap Norsi über knapp 300 m.

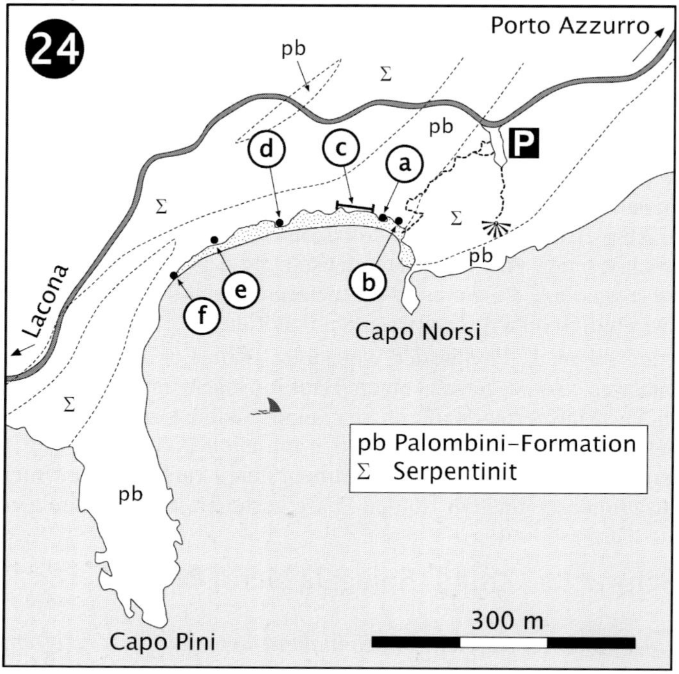

(a) Wendet man sich bei Erreichen des Strands nach Westen, gelangt man vom Serpentinit sogleich in das jüngste Schichtglied der ligurischen Einheit 4, das vor allem – wie hier – in der basalen Schuppenzone (Einheit 4a) verbreitet ist: die „Argilloscisti siltosi con intercalazioni di calcari silicei (palombini)“, kurz ***Palombini-Formation***, der höheren Unterkreide. Am Felsvorsprung unmittelbar hinter der erwähnten Info-Tafel stehen schwarze Tonsteine oder Tonschiefer mit helleren Einschaltungen an: graue, weniger als 1 dm dicke Hornsteinlagen und weiße, 1–2 dm mächtige Kalklagen (Farbbild 65). Diese „Dreifaltigkeit“ in der Lithologie ist für die Palombini-Formation charakteristisch. In den Kalklagen, die sich ebenfalls durch einen gewissen Kieselgehalt auszeichnen, sind bis etwa 1 cm große Kügelchen zu erkennen, die aus radialstrahligen Mineralaggregaten bestehen: dabei handelt es sich um kontaktmetamorph gebildeten Wollastonit. Zudem sind die Kalklagen randlich grünlich gefärbt, was auf feinverteilten Klinopyroxen und eisenreichen Aktinolith zurückgeht, die ebenfalls kontaktmetamorph gewachsen sind.

Dieser Aufschluss ist einmalig gut erhalten. Wir bitten, ihn auf keinen Fall zu beschädigen! Über viele Jahre haben Geologen diesen Aufschluss geschützt.

Das Sediment

Die Palombini-Formation ist durch ihren Reichtum an biogen-kieseligem Sediment ausgezeichnet, das die Hornsteinlagen bildet, sich aber auch als Beimengung in den tonigen und kalkigen Lagen findet. Der von Radiolarien und Schwammnadeln stammende Skelett-Opal ($SiO_2 \cdot nH_2O$) ist metastabil und wird im Sediment bald nach der Ablagerung umgewandelt bzw. gelöst und wieder ausgefällt. Das Produkt ist sehr feinkörniger Quarz (biogen-kieseliger Anteil). Das Charakteristikum der (biogen-) kieseligen Tonsteine ist ihre große Festigkeit, die sich dadurch bemerkbar macht, dass dünne Plättchen knacken, wenn man sie bricht. Im Tonstein, der den vorherrschenden Sedimentanteil der Palombini-Formation bildet, ist natürlich auch Quarz, der mit den Tonmineralen eingeschüttet wurde (klastischer Quarz: Silt-Fraktion), vorhanden.

Die reinen biogen-kieseligen Lagen werden als Hornsteinlagen bezeichnet. Sie zeichnen sich durch eckigen Bruch und ihre Härte aus. Im Gegensatz zu den Radiolariten des Oberjura sind die Hornsteinlagen der Palombini-Formation dunkel gefärbt. Dies hängt mit der schlechten Durchlüftung des Meeresbodens während der Ablagerung der Schichten zusammen. Dadurch werden die Weichteile abgestorbener Organismen nicht vollständig zersetzt und bilden einen gewissen Bitumen- bzw. Eisensulfidgehalt im Sediment. Dies gilt auch für die kieseligen Tonsteine.

Die Kalklagen sind ebenfalls kieselig. Ihre helle Farbe entsteht durch Verwitterung nur oberflächlich, im frischen Bruch sind auch sie grau gefärbt. Häufig sind die Ränder der Lagen reich an kieseliger Substanz, was sich durch bräunliche Anwitterung bemerkbar macht, während das Innere aus ziemlich reinem, mikritischem Kalk besteht. Dadurch entsteht im Aufschluss häufig eine Amboß- oder Sanduhrstruktur, weil die kieseligen Ränder der Kalklagen verwitterungsbeständiger sind als das weichere Innere.

Kontaktmetamorphose

Durch die Kontaktmetamorphose im Hitzehof des seicht liegenden Ostelba-Plutons entstanden in den Kalklagen die kugeligen Mineralaggregate aus feinen Wollastonitnadeln (Farbbild 66). Sie wuchsen von einem Keimpunkt radialstrahlig in alle Richtungen. Wollastonit bildet sich typischerweise in kontaktmetamorphen Kalken, wenn Calcit mit Quarz oberhalb von Temperaturen von etwa 400 °C miteinander reagieren (EP 23). Die Wollastonit-Rosetten nehmen von Quarzkörnern oder kleinen Quarzaggregaten im Kalk ihren Ausgang. Weiterer Quarz in der Kalklage und/oder Zufuhr von Kieselsäure durch die migrierenden wässrigen Lösungen ermöglichen dann das Wachstum zu den kugeligen Gebilden der jetzigen Größe.

Neben den Wollastonit-Rosetten enthalten die Kalklagen auch braune Flecken und Schlieren aus Vesuvian, der ebenfalls ein typisch kontaktmetamorphes Kalksilikat-Mineral darstellt. Die häufig grünlich gefärbten Ränder der Kalklagen enthalten feinkörnige Minerale aus der Reihe Diopsid-Hedenbergit (meist Ferrosalit; Tab. 2). Teilweise tritt auch Ferro-Aktinolith auf. Die Pyroxene und Amphibole bildeten sich deshalb in den Rändern, weil diese kieselig entwickelt sind (Zurverfügungstellung von SiO_2) und von den angrenzenden Schiefern zusätzliche Stoffe, die sie für ihre Bildung benötigen (Mg, Fe) über Fluide leicht erhalten konnten. Diese Zufuhr (plus Al) benötigt übrigens auch der Vesuvian. Die Pyroxen-reichen Ränder der Kalklagen verstärken den Sanduhr-Effekt bei der Verwitterung.

(b) Wenige Meter rechts (östlich) von der erwähnten geologischen Schautafel sind in der Palombini-Formation kleinräumige ***Falten*** zu sehen, die hier aus einem Wechsel von Hornsteinbänken und kieseligen Schieferlagen bestehen (Farbbild 67). Die Hornsteinbänke bilden aufgrund ihrer größeren Kompetenz Parallelfalten. Größere Kompetenz heißt größere Festigkeit, was dazu führt, dass bei der Faltung die Schicht zwar verbogen wird, aber keine größeren Materialwanderungen zwischen Faltenschenkel und Faltenscharnier erfolgen. Aus diesem Grund sind die Hornsteinlagen über eine gesamte Falte etwa gleich dick, was das Charakteristikum von Parallelfalten ist (Faltentyp 1 nach Ramsay; Abb. 20). Eine solche Faltengeometrie kann sich in einem Schichtstapel nach oben und unten nicht beliebig fortsetzen, sondern muss durch eine ausgleichende Faltenart mit deutlich ausgedünnten Schenkeln und verdickten Scharnierbereichen kompensiert werden (Faltentyp 3). Diese ist in den inkompetenten Schiefern entwickelt, die eine Materialwanderung von den Schenkeln in die Scharnierbereiche erkennen lassen.

Mit der Faltung geht im allgmeinen eine Schieferung einher, wenn die Faltung unter entsprechendem Druck und erhöhten Temperaturen erfolgt. Die Temperatur entsprach hier nur höherdiagenetischen oder sehr schwach metamorphen Bedingungen. Deshalb wird sie nicht durch Einregelung neugebildeter, metamorpher Minerale bestimmt, sondern durch Bruchflächen und Drucklösung („Bruchschieferung“). Schieferungsflächen, die während einer Faltung gebildet wurden, sind im Scharnierbereich der Falte parallel zur Achsenebene ori-

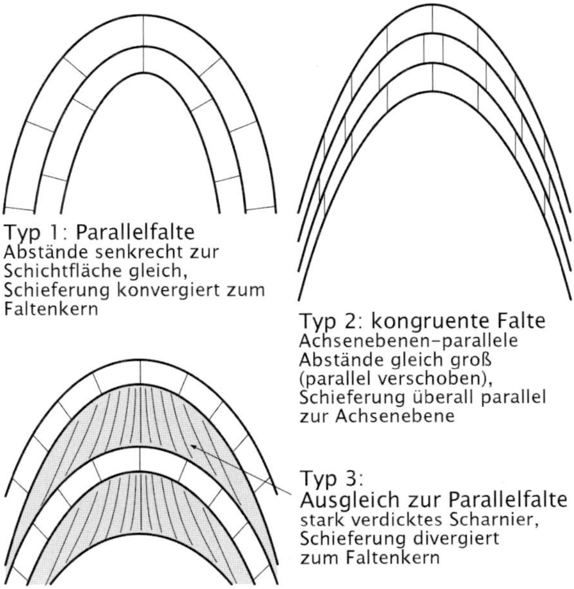

Abb. 20: Faltenklassifizierung nach Ramsay & Huber (1987).

entiert (die hier mittelsteil nach NNW einfällt). Mit Ausnahme des Faltentyps 2 („kongruente Falte") ändern sie im Schenkelbereich einer Falte ihre Orientierung und bilden so einen Fächer. Der Fächer kann gegen das Falteninnere hin konvergieren (Faltentyp 1; „Fächerstellung" der Schieferung oder konvergierender Fächer) oder divergieren (Faltentyp 3, „Meilerstellung" der Schieferung oder divergierender Fächer) (Abb. 20).

In stark kompetenten Lagen, die zur Parallelfaltung neigen, sind die Schieferungsflächen stark konvergierend gefächert, d.h. sie laufen gegen das Falteninnere zusammen. Nachdem sich Schieferungsflächen, die bei ein und demselben tektonischen Akt entstehen, nicht schneiden können, muss der konvergierende Fächer durch einen divergierenden ausgeglichen werden. Dies geschieht in den inkompetenten Lagen mit dem Faltentyp 3. Durch die Kombination von Falten des Typs 1 und 3 können somit sowohl Faltengeometrie als auch Schieferungsflächen über einen dickeren Schichtstapel fortlaufen. In dem Aufschluss kann dies studiert werden (Abb. 21, Farbbild 67).

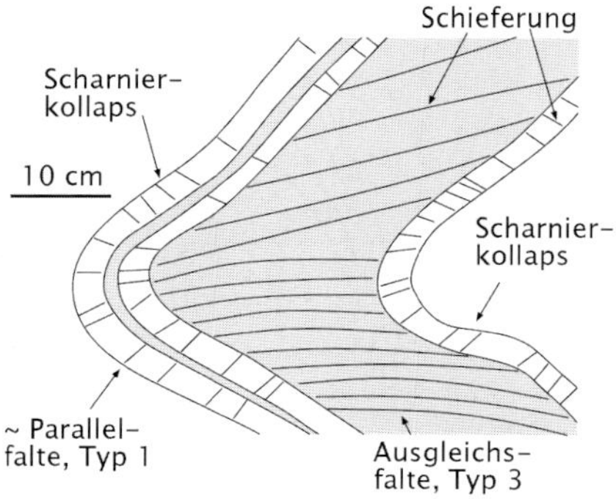

Abb. 21: Abwechselnde Falten des Typs 1 und 3 am Schwarzen Strand (siehe Fb. 67).

In den Scharnierpartien erkennt man zudem Kollaps-Strukturen (Abb. 21; siehe auch EP 17a, Farbbild 49). Aus geometrischen Gründen kommt es bei Parallelfalten im Scharnierbereich häufig zum Zusammenpressen der Schenkelansätze, so dass die Falte hier einen engeren Öffnungswinkel aufweist als weiter weg vom Scharnier.

(c) Wandert man den Strand von der Schautafel nach Westen, kann man die Struktur der Palombini-Formation im größeren Maßstab in der Aufschlusswand studieren: Die Gesteine sind in Meter- bis Zehnermeter-große, enge Falten mit mittelsteil nach NW oder NNW einfallender Achsenebene gelegt. Es sind gleichartige Falten wie die soeben beschriebenen, nur größer. Die kompetenten Hornstein- und Kalklagen wurden zudem boudiniert, was eine entsprechende Dehnung in einer Richtung parallel zur Schieferungsebene anzeigt. Die Falten wurden vermutlich während der Bildung der Decken und somit auch der basalen ligurischen Schuppenzone im Untermiozän gebildet.

(d) Gut 100 m westlich des unter (a) beschriebenen Felsvorsprungs schiebt sich wieder ein Felssporn vor, an dem keine kontaktmetamorphe Beeinflussung erkennbar ist.

(e) Nach weiteren etwa 80 m findet sich ein nur wenig vorspringender Fels (42°45‘47“, 10°20‘00“). In dem schwarzen Schiefer sind in Hüfthöhe Kalklagen enthalten, die wieder grünliche Randzonen aufweisen, die feine Kontaktminerale enthalten. Die bruchhaften Schieferungsflächen nehmen sehr unterschiedliche Orientierung ein. Oben wurde gezeigt, dass die Orientierung der Schieferungsflächen – wie auch der Faltentyp – von der Kompetenz des Gesteins abhängt (Aufschluss b). Generell gilt: je kompetenter das Gestein, desto steiler schneidet die Schieferungsfläche die Gesteinsbank.

An dem Aufschluss ist deutlich zu erkennen, dass die Schieferung selbst innerhalb einer kalkigen Lage unterschiedliche Raumlagen einnimmt. In den angrenzenden Schiefern ist sie praktisch lagenparallel („Parallelschieferung“). An den Grenzen zu einer Kalkbank macht sie einen scharfen Knick und bildet einen großen Winkel zum Lagenbau („Transversalschieferung“). Gegen das Innere der Kalkbank biegt die Schieferung jedoch um und bildet einen wesentlich spitzeren Winkel zur Lagenbegrenzung, um sich gegen den gegenüberliegenden Rand hin wieder aufzusteilen (Farbbild 68). Dies zeigt, dass bei Bildung der Schieferung ein Kompetenzkontrast zwischen der Randzone der Kalklage und deren Innerem bestand, was sich durch den höheren Quarzgehalt der ursprünglich kieseligen Randzonen erklärt. Da die Schieferung aufgrund ihrer geometrischen Beziehung zu den Falten (Schieferung parallel zur Achsenebene) während der Faltenbildung erfolgte, ist die Bildung der Kontaktminerale jünger. Das Wachstum der Kontaktminerale in den Randpartien der Kalklagen hat den Kompetenzkontrast noch erhöht.

(f) Etwa 50 m weiter westlich zieht ein Felssporn mit grobem Blockwerk bis ans Meer. Von hier ab findet man neben Serpentiniten, die von oben herunterfallen, immer wieder Kalke mit Wollastonit-Rosetten, Klinopyroxen, Aktinolith und Vesuvian.

(25) Colle Reciso

Paläogen-Flysch (Einheit 5a), Diorit (Einheit 4c)

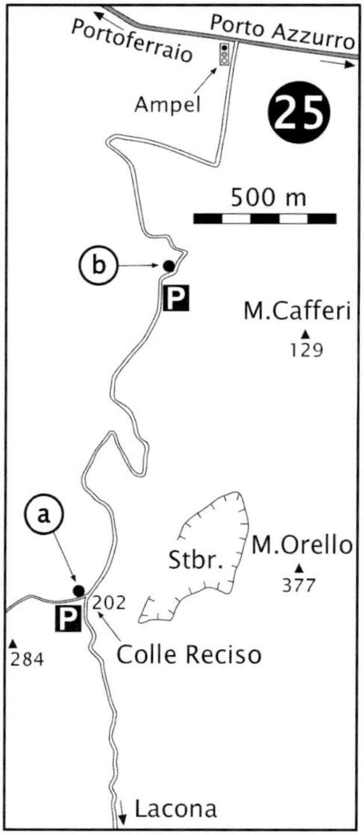

Die Straße über den Colle (hier: Pass) Reciso bringt keine sehr aufregenden geologischen Aufschlüsse. Es werden hier dennoch zwei Punkte der Vollständigkeit halber beschrieben, weil diese Gesteine anderswo nicht zu sehen (Diorit) oder nur schwer erreichbar sind (Paläogen-Flysch).

(a) In Lacona zweigt man in Richtung Portoferraio ab. Etwa 1200 m nach der Abzweigung ist rechter Hand auf längere Strecke Paläogen-Flysch aufgeschlossen, der aber, da er über einer Straßenmauer liegt, nicht gut zu erreichen ist und zudem langsam zuwächst. Nach weiteren 600 m erreicht man den Colle Reciso. Genau am höchsten Punkt der Straße zweigt nach W (links) eine Sandstraße ab. Hier kann direkt am Aufschluss geparkt werden (42°46'53", 10°18'43"). Von Portoferraio kommend nimmt man am letzten Kreisverkehr (am Supermarkt Conad) die Straße nach Porto Azzurro; knapp 1 km dahinter zweigt an einer Ampel rechts eine Straße zum Colle Reciso bzw. nach Lacona ab, der man bis auf die Passhöhe folgt.

Der Aufschluss zeigt den ***Paläogen-Flysch*** (Colle-Reciso-Formation) der Einheit 5a (Colle-Reciso-Decke). Es stehen bis über 1,5 m mächtige, dunkle, etwas kieselige Kalkbänke an, die mit kieseligen Schiefertonen wechsellagern. Siltige bis feinsandige gradierte Turbiditlagen sind meist nur weniger als 10 cm mächtig. Die sandigen Lagen enthalten im allgemeinen Ophiolith-Detritus, der von hochgeschuppten Ozeanbodensplittern eines im W liegenden Erosionsgebiets stammt.

(b) Fährt man vom Colle Reciso 1,6 km nach N in Richtung Portoferraio, befindet sich rechts eine Parkbucht für 3–4 Pkw (42°47'28", 10°18'55"). Von Portoferraio kommend befindet sich die Stelle ebenfalls 1,6 km von der erwähnten

Ampel entfernt. Von hier geht man die Straße 70 m abwärts Richtung Portoferraio; in einer Linkskurve befindet sich in der Böschung der Aufschluss.

Es steht ein verwitterter feinkörniger Diorit an, der überwiegend aus Plagioklasleisten, Amphibol und Biotit besteht. Es handelt sich um einen Gang oder eine kleine Intrusivmasse innerhalb der Ophiolitheinheit (Einheit 4c). Die Gesteine sind hier von Störungen kleinräumig zerhackt. Unweit stehen, schlecht aufgeschlossen, Serpentinit und Sedimentgesteine (Palombini-Formation oder Paläogen-Flysch?) an.

(26) Capo Bianco ☻ ❀ ✪

Capo-Bianco-Aplit („Eurit“)

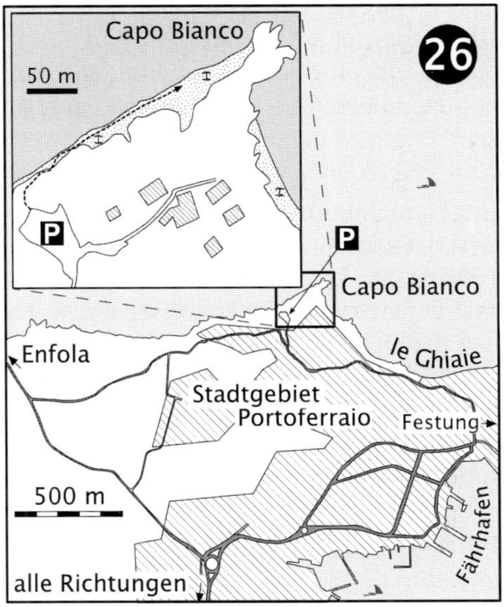

Der Aufschluss befindet sich an der Nordküste westlich von Portoferraio. Man fährt in Portoferraio vom Nordende des Fährhafens nach N zum Strand „le Ghiaie“. Die Straße westlich der Festung biegt vor einem Park nach links ab in Richtung Enfola. Genau 1 km hinter dieser Biegung zweigt rechts eine unscheinbare, schmale asphaltierte Straße spitzwinkelig nach vorn ab (auf der linken Straßenseite Wegweiser „Spiaggia Capo Bianco“). 100 m nach der Abzweigung befindet sich ein großer Parkplatz (42°49‘12“, 10°18‘47“). Von hier geht es in wenigen Schritten hinunter zum Strand.

Die Steilküste um das Capo Bianco („Weißes Kap“; in der Karte auch Punta di Capo Bianco) bei Portoferraio zeigt ausschließlich den Capo-Bianco-Aplit („Eurit“), der das älteste Intrusivgestein des obermiozänen magmatischen Zyklus darstellt und zum magmatischen Zentrum Westelbas gehört. In die heutige Position weit im Osten ist das Gestein durch das Abgleiten der

Flyscheinheiten, in denen die Aplite stecken, vom aufsteigenden Monte-Capanne-Pluton entlang der Reciso-Abscherungsfläche (RAF) gekommen. Die Felsaufschlüsse wie die Strandgerölle sind gleichermaßen beeindruckend.

Der Capo-Bianco-Aplit bildet gangförmige und linsige Körper (Lakkolithe) im umgebenden Flysch, die Erstreckungen von bis zu über 1 km aufweisen. Es sind sehr feinkörnige subvulkanische Gesteine mit einer Zusammensetzung von Granit bzw. Rhyolith (Farbbild 69). Der Aplit enthält meist um 1–2 mm große Quarz- und Feldspateinsprenglinge, bisweilen mm-große, glänzende Muskovitplättchen und bis zu mehrere cm große auffallende dunkle Flecken aus Turmalin („Turmalin-Sonnen"; Farbbilder 69, 70). Die Quarzeinsprenglinge sind häufig idiomorph (Farbbild 71), bisweilen ist die typische gedrungene hexagonal-bipyramidale Form des Hochquarzes zu erkennen, der sich (bei geringem Druck) nur oberhalb etwa 600 °C bildet. Die Muskovitplättchen sind amöbenartig in die Quarz-Feldspat-Grundmasse hineingewachsen (Farbbild 72) und wurden in der Abkühlungsphase gebildet (Muskovit ist nur unterhalb etwa 600 °C stabil), als das bereits feste Gestein von Fluiden durchströmt wurde. Muskovit tritt zudem nur dann in granitischen Gesteinen auf, wenn sie wie hier aus Krustenschmelzen hervorgegangen sind. Die Fluide bewirkten auch, dass der Feldspat zum Teil zersetzt und zu feinem Serizit umgewandelt wurde.

Die Turmalin-Sonnen stellen Aggregate aus feinen Turmalinkristallen (Farbbild 70) oder auch amöbenartig in das Mineralgewebe hineingewachsene Einzelkristalle dar. Sie wurden wie die Muskovite erst spät gebildet, und zwar als sich im spätmagmatischen Stadium Bor-reiche Fluide von der Schmelze absonderten und parallel zum magmatischen Lagenbau zirkulierten. Die Turmalin-Sonnen sind unterschiedlich groß und lagig angeordnet (Farbbild 69). Die Lagen fallen hier mittelsteil nach ENE ein und zeichnen eine magmatische Bänderung nach, die durch das Einströmen des Magmas entstanden ist. Die Verkippung der ursprünglich wohl ziemlich horizontalen Bänderung erfolgte durch die späteren magmatischen Schübe (der Portoferraio-Granit intrudierte unter anderem in den Capo-Bianco-Aplit) bzw. den Abgleitvorgang vom aufsteigenden Monte-Capanne-Pluton. Ein im großen Maßstab beobachtetes Häufiger- und Größerwerden der Turmalin-Sonnen gegen das Hangende zeigt, dass sich die Fluide naturgemäß im höheren Teil des Aplits ansammelten. An angewitterten Oberflächen im Aufschluss oder an Geröllen erkennt man, dass das Gestein in einem unterschiedlich breiten Hof um die Turmalin-Sonnen reinweiß, außerhalb dieser Höfe jedoch leicht bräunlich ist (Farbbild 69). Der eisenhaltige Turmalin hat bei seinem Wachstum feine Eisenoxidpartikel aufgenommen, weshalb in der unmittelbaren Umgebung der Turmalinsonnen weniger solche Partikel zu finden sind. Dort, wo diese Partikel noch reichlich auftreten, bildet sich durch Verwitterungslösungen fein verteilter Limonit, der die blass bräunliche Färbung hervorruft.

(27) La Foce (Marina di Campo) ☻ ❀ ✪

Oberkreide-Flysch (Einheit 5b), San-Martino-Granit

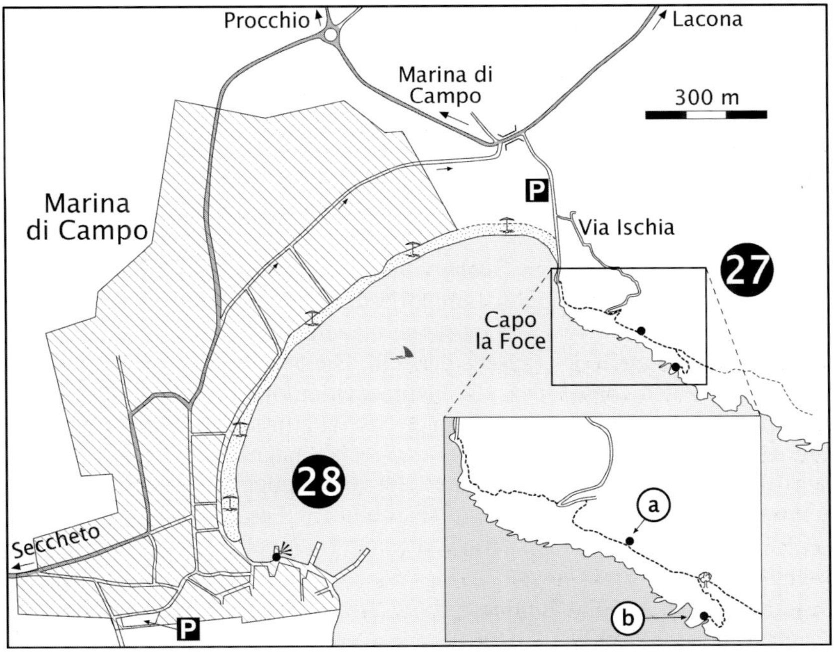

Die Straße von Lacona nach Marina di Campo führt über einen Pass. Dieser Bergrücken wird von Oberkreide-Flysch und den in ihn intrudierten großen Lakkolithen (Portoferraio-Granit, San-Martino-Granit) aufgebaut. Vom Pass gelangt man in die Ebene, in der sich der Flughafen von Elba befindet. Sobald man die Ebene erreicht, fährt man noch etwa 1 km, dann kommt unmittelbar nach dem Ortsschild „Marina di Campo“ eine Abzweigung nach links (Wegweiser „La Foce"); die Straße führt zum Ostende des langen Sandstrands von Marina di Campo. Bald nach der Abzweigung parkt man auf der rechten Seite (42°45'06", 10°14'42"). Von der anderen Seite kommend nimmt man an einem Kreisverkehr an der Straße Marina di Campo–Procchio die Straße nach Lacona, nach 600 m biegt man unmittelbar hinter einer Brücke, die einen Bach quert, nach rechts ab. Wem nach einem Bad gelüstet, tut dies am besten hier am Strand (am Aufschluss ist die Küste sehr schroff).

Vor dem Ende der Parkplätze geht links die Via Ischia ab, ein Asphaltsträßchen, dem wir folgen (rechts halten). Oder man geht, etwas reizvoller, geradeaus bis zum Ende der Straße, hier ein paar Stufen zum Geröllstrand hinab und gleich wieder, über ein paar Stufen eine Felsbank erklimmend, einen Fußweg steil bergauf. Dieser trifft nach kurzem Anstieg die Via Ischia in ihrem oberen Teil. An beiden Wegen steht der Oberkreide-Flysch an. Am Ende des Asphaltsträßchens nehmen wir rechts den breiten Fußweg, der nach einer Kurve alsbald einen herrlichen Blick auf das Meer freigibt und hoch über dem Meer eben verläuft. Nach etwa 60 m ist der erste größere Aufschluss am Weg erreicht (42°44'53", 10°14'52").

(a) Der Aufschluss zeigt den ***Oberkreide-Flysch*** (Marina-di-Campo-Formation) der Einheit 5b (Marina-di-Campo-Decke). In der Mitte des Aufschlusses befindet sich eine etwa 3 m mächtige blaugraue Mergellage, die die Hintergrundsedimentation des Flyschs darstellt. Die Mergellagen sind in diesem Flysch häufig und zeigen, dass die Sedimentation oberhalb der Calcit-Kompensationstiefe erfolgte und die Turbidit-Aktivität immer wieder für längere Zeit unterbrochen wurde. Links über und rechts unter der Mergellage finden sich 10–50 cm mächtige Turbiditbänke, die vollständige Bouma-Zyklen (A-E) in inverser Lagerung erkennen lassen (Farbbild 73). Die inverse Lagerung geht auf eine großräumige Faltung zurück, die vom Hafen in Marina di Campo (EP 28) aus betrachtet werden kann.

Die Abteilungen A-E des ***Bouma-Zyklus*** (Abb. 22) können hier ziemlich gut unterschieden werden: Der A-Horizont der Turbiditlagen ist ein massiger mittelkörniger Arkose-Sandstein, der gradiert ist und den Großteil der Turbiditbänke ausmacht (Farbbild 73). Der etwas feiner körnige B-Horizont ist parallel geschichtet und zeigt damit laminare Strömung im oberen Strömungsregime an. Der C-Horizont zeigt unruhige, wellige Schichtung (Rippelschichtung), die auf abnehmende Strömungsenergie mit Turbulenzen zurückzuführen ist. Der D-Horizont ist nicht sehr deutlich entwickelt (laminierte Siltsteine im unteren Strömungsregime). Den E-Horizont bilden kalkfreie Tonsteine, die gänzlich dem Turbidit zuzurechnen sind. Als Flysch werden mächtige Abfolgen von

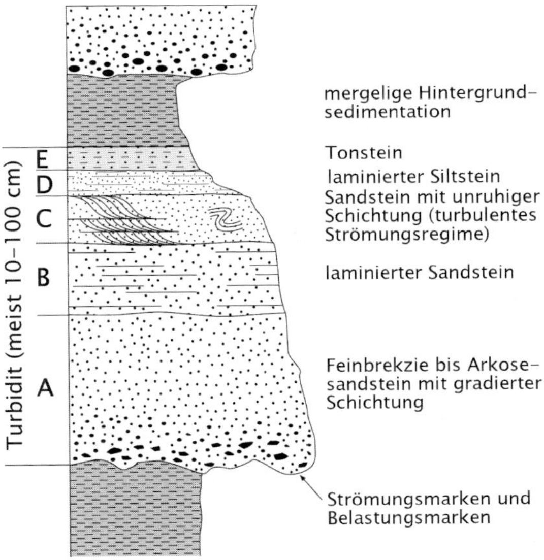

Abb. 22: Gliederung eines Turbidits in die fünf Abteilungen (**A** bis **E**) eines Bouma-Zyklus. Die Ablagerung erfolgt durch einen Trübestrom.

Turbiditen bezeichnet, die meist in tiefen Rinnen vor vorrückenden Deckenstirnen entstehen.

(b) Knapp 100 m weiter zweigt vor einer Pinie rechts des Weges ein kleiner Steig hinunter ab, biegt dann allmählich nach rechts und erreicht im unteren, steilen Teil über der Küste bei einigen alten Betonstufen einen Aufschluss im porphyrischen ***San-Martino-Granit***. Der San-Martino-Granit ist hier Teil eines großen Lakkolith-Körpers des obermiozänen Magmatismus Westelbas, der sich bis zur Nordküste erstreckt (Abb. 6). Er führt bis zu 10 cm große idiomorphe Alkalifeldspatkristalle mit Karlsbader Verzwillingung (Farbbild 74). Der Alkalifeldspat ist ein ursprünglicher Sanidin, der bei hohen Temperaturen gebildet wurde und daher schon früh in der Schmelze kristallisierte. Im Mikroskop sind in ihm Einschlüsse von Plagioklas zu sehen, der demnach ebenfalls bereits früh gewachsen sein muss. Außerdem führt der Granit bis über 1 cm große runde Quarze und mm-große Plagioklase sowie wenig Biotit und Turmalin in einer deutlich feiner körnigen Matrix.

Von der Treppe blickt man vor sich auf eine tieferliegende Rippe, die zum Meer hinauszieht. Die Rippe besteht aus dem porphyrischen Granit, der nach rechts oben mit dem Flysch in scharfem, intrusivem Kontakt steht (Farbbild 75). Im großen Maßstab ist dieser Kontakt in etwa schichtparallel, im kleinen Maßstab durchaus quergreifend.

Auf der Rückseite (W-Seite) der Felsrippe kann man diese vorgehen, bis sie ins Meer abfällt (42°44‘50“, 10°14‘55“). *Vorsicht!* Das Gestein ist zwar fest, aber sehr scharfkantig. Am äußersten Sporn erkennt man Fließgefüge. Die Porphyrfeldspäte, die durch die Salzsprengung im Spritzwasserbereich deutlich hervorwittern, sind bereichsweise in einer Vorzugsrichtung eingeregelt, die in etwa parallel zum Rand des Granitkörpers geht und damit das lagenparallele Fließen widerspiegelt (vgl. Farbbild 85). Blickt man nach Osten, sieht man, dass der Granit eine Mächtigkeit von mindestens 80 m besitzt (tatsächlich mehr; die Untergrenze ist nicht sichtbar).

Die brüchige Wand oberhalb des Granitsporns wird vom Flysch gebildet. Die Turbiditbänke sind hier bis zu 1 m mächtig. Die mächtigen Bänke sind an ihrer Basis noch etwas gröber körnig als am oben beschriebenen Aufschluss a. Von einem genaueren Studium des Flysches wird hier wegen der Steinschlaggefahr abgeraten!

(28) Hafen von Marina di Campo

Faltenbau im Oberkreide-Flysch (Einheit 5b); [Lageskizze S. 177]

Der Hafen von Marina di Campo befindet sich am SW-Ende des langen Sandstrands. Man erreicht ihn am besten, indem man im westlichen Ortsteil den Wegweisern „Porto“ folgt und den großen Parkplatz noch deutlich weg von der Küste nimmt. Von dort gelangt man in wenigen Minuten zum Hafen. Von der ersten Mole (42°44‘36“, 10°14‘16“) hat man einen guten Blick auf die Flyschschichten von Exkursionspunkt 27a. Der Exkursionspunkt kann mit einem Bummel durch den touristisch geprägten Ort verbunden werden.

Im linken Teil des gegenüberliegenden Aufschlusses erkennt man eine große Synklinale mit einem überkippten Schenkel und mäßig steil geneigter Achsenebene (Farbbild 76). Rechts von der Synklinale ist die Faltung chaotisch; jedenfalls sind hier die Faltenschenkel nicht mehr klar auszumachen, dicke Bänke sind in Boudins zerlegt und feinere Schichten nicht mehr eindeutig einem Schenkel zuzuordnen. Die Faltung zeigt insgesamt eine deutliche Vergenz in etwa ostsüdöstliche Richtung, die beim Deckenbau entstanden ist. Sie ist älter als die Intrusion des San-Martino-Granits, der rechts des chaotisch verfalteten Teils zu sehen ist (EP 27b).

(29) Spartaia ☻☻ ❀ ✪

Kontaktmetamorpher Marmor (Einheit 4c), Aplit-Pegmatit, Gleitfalten

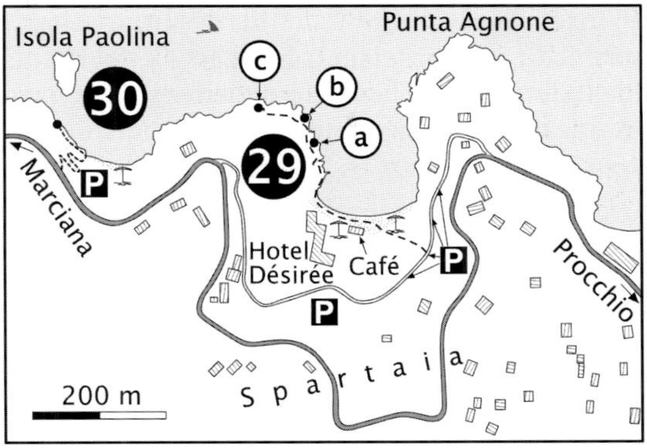

In Procchio (erreichbar über Portoferraio oder Marina di Campo) nimmt man an der T-Kreuzung mit Wegweisern die Straße nach Marciana und Marciana Marina. Nach 500 m zweigt man nach rechts ab (Wegweiser „Spartaia"). Diese Seitenstraße führt in die Bucht hinab, die vom Hotel Désirée dominiert wird (Désirée, „die Ersehnte", erinnert an die verflossene Verlobte des kleinen Diktators und spätere schwedische Königin). Man parkt an der Straße (zahlreiche ausgewiesene Parkplätze, die ersten sind kostenfrei) und nimmt dort, wo die Straße noch abwärts führt, rechts den kleinen Pfad zum Strand (Wegweiser „mare, spiaggia"; 42°47'12", 10°14'15"). Am Strand wendet man sich nach links und geht auf der Westseite der Bucht über die Felsen vor.

(a) In der Mitte der Westseite der Bucht gelangt man an flach lagernde Quader im anstehenden Gestein, die von Klüften, die durch die Brandung aufgeweitet und ausgewaschen wurden, getrennt sind. Das Gestein besteht zum Großteil aus Calcit. Es handelt sich um den Calpionellenkalk der Einheit 4, der hier aber als ***kontaktmetamorpher Kalksilikatmarmor (Skarn)*** vorliegt. Zahlreiche Mineralneubildungen, die hervorwittern, den sedimentären Lagenbau nachzeichnen und das Gestein insgesamt grünlich erscheinen lassen, gehen auf die Kontakmetamorphose zurück. Die grünliche Farbe kommt von sehr feinkörnigem Diopsid. Feine schwarzbraune Minerale sind Biotit. Dazu kommen in Lagen gehäuft mm-große braune Flecken, die gerne für Granat gehalten werden, aber tatsächlich Vesuvian sind, ein besonders Ca-reiches, kontaktmetamorphes Kalksilikatmineral (Tab. 2). Der Marmor ist feinkörnig, weil die Kontaktmetamorphose nur kurze Zeit wirkte und ein stärkeres Größenwachstum der Calcitkristalle dadurch nicht möglich war (vor der Kontaktmetamorphose war das Gestein

nicht metamorph, hatte also keine Regionalmetamorphose erlebt wie die Skarne in den toskanischen Einheiten Ostelbas).

Anders als die Eisen-Skarne Ostelbas enthalten die Skarne Westelbas keine eisenreichen Kalksilikat-Minerale wie Hedenbergit oder Ilvait. Statt des Ca-Fe-Pyroxens Hedenbergit (oder Ferrosalit) tritt hier der Ca-Mg-Pyroxen Diopsid oder Salit auf. Dies rührt daher, dass die obermiozänen Magmatite Westelbas in die ligurischen Einheiten intrudierten, wo sie nicht das Eisen der toskanischen Verrucano-Formation mobilisieren konnten.

(b) Geht man die Westseite der Bucht vor, bis der schmale Pfad einige Meter über dem Meeresspiegel die Stelle erreicht, an der der Zaun zur linken Hand zurückspringt, steht man auf einem hellen granitischen Gang. Dieser N–S streichende Gang steht steil und besteht zum einen aus feinkörnigem ***Aplit*** und zum anderen aus großkörnigem ***Pegmatit***. (An der gegenüberliegenden Seite der Bucht ist ein gleichartiger, parallel ausgerichteter Gang, der wie eine Mauer aussieht, zu erkennen.)

Der Gang, der im Gefolge des Monte-Capanne-Plutons eingedrungen ist, wurde in zwei Phasen gebildet. Zuerst kam eine Fluid-arme granitische Schmelze, aus der sich der feinkörnige Aplit durch relativ rasche Abkühlung bildete. Danach drang eine Fluid-reiche Schmelze ein. Die wasserreichen Fluide verhinderten die rasche vollständige Erstarrung der Schmelze und ermöglichten damit das Größenwachstum der Minerale. Fluide ermöglichen den Ionentransport entlang der Kornkontakte und damit das Weiterwachsen der Kristalle auch nach der vollständigen Erstarrung der Gesteine. Es ist nicht so, dass der Aplit die feinkörnige, rasch erstarrte Randfazies des Pegmatits darstellt – dies würde eine schmale Randzone und einen Übergang in die großkörnige Fazies erwarten lassen. Hier hingegen sieht man eine scharfe Trennung der beiden Gesteinsarten; gleichzeitig schneidet der Pegmatit den Aplit schräg.

Die wässrige fluide Phase ist auch dafür verantwortlich, dass im unmittelbaren Kontakt zu den Gängen stellenweise Wollastonit auftritt – die feinen weißen Mineralnadeln sind aber schwer zu finden. Wie bei EP 23 erwähnt, begünstigt eine wässrige fluide Phase die Wollastonitbildung, was hier in der Nachbarschaft der Gänge der Fall war. In der Umgebung finden sich noch weitere Aplitgänge.

(c) Wendet man sich von dem Gang nach links (W), kommt man nach knapp 100 m an eine Aufschlusswand mit einer engen, liegenden Falte (42°47'20", 10°14'05"). Dieser Aufschluss ist von besonderem Interesse, weil an ihm der Ablauf der Ereignisse während und nach dem Eindringen des Monte-Capanne-Plutons abgelesen werden kann. Er bietet auch eine gute Badegelegenheit.

In der Aufschlusswand sieht man den kontaktmetamorphen Kalksilikatmarmor, der aus dem Calpionellenkalk hervorgegangen ist und eine nach links (Süden) geschlossene liegende Falte bildet (Farbbild 77). Eine liegende Falte besitzt eine flach liegende Achsenebene. Zudem ist die Falte eng, d.h. die beiden Schenkel schließen einen kleinen Winkel ein. Die Faltengeometrie wird durch die kontaktmetamorphen Mineralbildungen (Vesuvian, Diopsid, Biotit), die in Bändern parallel zu den sedimentären Schichtflächen angeordnet sind, deutlich. Die große Falte wird von kleinmaßstäblicher Faltung begleitet.

Der Marmor, der in größeren Partien ziemlich rein ist und wenig Kalksilikat-Minerale führt, zeigt ein Fließgefüge, wie es für hochduktiles Material typisch ist. Da hier Temperaturen von über 400 °C erreicht wurden, war der Marmor entsprechend leicht plastisch verformbar. Die Kalksilikatminerale (Vesuvian, Diopsid) reagieren bei diesen Temperaturen hingegen nicht duktil. Die Lagen, die reich an den Kontaktmineralen sind, zeigen daher neben der Faltung auch bruchhafte Verformung (auffallend sind vor allem massive Vesuvian-Lagen). Dies ist ein Hinweis darauf, dass die Kontaktminerale bei der Verfaltung bereits gebildet waren und mit dem Marmor mitverformt wurden. Die Faltung ist also jünger als die Intrusion des Monte-Capanne-Plutons.

Dies wird auch aus der Geometrie der Falten deutlich. Lagen, die reich an Kalksilikat-Mineralen sind, neigen zu Parallelfalten (siehe EP 24b; Abb. 20) und zeigen somit einen hohen Kompetenzkontrast zum umgebenden Marmor an. An Stellen, wo die Kalksilikat-Lagen geringe Abstände aufweisen, sieht man, dass sich die Lagen in ihrer Faltengeometrie gegenseitig anpassen. Allgemein gilt, dass dickere kompetente Lagen Falten mit größerer (initialer) Wellenlänge erzeugen als dünnere. Befindet sich die nächstliegende kompetente Lage in einem geringeren Abstand als die halbe initiale Wellenlänge, dann beeinflussen sich die beiden Lagen und die dünnere Lage passt sich der dickeren in ihrer Wellenlänge und Amplitude an (Abb. 23). Dies kann hier beobachtet werden. Die Faltengeo-

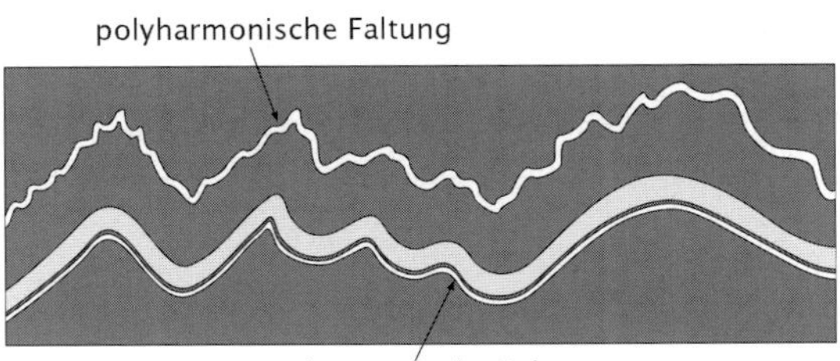

Abb. 23: Bildung von harmonischen Falten bei enger Nachbarschaft von kompetenten Lagen und von polyharmonischer Faltung bei einseitiger Beeinflussung einer dünnen Lage durch eine dickere. Bei noch größerer Entfernung der Lagen entsteht disharmonische (gegenseitig unbeeinflusste) Faltung (nach Ramsay & Huber 1987).

metrien zeigen, dass die Kalksilikat-Lagen bei der Faltung bereits existierten, die Faltung also jünger als die Bildung der Kontaktminerale ist.

Betrachtet man den Kalksilikatmarmor am flachen Boden vor der Aufschlusswand, dann fällt auf den Schieferungsflächen eine Streckungslineation auf, die etwa SW–NE ausgerichtet ist. Gleichzeitig erkennt man Kalksilikat-reiche Lagen, die boudiniert sind, wobei die Dehnung (die Zerreißung der Boudins) in der Richtung der Streckungslineation erfolgt. Auch hieran erkennt man, dass die Kalksilikatbildung früher als die Verformung erfolgte. Die Faltenachsen wurden in die Streckungrichtung einrotiert, was ein typisches Merkmal von hochduktilen Gesteinen ist.

An der Oberkante der Aufschlusswand erkennt man einen flach lagernden, etwa 1 m mächtigen Aplitgang (Farbbild 77). Es handelt sich um ein feinkörniges porphyrisches Gestein mit Quarzeinsprenglingen, vom Typ des Capo-Bianco-Aplits. Der Gang ist ebenfalls ein wenig boudiniert, d.h. er zeigt an einer Stelle eine Einschnürung, die auf Dehnung – in etwa in Richtung der Streckungslineation – im zähplastischen Zustand zurückgeht.

Mit den gemachten Beobachtungen ist es möglich, den Ablauf der Ereignisse um die Intrusion des Monte-Capanne-Plutons zu rekonstruieren. Eine tektonische Beanspruchung des Calpionellenkalks vor Eindringen des Monte-Capanne-Plutons, also während der Deckenstapelung, ist nicht zu erkennen. Das in der Nähe erfolgte Eindringen des Plutons macht sich durch die Aplit-Pegmatit-Gänge, die im unmittelbaren Gefolge des großen Plutons eindrangen, vor allem aber durch die Kontaktmetamorphose bemerkbar. Dabei wurde der Kalksilikatmarmor weit über die Duktilitätsgrenze von calcitischen Gesteinen aufgeheizt. Das Hochdrücken des erstarrenden Monte-Capanne-Plutons erzeugte eine Aufwölbung und somit einen gravitativen Gradienten vom Zentrum der Intrusion weg. Dies führte zum Abgleiten der leicht verformbaren Kalksilikatmarmore – ein Ereignis, das im Prinzip und der Ursache nach dem Abgleiten entlang der Reciso- und der Zuccale-Abscherungsflächen entspricht. Der Gleitvorgang wurde hier durch die temperaturbedingte Aufweichung der Marmore ermöglicht und erfolgte daher unabhängig von den anderen Gleitungen. Jedenfalls glitt der noch heiße Marmor unter starker Verformung nach NE (parallel zur Streckungslineation, also in Richtung 035 bis 050°) ab, weg von der Aufdomung der Intrusion. Dabei wurde der Marmor in liegende Falten gelegt, wobei die kompetenten Kalksilikat-reichen Lagen parallel zur Hauptdehnungsrichtung boudiniert wurden. Ebenso wurde der flach liegende Aplit vom Capo-Bianco-Typ in dieser Richtung gedehnt.

(30) Spiaggia Paolina

Kontaktmetamorpher Radiolarit (Einheit 4c); [Lageskizze S. 181]

Vom Parkplatz Spartaia (EP 29) fährt man weiter in Richtung W (Marciana). 300 m hinter der Ausfahrt auf die Hauptstraße kommt bei dem Hinweisschild „Spiaggia Paolina“ eine Parkmöglichkeit für mehrere Pkw (42°47‘16“, 10°13‘53“). Von hier geht man zum Paolina-Strand hinunter. Vor sich erblickt man die Isola Paolina. (Die EP 29 und 32 bieten weit bessere Bademöglichkeiten.)

Der Aufschluss bietet eine Ergänzung zum vorhergehenden Exkursionspunkt. Links vom Strand stehen eng gefaltete, dünnschichtige quarzitische Gesteine an. Es sind dies die kontaktmetamorphen, hornfelsartigen Radiolarite der ligurischen Abfolge. Die Dünnlagigkeit mag irritieren, doch gibt es in den großen Radiolaritarealen auf Ostelba Partien mit sehr dünnschichtigen Radiolariten (z.B. am Monte Castello bei Porto Azzurro), die im Erscheinungsbild, wenn man von der engen Verfaltung und thermischen Überprägung absieht, den hier anstehenden Gesteinen durchaus ähneln. Zudem sprechen sowohl das Dünnschliffbild als auch die Assoziation mit den (kontaktmetamorphen) Calpionellenkalken im vorhergehenden Exkursionspunkt bzw. auf der vor uns liegenden Isola Paolina für den radiolaritischen Ursprung der quarzitischen Gesteine.

Die kontaktmetamorphe Beeinflussung macht sich hier nicht durch Mineralneubildungen bemerkbar, sondern durch Wachstum der Quarze und eine feste Kornbindung zwischen den Kristallen. Die zum Teil sehr engen Falten sind wie jene im vorigen Aufschluss beim Abgleitvorgang vom aufsteigenden Monte-Capanne-Pluton entstanden. Die Falten stehen hier aber fast senkrecht zu den Falten dort und weisen steile Achsenebenen auf, die meistens nach SW einfallen und damit NE-Vergenz anzeigen, also weg vom Monte Capanne. Der Grund, warum die Achsen hier etwa senkrecht zu jenen im Marmor stehen, obwohl sie beim selben Vorgang gebildet wurden, liegt im unterschiedlichen Materialverhalten der Gesteine. Der Marmor des vorhergehenden Aufschlusses war bei den Temperaturen, die während der Deformation herrschten, hochduktil, weshalb die Faltenachsen, die sich anfangs senkrecht auf die Transportrichtung bilden, in die Transportrichtung und damit parallel zur Streckungs-Lineation hineinrotierten. Die quarzitischen Gesteine der Spiaggia Paolina hatten nicht diese hohe Duktilität erreicht, weil Quarz eine höhere Duktilitätgrenze besitzt und möglicherweise auch die Temperaturen etwas geringer waren. Deshalb wurden die Falten zwar eng zusammengepresst, aber nicht in die Transportrichtung einrotiert. Die enge spitzwinkelige Faltung ist typisch für dünnlagige Gesteine ohne

Kompetenzkontraste im duktilen Milieu, der Faltentyp entspricht etwa dem von kongruenten Falten (Typ 2; Abb. 20).

Das Gestein wurde von Mikrograniten und Apliten mit Turmalin intrudiert. In den Geröllen finden sich unter anderem Aplite vom Capo-Bianco-Typ mit Turmalin-Sonnen.

(31) Punta della Crocetta ☻☻

Kissenbasalte (Einheit 4c), Portoferraio-Granit

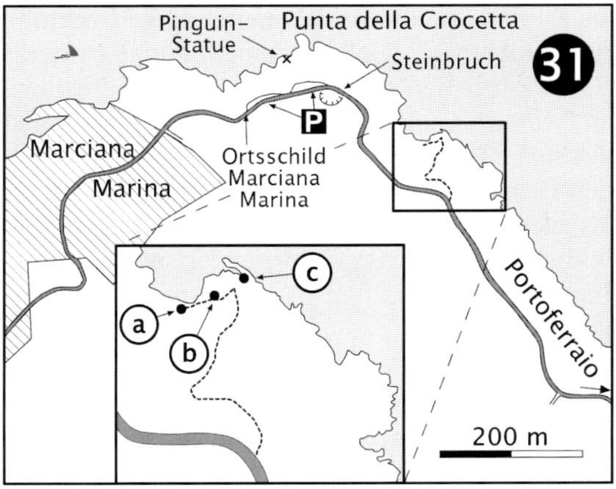

Von Procchio kommend fährt man die kurvenreiche Straße nach Marciana Marina. Genau 6 km hinter Procchio befindet sich in einer ausgeprägten Linkskurve ein aufgelassener Steinbruch. Gleichzeitig, beim ersten Blick auf Marciana Marina und den Monte Capanne, ist rechts eine Parkmöglichkeit für mehrere Pkw bei einer Schautafel, die eine Landkarte von Elba zeigt (42°48‘42“, 10°12‘18“). Wenn man von dem Parkplatz auf das Geländer steigt und über die Hecke schaut, sieht man an der Küste die Punta della Crocetta – nicht zu übersehen durch eine Figur, die eher einem Pinguin als einer Madonna gleicht. (Wenn der Parkplatz voll ist, kommen 50 m weiter beim Ortsschild und danach noch einmal weitere Parkmöglichkeiten.) Man geht 200 m zurück (in der Bucht erkennt man bereits von der Straße die Kissenlaven; Farbbild 78) bis zu einer offenstehenden, im typischen Mittelmeer-Blaugrün gestrichenen Gartentüre (die linke von zwei Türen). Man nimmt den Pfad, der von dieser Türe abwärts und schließlich als Treppe in die Bucht führt.

Dieser Aufschluss ist einer der spektakulärsten auf Elba, weil er die Internstruktur von Basaltkissen hervorragend aufgeschlossen zeigt. Hierzu muss man in den Küstenfelsen herumklettern (Aufschluss c), was nur Trittsicheren empfohlen wird – aber es lohnt sich!

(a) Am Ende der Treppe durchschlägt ein knapp 2 m mächtiger Mikrogranitgang die Kissenlaven. Auf der anderen Seite des kleinen groben Kiesstrands steht ein ebenfalls mikrokristalliner Granit mit sehr feinkörniger Grundmasse und mm-großen Porphyrkristallen aus Quarz und Alkalifeldspat an, der ebenfalls in die Kissenlaven eingeschaltet ist. Diese gangartigen Intrusivgesteine gehören zu den Vorläufern der Monte-Capanne-Intrusion.

(b) Steigt man die Treppe wieder ein paar Meter hinauf, kann man links unterhalb von ihr die ***Kissenlaven*** studieren. Die Kissen besitzen Durchmesser von teilweise mehr als 1 m. Da die Abfolge verkippt ist, blickt man auf die Oberseite der Kissen mit der typischen konvexen Wölbung (Abb. 24a, Farbbild 78). In den Randzonen der Kissen kann man mm-große Variolen beobachten, kugelige Entglasungserscheinungen aus radialstrahlig angeordneten Zeolithen (Farbbild 81). Die Ränder der Kissen erstarrten am schnellsten und sind daher erst einmal immer glasig, während das Innere der Kissen wegen der langsameren Abkühlung eher kristallin ist. Gesteinsglas ist über Jahrmillionen hinweg instabil und wird kristallin (es entglast oder „devitrifiziert“; von vitrum, *lat.* Glas). Dabei können sich, von Keimpunkten ausgehend, Mineralrosetten bilden, die das Glas verdrängen und Variolen genannt werden (von variola, *mittellat.* die Pocke).

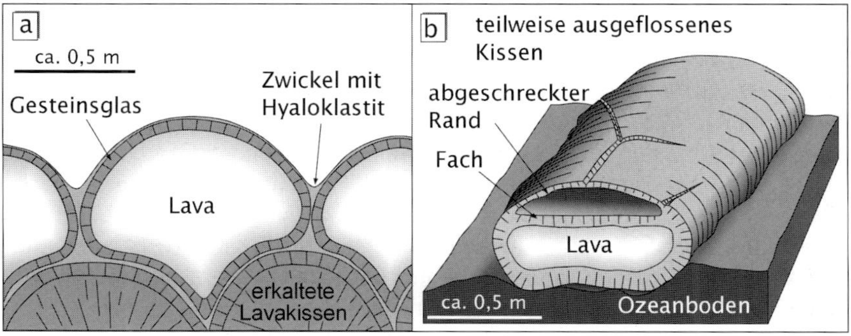

Abb. 24: (**a**) Bildung von Basaltkissen mit der typischen konvexen Oberseite und der an den Untergrund angepassten Unterseite. (**b**) Fächerbildung (erstarrte Haut) durch teilweises Ausfließen der noch flüssigen Lava im Inneren eines Kissens. Nach Frisch & Meschede (2007).

In den Zwickeln zwischen den Kissen sieht man Hyaloklastite (von hyalos, *griech.* Glas; klastein, *griech.* zerbrechen), ehemalige Scherben basaltischen Glases, das durch Absprengung von der Außenhaut der Kissen stammt (Abb. 24a). Bei der schnellen Abschreckung von über 1000 °C auf die Wassertemperatur der Tiefsee (knapp über 0 °C) entstehen in der Glashaut hohe Spannungen, die zum Abplatzen von Glasscherben führen, die dann die Kissenzwickel füllen.

In aufgebrochenen Kissen ist vielfach eine Fächerbildung zu sehen. Fächer entstehen, wenn ein Kissen im Inneren noch flüssig ist, seitlich aufplatzt und ein Teil der Lava ausfließt (Abb. 24b). Auf dem abgesenkten Lavaspiegel bildet sich im Kontakt mit dem eingedrungenen Meerwasser eine Glashaut. Die darunter noch flüssige Lava kann nochmals teilweise ausfließen, es entsteht ein tieferer Lavaspiegel mit einer erneuten Glashaut. Dieser Vorgang kann sich wiederholen, so dass bis zu 6 oder 7 Fächer entstehen können, die unterschiedlichen Laväständen entsprechen. Die Zwischenräume der Fächer sind meist unverfüllt; nur selten findet sich weißer Quarz als sekundäre Verfüllung. Das Gestein war demnach nie tief versenkt, denn dann wären mineralreiche Fluide eingedrungen und hätten in den Hohlräumen sekundäre Minerale ausgefällt.

Variolen und Fächer sind in Aufschluss c hervorragend zu studieren.

(c) Dort, wo die Treppe im Aufstieg einen scharfen Knick nach rechts macht, geht man 10 m auf gleicher Höhe vor, dann weitere 10 m schräg abwärts. Von hier steht eine Felsrippe nach NW (links) ins Meer hinaus, die wir ein paar Meter hinunterklettern (*Vorsicht* – der Fels erfordert ein bisschen Klettergeschick, ist aber fest und gut griffig). In der Kluft gegen den Berg hin erkennt man ***Kissen im Querschnitt***, die die Fächerbildung hervorragend zeigen (Farbbild 79). Die fast vertikal stehenden Fächer verraten, dass die Kissenlaven um fast 90° im Uhrzeigersinn verkippt wurden. Oben und Unten erkennt man an der konvexen bzw. konkaven Wölbung der Außenhaut der Kissen – die konvexen Oberseiten befinden sich rechts. Am Meeresboden neu hinzu kommende Kissen, die innen noch flüssig und daher leicht verformbar sind, schmiegen sich an die unterlagernden Kissen an und bilden daher konkave Wölbungen auf ihrer Unterseite (Abb. 24a). Nach oben hin nähern sie sich der idealen Kugelgestalt an (Minimierung der Oberfläche bei der Abschreckung – wie Wassertropfen auf einer heißen Herdplatte), abgeflacht durch ihr Eigengewicht (Farbbild 79).

Auf der Rippe kann man die Kissen in weiteren Details studieren: Die Ränder zeigen eine Brotkrustenstruktur, die dadurch entsteht, dass die erstarrte Außenhaut bricht, solange das Kissen innen noch flüssig und daher verformbar ist (Farbbild 80). Der randliche Kissenbereich ist oft voll von Variolen, die typischerweise um 0,5 cm, bisweilen bis zu 1 cm groß sind (Farbbild 81). In den

Felsen, die zum offenen Meer abfallen, erkennt man, dass einige Kissen bis zu 3 m lang sind und zum Teil Einschnürungen aufweisen. Solche Kissenschläuche entstehen, wenn die Lava an einem Hang ausfließt und mehrere Magmaschübe neue Kissen aus den bereits vorhandenen hervorbrechen lassen.

(32) Capo Sant'Andrea – Punta del Cotoncello ☻☻ ❀ ✪

Monte-Capanne-Pluton (Sant'Andrea-Fazies), Cotoncello-Gang; Wanderung entlang der Küste

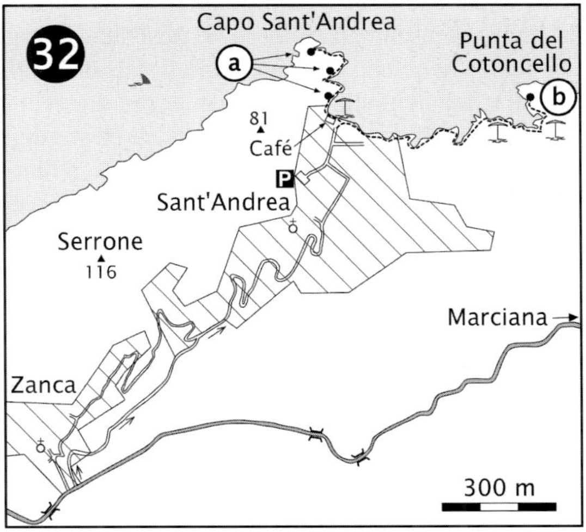

Gut 5 km von Marciana Richtung Chiessi zweigt rechts eine Straße nach Sant'Andrea ab (unmittelbar dahinter befindet sich die Abzweigung nach Zanca). Man fährt 1,5 km auf steiler, kurvenreicher und schmaler Straße (nur Pkw und Kleinbusse!) hinunter. Am Straßenende nahe des Strands befindet sich ein größerer Parkplatz (Parkuhren; 42°48'20", 10°08'21").

(a) Capo Sant'Andrea

Das Capo Sant'Andrea ist das Kap *des* Heiligen *Andreas*. Es ist eine Felsküste aus dem ***Monte-Capanne-Granit/Granodiorit***, die sehr zu einem Bad oder auch zum Schnorcheln einlädt. Der Granodiorit ist in ***Sant'Andrea-Fazies*** entwickelt, die sich durch eine hohe Dichte an porphyrischen Alkalifeldspäten und relativ viele mafische Einschlüsse auszeichnet (Kapitel 7.1.3).

Man geht vor zum Strand und hält sich dort links, wo ein Steig entlang von Felsen in wenigen Minuten vor zum Kap führt. Der Weg beginnt auf einer Mauer, von der einige Stufen hinabführen; ab hier beginnt der Aufschluss. In einem ***porphyrischen Granit bis Granodiorit***, der Teil des großen Monte-Capanne-Plutons ist und Alkalifeldspäte bis zu 15 cm Länge enthält (Farbbild 82), schwimmt eine große Anzahl mafischer, relativ feinkörniger Einschlüsse quarzdioritisch-tonalitischer Zusammensetzung (Farbbild 83, Abb. 8). Die bis über 1 m großen ***mafischen magmatischen Einschlüsse*** (MME) sind dunkel gefärbt, weil sie reich an Biotit sind. Als Mafite werden die Magnesium-Eisen-Minerale („MaF[e]") bezeichnet, daher das Attribut „mafisch". Ansonsten enthalten die mafischen Einschlüsse über 50 % Plagioklas und etwa 20 % Quarz.

Die mafischen Einschlüsse sind gegen den Granit hin scharf oder etwas verschwommen begrenzt. Sie enthalten mm-große Quarze und häufig große porphyrische Alkalifeldspäte, die jenen im Granit gleichen. Die mafischen Einschlüsse stammen von Mantelschmelzen, die nach ihrem Aufdringen in die kontinentale Kruste diese teilweise zum Schmelzen brachten und in der Folge die granitischen Krustenschmelzen durch Vermischung hybridisierten (siehe Kapitel 7.1.2). Die mafischen Schmelzen verhielten sich zuerst als unmischbare Tropfen in der granitischen Schmelze, wurden aber mit dieser während des Magmenaufstiegs auch „verrührt" und intensiv vermischt bzw. gingen in ihr auf (Abb. 9). Unterschiedliche Stadien dieses Prozesses können hier beobachtet werden.

Durch die Unmischbarkeit der beiden Magmen sind viele der mafischen Tropfen mit scharfen Grenzen erhalten geblieben, wie hier im Aufschluss. An anderen Stellen sind die Grenzen verschwommen, es kam zu Vermischungen mit turbulenten Strömungsmustern. Große Quarz- und Feldspatkristalle wurden vom granitisch-granodioritischen Magma mechanisch in die MME hineingedrückt (Abb. 9). An mehreren Stellen kann man sehen, wie große eingepresste Alkalifeldspäte Spuren hybriden Materials in Form von helleren Kanälen in den mafischen Magmatropfen hinterlassen haben: am Beginn des schmalen betonierten Pfads mit dem Geländer (Farbbild 84), wenige Meter nachdem der Betonweg mit Geländer endet, und wenn man sich knapp 100 m weiter vom Capo Sant'Andrea nach links wendet, über eine Einkerbung im Fels klettert und die kahlen Felsen studiert. Die in die MME hineingepressten Feldspäte reagierten mit dem mehr basischen Magma und sind daher randlich zum Teil angelöst. Dies gilt auch für die kleineren und daher nicht so augenfälligen Plagioklase und Quarze, die in die MME eingepresst wurden (vgl. Farbbild 90).

Den porphyrischen Granit/Granodiorit der Sant'Andrea-Fazies kann man am besten am Capo Sant'Andrea studieren (42°48'32", 10°08'25"). Der Weg dorthin quert einen 15 cm mächtigen dunkleren Gang, der mm-große Quarze, Feldspäte und Biotite enthält. Er stellt ein typisches Mischgestein zwischen dem Monte-Capanne-Granit und dem basischeren Magma, das durch die mafischen Einschlüsse repräsentiert wird, dar.

Im Monte-Capanne-Granit/Granodiorit weisen die großen Alkalifeldspäte fast stets eine gut sichtbare Karlsbader Verzwillingung auf. In vielen Porphyrfeldspäten ist im äußeren Bereich ein Einschlussring aus Biotit zu erkennen (siehe EP 35b, Farbbild 93): diese Ringe entstehen beim Wachstum der großen Kristalle in der Schmelze. Da der Alkalifeldspat kein Eisen und Magnesium einbaut, kommt es an den Rändern der wachsenden Kristalle zu einer Konzentration dieser Elemente. Wird ein Grenzwert überschritten, dann bildet sich zeitgleich rund um den Kristall Biotit, der wie der Feldspat Kalium, Aluminium und Silicium verbraucht, aber eben auch Eisen und Magnesium.

In bestimmten Bereichen zeigen die Porphyrfeldspäte durch bevorzugte Einregelung eine laminare Fließstruktur im Gestein an, so z.B. wenn man sich auf der Plattform des Capo Sant'Andrea nach links wendet und eine kleine Felsstufe mit steil eingeregelten Feldspatkristallen betrachet (Farbbild 85). Die Fließrichtung verlief parallel zu den Längsseiten der Kristalle.

(b) Punta del Cotoncello

Es ist sehr reizvoll, vom Strand vor dem Parkplatz in etwa 15 Minuten (vermutlich braucht man länger, weil man so viel schauen muss) über den Porphyrgranit und, an schwierigeren Stellen, über den Porphyrbeton zur Punta del Cotoncello vorzugehen. Wenn man von der kleinen, mit Tamarisken bewachsenen Bucht vor der Punta del Cotoncello die wenigen Meter zur Punta hinausgeht, stößt man 20–30 m vor der Punta auf den Cotoncello-Gang (42"48'28", 10°08'49").

Der Cotoncello-Gang ist eine reine Krustenschmelze der 2. Generation, die nicht, wie das Magma des Monte-Capanne-Plutons hybridisiert wurde (siehe Kapitel 7.1.3 und Abb. 7). Er drang noch vor dessen vollständiger Erstarrung in den Monte-Capanne-Pluton ein. Vereinzelt wurden dabei mafische Einschlüsse vom Gang mitgerissen. Der leukokrate (kaum dunkle Gemengteile enthaltende) Gang ist deutlich feiner-körnig als der Granit/Granodiorit in Sant'Andrea-Fazies (Farbbild 86), führt nur wenige porphyrische Alkalifeldspäte, ist arm an Biotit und enthält Turmalin.

In dem Aufschluss kann nochmals das Verhalten der Mantel- und Krustenschmelzen bei der Durchmischung (Hybridisierung) studiert werden. Der Monte-Capanne-Granit/Granodiorit enthält mafische Einschlüsse, die ihre runde Form und scharfe Abgrenzung behalten haben (***„kohärente Bereiche“*** der Magmenmischung; Kapitel 7.1.2). In unmittelbarer Nachbarschaft solcher MME wurden Einschlüsse aber auch mit dem sauren Magma stark vermischt und zu turbulenten Schlieren mit eingeregelten Porphyrfeldspäten verrührt (***„aktive Bereiche“*** Bereiche der Magmenmischung: Abb. 9; Farbbild 87). Man kann solche Schlieren an mehreren Stellen beobachten. Außerdem finden sich Stellen, an denen zahlreiche porphyrische Alkalifeldspäte unter Auspressung des zwischenliegenden, noch teilweise flüssigen Kristallbreis dicht an dicht zusammengepresst wurden (Farbbild 88). Dies spiegelt die Dynamik während der Intrusion des Cotoncello-Gangs in den noch nicht vollständig verfestigten Granit/Granodiorit wider.

(33) Colle d'Orano

Orano-Gänge

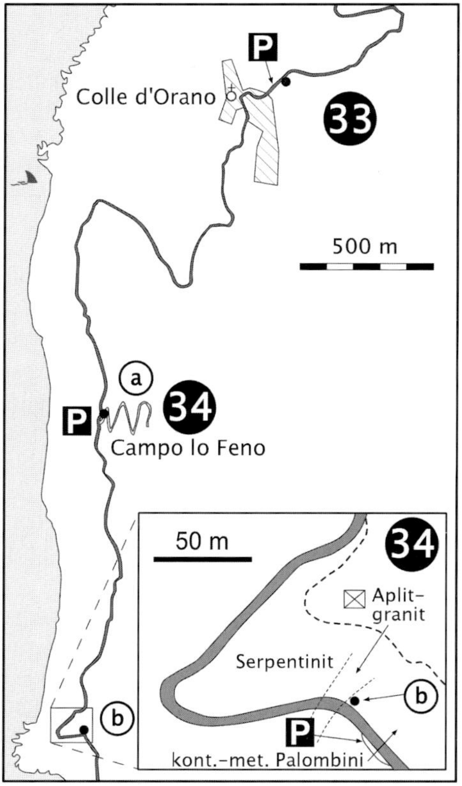

Man fährt die „Ringstraße" um den Monte Capanne von der Abzweigung nach Sant'Andrea weiter nach Westen. Nach über 2 km findet sich beim Ortsschild „Colle d'Orano" eine Parkmöglichkeit für 3–4 Pkw (42°47'18", 10°06'50").

Man geht 50 m zurück bis vor die Kurve. Hier befinden sich zwei dunkle mafische ***Gänge vom Orano-Typ*** im porphyrischen Granit der Sant'Andrea-Fazies. Die granodioritischen Orano-Gänge stellen die jüngste Generation im magmatischen Zyklus Westelbas dar und enthalten die größte Mantelkomponente (Abb. 7, 8). Die 20–40 cm mächtigen Gänge sind feinkörnig, enthalten aber kleinere porphyrische Biotite, Quarze und Plagioklase sowie die typischen großen Alkalifeldspatkristalle. Die porphyrischen Kristalle stammen aus dem umgebenden Granit/Granodiorit (Sant'Andrea-Fazies) und reagierten mit dem basischen Magma aufgrund von dessen ganz anderer chemischer Zusammensetzung: die Alkalifeldspäte sind randlich sichtbar korrodiert; vor allem sind die Kristallkanten angerundet (Farbbild 89) oder von Plagioklassäumen umgeben. Auch die Plagioklase sind randlich angelöst und von Reaktionssäumen umgeben (Farbbild 90). Die porphyrischen Quarze bilden oft groteske Korrosionsformen mit tief eingreifenden Resorptionsschläuchen (Farbbild 91), was man aber nur im Dünnschliff erkennen kann.

Die meisten der großen Alkalifeldspäte wurden während der Intrusion der Gänge subparallel zum Gangrand eingeregelt. Die Orano-Gänge sind in den Granit eingedrungen, als dieser noch nicht ganz erstarrt war. Die Ganggrenzen sind deshalb nur zum Teil scharf und geradlinig, zum Teil unruhig und stark gekrümmt. In den porphyrischen Alkalifeldspäten kann man wieder eingeschlossene Biotitringe beobachten (siehe EP 32a).

(34) Straße Colle d'Orano – Chiessi ❀

Kontaktmetamorphose im Serpentinit und in der Palombini-Formation (Einheit 4)

(a) In der Weiterfahrt in Richtung Chiessi kommt gut 2 km nach Colle d'Orano ein (vorher angekündigter) Aussichtspunkt, „Campo lo Feno" (42°46'38", 10°06'23").

30 m zurückgehend steht zum Teil schiefriger, ansonsten blockig zerbrechender ***kontaktmetamorpher Serpentinit*** an. Das nicht sehr ansprechende Gestein ist mineralogisch interessant, weil verschiedene kontaktmetamorphe Mineralneubildungen den Serpentin verdrängen. Es sind dies vor allem Anthophyllit, Cummingtonit und Talk (Tab. 2). Alle drei Minerale sind Mg-reiche, wasserführende Silikate, die in ihrer Zusammensetzung dem Serpentin ähnlich sind. Den Talk erkennt man daran, dass er sich weich und schmierig anfühlt.

(b) Bei der Weiterfahrt kommt dort, wo sich die Straße nach Chiessi hinabwindet, gut 100 m nach einer markanten Linkskurve eine Parkbucht für 3 Pkw (42°46'00", 10°06'21").

Die Aufschlüsse entlang der Straße sind zum Leidwesen der Geologen und zur Freude eines Maschendrahtherstellers, der mit einem lokalen Politiker verschwägert ist, vergittert. Hinter der Vergitterung erkennt man die hier ***kontaktmetamorphe Palombini-Formation***, wobei sich die dunklen Tonschiefer und die Hornsteinlagen durch Kornverzahnung sehr hart anfühlen. Einzelne Kalklagen sind als Charakteristikum der Formation ebenfalls enthalten. Im Dünnschliff erkennt man, dass das Gestein voll mit feinen neu gebildeten Mineralen ist, die vielfach aufgrund ihrer geringen Größe gar nicht bestimmbar sind, zum Teil aber als Diopsid und strahlige Mineralaggregate bildender Wollastonit identifiziert werden können.

Wenige Meter straßenaufwärts steht ein aplitgranitischer Gang an, dahinter folgt der kontaktmetamorphe Serpentinit.

(35) Steinbrüche von Pomonte ☻

Monte-Capanne-Pluton (Pomonte-Fazies), Xenolithe

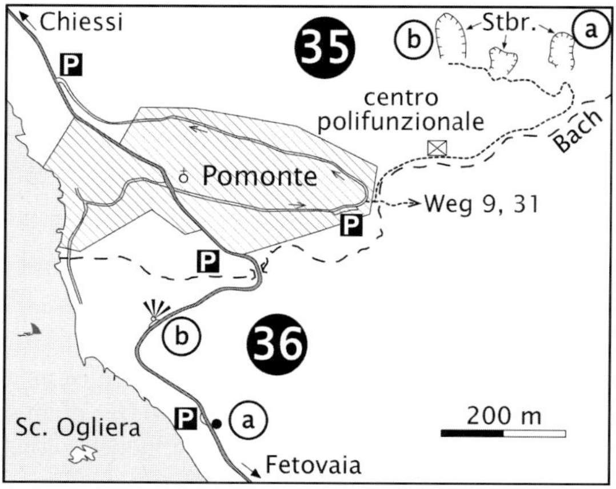

In Pomonte zweigt man von der Hauptstraße rechts der Kirche nach links in das Tal (Valle di Pomonte) ab. Knapp vor der Umbiegung am entfernten Ende des ovalen Straßenrings gibt es Parkplätze (42°44'55", 10°07'31"). Wenn die Plätze belegt sind, fährt man den Ring weiter; spätestens an dessen Ende nahe der Hauptstraße gibt es freie Parkplätze. Man folgt vor der Umbiegung des Ovals rechts dem Asphaltsträßchen mit dem Wegweiser „centro polifunzionale" (nicht über die Brücke mit den Wanderwegen 9 und 31); nach gut 100 m erreicht man das Centro, ein großes Gebäude mit einem gewölbten Dach. Links oben sieht man den 3. Steinbruch. Man geht das Sträßchen, nun sandig, noch etwa 300 m weiter. Wo der Bach kleine Kaskaden bildet, biegt es in einer Kehre nach links und führt, den Hang westwärts ansteigend, zu drei aufgelassenen Steinbrüchen. Direkt oberhalb der Kehre befindet sich der 1. Steinbruch (42°45'03", 10°07'46"). (Im nahe gelegenen Bach kann man Wasser holen, um die Einschlüsse und Schlieren im Aufschluss fotogener zu machen.)

(a) Der 1. Steinbruch zeigt den ***Monte-Capanne-Granit/Granodiorit*** in ***Pomonte- oder San-Francesco-Fazies***. Diese zeichnet sich dadurch aus, dass die Porphyr-Feldspäte deutlich seltener sind und auch die mafischen magmatischen Einschlüsse (MME) seltener und im Durchschnitt kleiner sind als in der Sant'Andrea-Fazies. In diesem Steinbruch gibt es aber einige Einschlüsse, die Durchmesser von über 1 m besitzen. Die MME zeigen häufig unscharfe Grenzen zum Granit, oder das dunkle und das helle Material bilden Schlieren, die die Durchmischung der beiden Magmen verdeutlichen. Man kann verschiedene ***Stadien der Hybridisierung*** beobachten. Vielfach erkennt man, wie das helle granitisch-granodioritische Material in die mafischen Schollen hineingepresst wurde. Besonders schön ist dies an einem Porphyr-Feldspat zu sehen, der in den mafischen Einschluss hineingedrückt wurde und hinter sich eine Spur aus hellem, granitischen Material hinterlassen hat (vgl. Farbbild 84). Dies zeigt sehr deutlich, dass die mafischen Schollen als nicht (vollständig) verfestigtes Magma vorlagen, als sie mit dem sauren Magma vermischt wurden. Die mafischen Einschlüsse stellen Quarzdiorite oder Tonalite (wenn sie etwas mehr Quarz enthalten) dar. Sie bestehen im Wesentlichen aus Plagioklas, Quarz und Biotit.

In dem Steinbruch sieht man auch eine fast 1 m lange helle, leukokrate magmatische Scholle, die im festen Zustand in das granitisch-granodioritische Magma gelangte. Dies erkennt man an der Bruchstelle, an der die Scholle an scharfen Grenzen auseinander gerissen ist. Es handelt sich um das Bruchstück eines Leukogranitganges (siehe Kapitel 7.1.3), der vom zähfließenden aufdringenden Magma erfasst und zerrissen wurde.

Die Pomonte-Fazies zeichnet sich zudem durch den höchsten Anteil an ***Xenolithen*** aus (Farbbild 92). Als Xenolithe (*griech.* Fremdgesteine) werden hier Einschlüsse von metamorphen Gesteinen verstanden, die bei der Bildung der Krustenschmelzen fest blieben bzw. nur teilweise aufgeschmolzen wurden. Sie geben somit Auskunft über das Material, aus dem der aufgeschmolzene Krustenbereich zusammengesetzt war. Die Xenolithe sind dunkle, längliche, oft verfaltete Schlieren von cm- bis dm-Größe und bestehen aus Biotitschiefern, die aus tonigen Sedimentgesteinen hervorgegangen sind. Durch die Kontaktwirkung weisen sie hochtemperierte Mineralneubildungen auf (siehe Aufschluss b). An einer Stelle ist zu sehen, wie ein Xenolith aus dem sauren Magma in einen mafischen Einschluss hineingespiesst wird: der Xenolith steckt zur Hälfte im granitisch-granodioritischen, zur anderen Hälfte im mafischen Gestein.

(b) Es lohnt sich, den Weg von der Kehre noch etwa 250 m weit zu verfolgen. Man passiert nach ca. 150 m den 2. Steinbruch, der nicht von Interesse ist, und gelangt zum 3. und größten Steinbruch, dessen linker Teil schöne Aufschlüsse im frischen Gestein zeigt (42°45'03", 10°07'37").

In den porphyrischen Alkalifeldspäten des Monte-Capanne-Granits/Granodiorits kann man häufig Biotit-Einschlussringe beobachten, vielfach auch mehrere

Ringe in einem Kristall (Farbbild 93; siehe Erklärung bei EP 32a). Die mafischen Einschlüsse sind hier bedeutend kleiner und häufig rundlich und scharf abgegrenzt oder zu länglichen Körpern ausgewalzt (Farbbild 94: ***„kohärente Bereiche"*** der Magmenmischung; siehe Kapitel 7.1.2). Zum anderen sieht man aber lange Schlieren, bei denen die Schollenform vollständig aufgelöst wurde und das mafische Material in turbulenten Streifen mit dem sauren vermischt ist (***„aktive Bereiche"*** der Magmenmischung; Abb. 9). Die Streifen geben Fließstrukturen wieder.

Daneben treten wieder ***Xenolithe*** in Form von Biotitschiefern auf. Einer der Xenolithe ist etwa einen halben Meter lang und leicht verfaltet. Die Grenzen sind zum Teil scharf, zum Teil durch Anschmelzen verschwommen. Der reichlich vorhandene Biotit ist im Dünnschliff unter dem Mikroskop rotbraun gefärbt (Farbbild 95) und zeigt damit einen hohen Titangehalt an, was typisch für hohe Bildungstemperaturen ist. Das Gestein wurde teilweise aufgeschmolzen; auch der Biotit wurde angeschmolzen, was etwa 800 °C erfordert. Weitere Bestandteile des Schiefers sind feinnadeliger Sillimanit („Fibrolith"; Al_2SiO_5), der in Büscheln konzentriert vorkommt, Korund (Al_2O_3), der im Kern deutlich blau gefärbt ist (Varietät Saphir!), ein eisenreicher Spinell (Hercynit; $Fe^{+2}Al_2O_4$), Plagioklas und Alkalifeldspat (Farbbilder 95, 96). Quarz fehlt. Diese Mineralassoziation zeigt einen sehr Al-reichen und relativ Si-armen Chemismus an. Bei der Anschmelzung im Kontakt zum heißen umgebenden Granit gingen durch inkongruente Schmelzung vor allem Silicium und Alkalien bevorzugt in die Schmelze und wurden damit dem Xenolith entzogen, während Aluminium im Xenolith passiv angereichert wurde, so dass sich Korund bilden konnte.

(36) Straße südlich von Pomonte ❀

Aplite in kontaktmetamorphem Radiolarit, Entlastungsklüfte im Granit/Granodiorit; [Lageskizze S. 194]

Pomonte nach Süden verlassend gelangt man 500 m nach der Brücke über das Valle di Pomonte und hinter einer ausgeprägten Linkskurve an einen Rastplatz mit Parkmöglichkeit für 3 Pkw (42°44'41", 10°07'19") und Aussicht aufs Meer und die kleine Insel Ogliera.

(a) Über der Straßenmauer sieht man wenige Zentimeter bis 1 m mächtige ***Aplitgänge*** unterschiedlicher Orientierung in kontaktmetamorphem, quarzitischem Radiolarit. Drei Gänge bilden einen sechsstrahligen Stern (Farbbild 97). Die Gänge sind reich an Turmalin. Turmalin findet sich auch in quergreifenden Klüften, die Gang und Nebengestein durchsetzen. Die Radiolarite sind grau mit einigen weißen Lagen, die ursprünglich rote Farbe ging vollständig verloren. Das Korngefüge ist durch die thermische Metamorphose beeinflusst, so dass das Gestein durch feste Kornbindungen eine hohe Zähigkeit erlangte und petrographisch als Quarzit anzusprechen ist. Teilweise ist das Gestein mit sehr feinen Kontaktmineralen durchsetzt (die kurze Erhitzung erlaubte kein Größenwachstum der Kristalle), was man aber mit freiem Auge nicht wahrnehmen kann.

Die Aplitgänge sind nicht für die Kontaktmetamorphose verantwortlich, weil sie mit ihrem kleinen Volumen und der großen Oberfläche schnell abkühlen und daher nur eine mm-breite Randzone thermisch beeinflussen können. Das Nebengestein ist hingegen durchgreifend kontaktmetamorph verändert, was ein Hinweis auf die unmittelbare Nähe des Monte-Capanne-Plutons ist.

(b) Geht man die Straße 200 m zurück bis hinter die Kurve, so dass man den Blick auf Pomonte und den Monte San Bartolommeo dahinter hat, sieht man glatte Felsplatten im Monte-Capanne-Granit/Granodiorit (Farbbild 98). Die glatten Flächen stellen Entlastungsklüfte dar. Solche Klüfte bilden sich in massigen Gesteinen bei rascher Entlastung durch Abplatzen parallel zur Landoberfläche. Die Klüfte gehen vermutlich auf den Abgleitvorgang der Gesteine über dem Pluton nach dessen Platznahme und Aufstieg zurück.

(37) Halbinsel Fetovaia ❀ ✪

Gabbro (Einheit 4c)

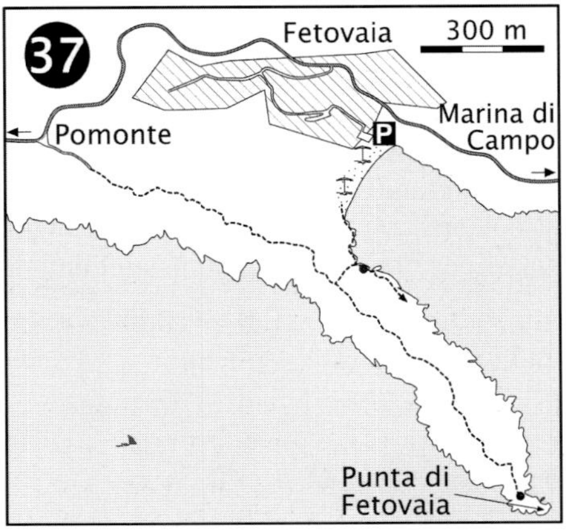

Fährt man von Pomonte die „Ringstraße“ um den Monte Capanne weiter in Richtung Seccheto, gelangt man nach etwa 3 km zu dem Weiler Fetovaia, von dem ein Sträßchen zum Strand hinunter führt, wo es kostenpflichtige Parkmöglichkeiten gibt (42°44‘00“, 10°09‘13“).

Die Halbinsel Fetovaia ist Privatgrund, kann aber vom Badestrand der Bucht aus erkundet werden: entweder etwas mühsam zu Fuß direkt an der Küste mit ihren schroffen Felsen, oder schwimmend, oder mit einem Boot (mit dem man die landschaftlich reizvolle Punta di Fetovaia, die Spitze der Halbinsel, leicht erreichen kann). Der Exkursionspunkt wurde trotz seiner schlechten Erreichbarkeit in den Führer aufgenommen, weil sich hier der beste Aufschluss im Gabbro befindet.

Der ***Gabbro*** ist grob- bis großkörnig entwickelt und lässt die hellen Plagioklase und die Klinopyroxene mit ihren glänzenden Spaltflächen erkennen. Nahe des Strands von Fetovaia ist er schiefrig entwickelt; die Schieferung wurde vermutlich bei Durchbewegung während der Erstarrung in der ozeanischen Kruste aufgeprägt. ***Doleritgänge*** (Dolerit ist ein Ganggestein mit gabbroid-basaltischer Zusammensetzung), die porphyrische Plagioklase enthalten, durchschlagen den Gabbro und sind undeformiert. Etwas weiter entlang der Küste Richtung Punta di Fetovaia finden sich im nun undeformierten Gabbro bis zu 10 cm große Plagioklase (pegmatitische Fazies; siehe EP 12). In einer Felsbucht, hinter der Stelle, an der ein Zaun und ein Pfad vom Hügel herunterziehen, gibt es Massen mit viel Plagioklas und cm-großen schwarzen Hornblendekristallen. Auch sonst kommt es immer wieder vor, dass die Pyroxene schmale Hornblenderänder aufweisen.

An der Punta di Fetovaia gibt es beim verfallenen Turm normalkörnigen Gabbro und Doleritgänge mit porphyrischen Plagioklasen, weiter unten gegen das Kap wieder großkörnigen Gabbro.

Bei den teilweise pegmatitischen Gabbros der Halbinsel Fetovaia handelt es sich vermutlich wie bei Rio nell'Elba (EP 12) nicht um die normale tiefere ozeanische Kruste, sondern um die Intrusion eines bereits kristallreichen Magmas. Dafür spricht die randliche Verschieferung, die durch Deformation im heißen Zustand (d.h. bei der Intrusion) entstanden ist. Die auf Elba häufigen pegmatitischen Strukturen in den Gabbros sind ansonsten selten. Bei hohen Temperaturen können (die ansonsten „trockenen", also wasserfreien) Gabbros im Beisein einer wässrigen fluiden Phase entstehen; die wässrigen Fluide werden für das Größenwachstum der Kristalle benötigt, da sie eine hohe Elementmobilität im intergranularen Raum garantieren. Bei niedrigeren Temperaturen wird das „trockene" Mineral Pyroxen, ein Hauptbestandteil des Gabbros, im Beisein wässriger Fluide hingegen instabil und in Amphibol umgewandelt.

(38) Steinbruch von San Piero in Campo ☻

Monte-Capanne-Pluton (San-Piero-Fazies), Strukturen

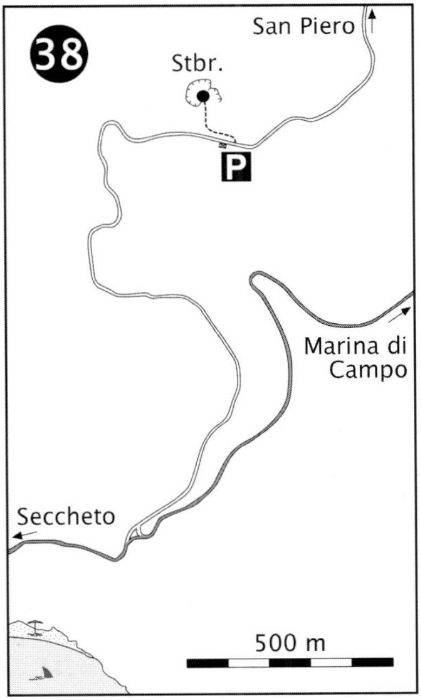

Von Fetovaia kommend durchfährt man Seccheto. Auf der Weiterfahrt in Richtung Marina di Campo gelangt man nach etwa 3 km an die Abzweigung nach San Piero in Campo. Diese Abzweigung erreicht man in der Gegenrichtung, von Marina di Campo in Richtung Seccheto (knapp 3 km). Von hier nimmt man die Straße nach San Piero. Nach 1,6 km parkt man hinter einer alten Scheune an der Straße rechts (2-3 Pkw; 42°44‘45“, 10°12‘35“). Oberhalb der Straße führt ein verwachsener Fahrweg zu dem aufgelassenen Steinbruch (100 m). Dieser wird in der Literatur auch als Steinbruch von Bontempelli beschrieben.

Der Steinbruch zeigt den ***Monte-Capanne-Pluton*** in der ***San-Piero-Fazies***. Diese zeichnet sich im Vergleich zu den anderen Fazies vor allem durch ihre Armut an porphyrischen Alkalifeldspäten aus. Auch die mafischen Einschlüsse sind nochmals seltener als in der Pomonte-Fazies und generell klein, meist rundlich und scharf abgegrenzt. Die Hybridisierung ist in dem homogen aussehenden Gestein jedoch stärker vorangeschritten als in den beiden anderen Fazies, was sich unter anderem in dem relativ niedrigen SiO_2-Gehalt (knapp 67 Gew.-%) und einer vorwiegend granodioritischen Zusammensetzung widerspiegelt.

Xenolithe sind im Steinbruch immer wieder zu finden. Sie sind ebenfalls klein – ihre Länge bleibt unter 20 cm – und seltener als in der Pomonte-Fazies. Die Xenolithe zeichnen sich durch ihre schmale längliche Form mit meist spitz zulaufenden Enden sowie durch eine deutliche Schieferung und Biotit-Reichtum aus.

Im linken oberen Teil der Steinbruchwand liegen überhängende Kluftflächen frei, die mit streng parallel angeordneten, fast vertikal stehenden schwarzen Turmalinnadeln dicht bewachsen sind (Farbbilder 99, 100). Die Turmaline sind zu ***Besenstrukturen*** gruppiert (Farbbild 99). Besenstrukturen bilden sich, wenn sich Klüfte, das sind feine Dehnungsrisse im Gestein, schlagartig von einem Initiationspunkt weg ausbreiten. Der Initiationspunkt ist in der Regel eine Unregelmäßigkeit im Gestein, im Fall des Granodiorits möglicherweise einer der großen Feldspäte. Von ihm ausgehend bilden sich auf der Kluftfläche Riefen oder Stufen mit einem flachen Relief, die gekrümmt auseinander laufen, so dass eine besenartige oder federartige Struktur (*engl.* „plumose structure") entsteht. Die genetische Interpretation der Strukturen ist umstritten. Im vorliegenden Aufschluss erfolgte die Ausbreitung der Bruchfläche von links nach rechts.

Im unteren Teil des Steinbruchs findet man schmale, um 1 cm mächtige ***Aplitgängchen***, die in gleichartig orientierte (sehr steil nach WNW einfallende) Klüfte eingedrungen sind und in ihrer Mitte ebenfalls schnurartig aufgereihte Turmalinkristalle führen. Die Turmaline in den Klüften und Apliten wurden aus Bor-reichen Fluiden ausgefällt, die im späten Stadium der magmatischen Aktivität aufgedrungen sind. Die strenge Einregelung der Turmaline (Farbbild 100) ist schwer zu erklären. Sie geht nicht eindeutig auf eine vertikale Bewegung entlang der (bereits vorhandenen) Bruchfläche zurück, weil die Kristalle nicht auf den Stufen anwuchsen und in sich öffnende Freiräume hineinwuchsen und weil auch keine Harnischbildung (Politur mit Striemung) auf der Fläche zu sehen ist.

Links im Steinbruch befinden sich zwei ***Störungen***, die keinen Turmalin führen (und daher wahrscheinlich jünger sind), steil nach NNE fallen und eine nach ENE abtauchende Striemung aufweisen. Die Störung an der linken Begrenzungswand des Steinbruchs ist eine Harnischfläche mit Quarzfasern an Bruchstufen, die den schrägen Bewegungssinn als aufschiebend und sinistral anzeigen. Die rechte der beiden Störungen führt keine Fasern, ist aber voll von Bruchstufen und weist wenige, schlecht bestimmbare Riedel-Scherflächen auf – beides bestätigt denselben Bewegungssinn wie auf der anderen Fläche.

(39) Wanderung Cavo – Porto Azzurro ❀

Schichtfolge Ostelbas, vorwiegend der Liguriden (Einheiten 4b,c)

Zum Abschluss seien noch geologische Wanderungen angeboten, zuerst eine am Kamm des Sporns von Nordostelba. Sie bietet gegenüber den einzelnen Exkursionspunkten geologisch nichts Neues, ist aber alleine wegen ihres landschaftlichen Reizes und der schönen Aussicht empfehlenswert. An besonders klaren

Tagen sieht man von den Höhen des Bergkamms alle anderen Inseln des Toskanischen Archipels (Capraia, Gorgona, Giannutri, Giglio, Montecristo und Pianosa), das toskanische Festland von den Apuaner Alpen im N bis zur Halbinsel Argentario im S, und Korsika beiderseits des Monte Capanne. Der Pfad, der – vom Anfang und Ende der Tour abgesehen – nicht auf Straßen und Wirtschaftswegen verläuft, bietet im Frühjahr auch eine wunderbare Flora mit Zistrosen, Ginster, Affodill und Orchideen.

Die ganze Tour benötigt etwa 5 Stunden Wanderzeit. Es wird empfohlen, das Auto in Porto Azzurro abzustellen, mit dem Bus nach Cavo zu fahren und von dort nach Porto Azzurro zurück zu wandern. Busfahrpläne bekommt man im Tabacchi-Laden; die Busse verkehren ausreichend häufig und zuverlässig. Man kann die Tour auch von Cavo nach Rio nell'Elba (Auto dann dort abstellen), 3–3¼ h, oder von Rio nell'Elba nach Porto Azzurro (2-2¼ h) durchführen.

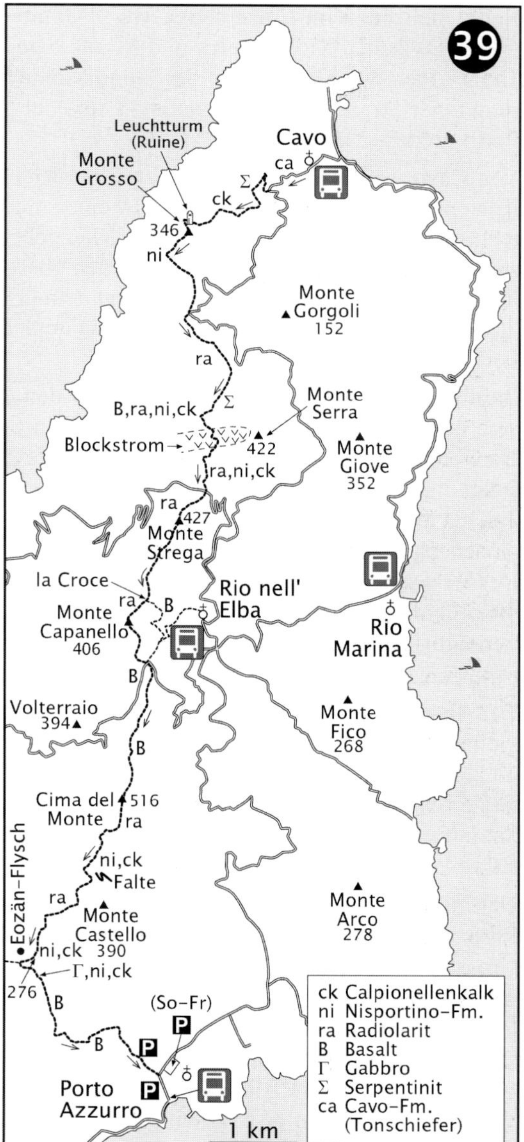

Reine Gehzeiten im Einzelnen: Cavo – Monte Grosso ca. 1h; Monte Grosso – Pass zwischen Monte Serra und Monte Strega (Querung einer Straße) ca. 1h 05‘; Pass zwischen Monte Serra und Monte Strega – Pass le Panche (Querung einer Straße) 55‘; Le Panche – Cima del Monte 35‘; Cima del Monte – Porto Azzurro 1h 15‘.

Von Cavo wandert man auf der Straße in Richtung Rio nell‘Elba (nicht die Küstenstraße!) ca. 1 km bzw. 15‘. In einer markanten Linkskurve folgt man rechts dem Wegweiser „Solana Alta“. Man geht das schmale Asphaltsträßchen steil hinauf, das bald in ein Sandsträßchen übergeht. Nach 5‘ erreicht man den Kamm in einem flachen Sattel und folgt dem GTE (Grande Traversata Elbana; hier Weg Nr. 61) nach links. Bisher standen immer wieder die Tonschiefer (Cavo-Formation) der Einheit 3b an.

Bald danach biegt das Sandsträßchen bei den letzten Häusern (hier befindet sich ein kleiner aufgelassener Steinbruch in Serpentinit) scharf nach links. Nach 200 m zweigt der markierte Pfad rechts ab, verläuft vorerst noch flach, steigt dann aber allmählich den Hang an. Es finden sich Kalkbrekzien, die zum Teil ein löchriges Aussehen annehmen. Es ist dies die brekziierte Basis des Calpionellenkalks der Monte-Grosso-Formation (Einheit 4b, Monte-Grosso-Schuppe). Der Weg schlängelt sich schließlich in Serpentinen den Hang hinauf. Der Calpionellenkalk steht bis zum Gipfel des Monte Grosso (auf dem ein verfallener Leuchtturm steht; 346 m) und darüber hinaus an. Manche der Kalkbänke sind etwas kieselig, was an der bräunlichen Verwitterung erkennbar ist.

Der Abstieg vom Monte Grosso nach SW führt 75 m unter dem Gipfel in einen kleinen Sattel. Hier steht die Nisportino-Formation an, die an den kieseligen und tonigen Einschaltungen, die manchmal rot gefärbt sind, erkennbar ist. Unter dem Sattel taucht eine Antiklinale mit Radiolarit und Nisportino-Formation hindurch; der Radiolarit erreicht den Weg hier aber nicht. Die Falte ist von der Fähre Portoferraio–Piombino gut zu sehen.

Der markierte Weg taucht im weiteren Verlauf in einen schönen Steineichen–Erdbeerbaum–Baumheide-Wald ein und verläuft in Calpionellenkalk (Monte-Grosso-Formation) und Nisportino-Formation. Nach 20‘ vom Gipfel berührt der Weg die Straße. Von hier aus führt er für etwa 200 m entlang einer Stromleitung, bis diese einen ersten Rücken erreicht. Dort biegt der Weg scharf nach links. 15‘ nach der Berührungsstelle mit der Straße wechselt das Gestein von Calpionellenkalk zu Radiolarit. Nach weiteren 5‘ erreicht man einen breiteren Weg (Radiolarit), der alsbald wieder in einen schmalen Wanderpfad übergeht. Hier betritt man Serpentinit-Areal.

Sobald der Blick auf den Monte Capanne frei wird (und man bereits aus dem Wald in die Garrigue getreten ist), kommt eine wechselhafte Gesteinsabfolge, die eine Antiklinale mit erheblichen Komplikationen innerhalb der Monte-Grosso-Schuppe darstellt. Zuerst steht Radiolarit an, dann Kalke, die zur Nisportino-Formation gehören, gleich danach Basalt, wieder Nisportino-Formation und auf eine längere Strecke Radiolarit.

Wo der Weg ein breiteres Tal, das Valle delle Fiche, quert – Steinmauern künden von einer ehemaligen Bewirtschaftung –, liegen große Kalkblöcke (Calpionellenkalk, Nisportino-Formation) herum. Sie sind Teil eines Blockstroms, der das Tal und Teile seiner Flanken bedeckt. Die z.T. dicken, in etwa hangparallel einfallenden Tonsteinlagen der Nisportino-Formation sind dafür verantwortlich, dass die Schichten vom Monte Serra abgeglitten und zu einem über 1 km langen Blockstrom zerfallen sind. Solche Blockströme sind rund um den Monte Serra mehrfach zu beobachten.

Hinter dieser Stelle folgt Radiolarit mit flachwelligen Falten, Nisportino-Formation, wieder Radiolarit und schließlich Calpionellenkalk, der den Weg bis zum Pass zwischen Monte Serra und Monte Strega begleitet. Von hier kann man auch die Straße links hinunter nehmen und nach Rio nell'Elba gehen (wird nicht empfohlen!).

Über den Pass verläuft die tektonische Grenze zwischen Monte-Grosso-Schuppe (Einheit 4b) und der Cima-del-Monte-Decke (Einheit 4c). Die Ophiolithe, die die Grenze markieren, sind aber gerade im Passbereich ausgequetscht. Man folgt dem GTE über den Monte Strega (427 m) und den Monte Capannello bis zum Pass le Panche (EP 14). Der Weg verläuft großteils im Radiolarit, hinter der Einsattelung la Croce und am Abstieg vom Monte Capannello zum Pass le Panche in Basalt.

Vom Pass le Panche führt ein Fahrweg, der durch das Schild „Einfahrt verboten“ gekennzeichnet ist und von der Hauptstraße links steil hinunter abzweigt, nach Rio nell'Elba, das in knapp 15' zu erreichen ist, wenn man die Tour hier abbrechen will. Man kann Rio auch schon vom Sattel la Croce in der gleichen Zeit erreichen. Das geologisch interessanteste und landschaftlich schönste Stück des Weges hat man nun hinter sich.

Von le Panche führt ein breiter Weg auf die Cima del Monte, die meiste Zeit in Basalt, zuletzt in Radiolarit. Von diesem höchsten Gipfel Ostelbas (516 m) tritt der Weg, der mit der Zeit breiter wird und bis Porto Azzurro stetig bergab führt, bald in den Calpionellenkalk bzw., an den tonigen Einschaltungen zu erkennen, die Nisportino-Formation ein. In der Einsattelung vor dem Monte Castello, der aus Radiolarit besteht, sieht man östlich des Weges eine Falte im Zehnermeter-Maßstab, die durch knickartige Scharnierbereiche (in der Antiklinale von einer Störung begleitet) im dickbankigen Kalk gekennzeichnet ist. Die Falte ist vom Monte Castello, auf den sich ein kurzer Abstecher lohnt, besonders schön zu sehen (siehe auch EP 18). Weiter auf dem Weg in Richtung Porto Azzurro quert man Radiolarit, Nisportino-Formation und Calpionellenkalk.

In einem Sattel, P. 276 in der Karte, stehen schwarze, deformierte Schiefertone mit Kalklagen an, die schwer zuzuordnen sind (Nisportino-Formation, Palombini-Formation, Paläogen-Flysch?). Paläogen-Flysch (Einheit 5a) findet sich hier tatsächlich in einem schmalen Span zwischen der Cima-del-Monte-Decke (Einheit 4c) und dem Oberkreide-Flysch (Einheit 5b). In dem nach rechts Richtung San Stefano durch Buschwald hinunter führenden Pfad findet man in der ersten Kehre schlechte Aufschlüsse von Sandsteinen mit dunklen Körnern, die Ophiolithmaterial darstellen – ein Abstecher lohnt kaum. Dies ist für den Paläogen-Flysch typisch.

Man folgt weiter dem breiten fahrbaren Weg für ein paar Zehnermeter, biegt aber dann scharf nach links, ebenfalls einem breiten Weg folgend, um. Hier findet man am Weg immer wieder Rollstücke oder auch schlechte Aufschlüsse von Sandsteinen des Oberkreide-Flyschs (Einheit 5b) und der darin enthaltenen Capo-Bianco-Aplite. Der Weg führt bald wieder aus dieser Einheit heraus. In einem Kiefernwäldchen sind wieder Calpionellenkalke in kleinen Felsaufschlüssen zu sehen. Bevor der Weg sich stark abwärts neigt, tritt sehr stark verwitterter Gabbro zutage, der zu Grus zerfällt, aber an den typischen Pyroxenen mit ihren Spaltflächen zu erkennen ist. Der nun nach Porto Azzurro abfallende Weg läuft zur Gänze im Basalt, der schlecht aufgeschlossen, aber an den braun verwitternden Böden zu erkennen ist, bis er vom Quartär der Talfüllung überdeckt wird. Stellenweise kann man erkennen, dass der Basalt Kissen bildet.

(40) Wanderungen am Monte Capanne ❀

Monte-Capanne-Pluton, Tafoni

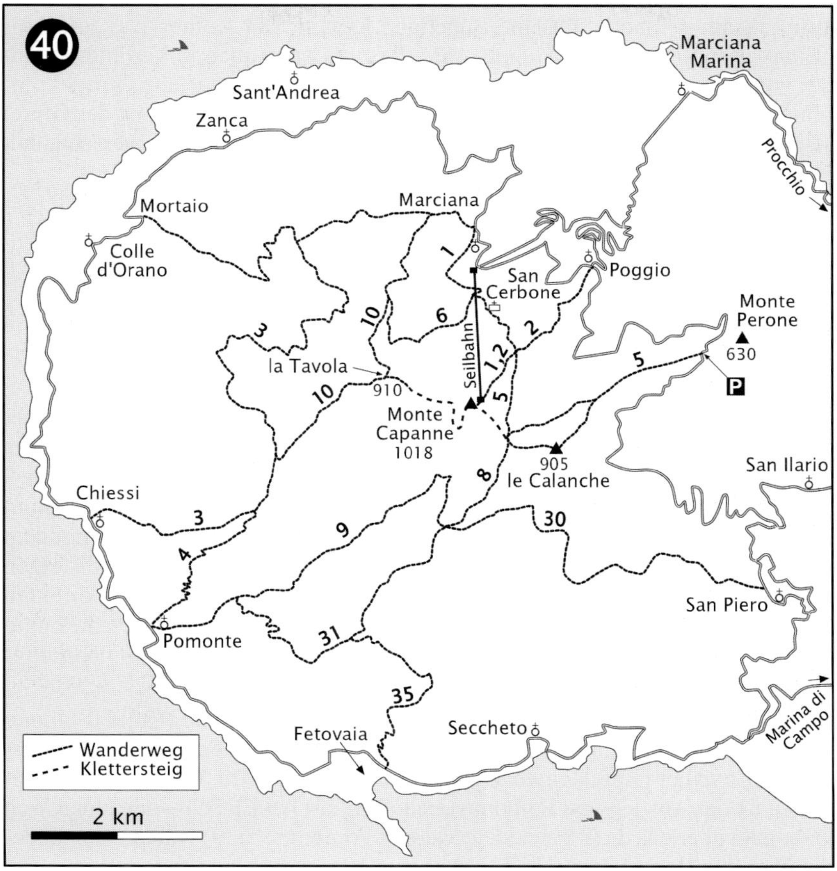

Viele Wege führen nicht nur nach Rom, sondern auch auf den Monte Capanne, der mit seinen 1018 m einen durchaus alpinen Charakter aufweist. Sie haben alle ihren bergsteigerischen und landschaftlichen Reiz, und man kann den Granit/Granodiorit des Monte-Capanne-Plutons und vielerorts auch die Tafoni (Farbbild 102) studieren, die nicht nur in Küstennähe, wo das reichliche Spritzwasser aus dem Meer die Tafonibildung begünstigt, sondern auch bis hoch hinauf ins Gebirge zu beobachten sind (zur Erklärung dieser auffälligen Verwitterungsformen siehe EP 2a). Geologisch bringt der Monte Capanne gegenüber den beschriebenen Aufschlüssen nichts Neues. Trotzdem wird hier auf einige Wege aufmerksam gemacht, die eine Begehung lohnen. Der Rother-Wanderführer „Elba" leistet hierzu gute Dienste. Alle Wege können auch in Verbindung mit der von Marciana weggehenden originellen Gondelbahn auf den Gipfel kombiniert werden. Der einzige hässliche Punkt des Monte Capanne ist der Gipfel selbst, der durch einen Radarmast, Zubauten und einen Käfigzaun verschandelt ist – aber eine gute Aussicht bietet.

Der Anstieg vom Monte Perone im Osten (Weg Nr. 5) ist der kürzeste, weil hier die Straße den Rücken auf 600 m Höhe quert. Man kann den Anstieg über den felsigen Vorgipfel le Calanche (905 m; Farbbild 103) und über den seit wenigen Jahren gesicherten, unschwierigen Klettersteig an der Ostflanke des Gipfelaufbaus wählen (genüssliches Plattengehen im Granit). Als Abstieg kann man den gemütlichen Weg wählen, der vom Abstiegsweg nach Marciana (Nr. 1) rechts abzweigt (wieder Nr. 5).

Ein besonderes Erlebnis ist der etwas anspruchsvollere Klettersteig, der über den Westgrat den Gipfel erreicht (Farbbild 104). Man kann hierfür in Marciana losgehen (Nr. 1), knapp vor San Cerbone den Weg Nr. 6 und dann, im spitzen Winkel zurück, Nr. 10 nehmen und im Sattel la Tavola auf 910 m den W-Kamm zum Monte Capanne gehen, der schließlich in den schroffen Westgrat mit dem Klettersteig übergeht. Knapp vor dem Gipfel muss man rechts hinabsteigen und hinter einer Rippe wieder hinauf. Als Abstieg nimmt man den direkten Weg vom Gipfel über San Cerbone nach Marciana (Nr. 1) oder nach Poggio (Nr. 2). Oberhalb Marciana befinden sich herrliche (und im Oktober nahrhafte) Kastanienwälder.

Reizvolle Anstiege befinden sich auf der West- und Südseite (Colle d'Orano/ Mortaio, Chiessi, Pomonte, Fetovaia), obwohl man hier die gesamte Höhe leisten muss und der Gipfel teilweise nicht direkt erreicht wird. Besonders zu empfehlen ist der Anstieg von Pomonte (siehe Anfahrt bei EP 35) – den einen Weg kann man über das dicht bewaldete Valle di Pomonte (Nr. 9) wählen, den anderen über den Bergrücken (Nr. 31). Auf dem letztgenannten Pfad trifft man immer wieder Caprile, die aus umliegenden Steinen errichteten Hirtenunterstände (Farbbild 101), oder die löchrigen Verwitterungsformen der Tafoni (Farbbild 102; siehe Erklärung bei EP 2a) an. Im oberen Teil des Weges auf den Gipfel entspricht dann die Anstiegsroute der Abstiegsroute (Nr. 8), wenn man nicht eine größere Tour mit anderem Endpunkt wählt. Für den letzten Gipfelanstieg kann man wieder den Klettersteig an der Ostseite nehmen.

Zitierte Literatur

Babbini, A. (1996): Geologia delle Liguridi dell'Elba centrale tra la Piana di S. Giovanni (Portoferraio) e M. Capo Stella, ad ovest dell'allineamento Poggio Corsetti – Bucine. – Unpubl. Thesis Univ. Firenze, 92 pp.
Barrett, T.J. (1981): Chemistry and mineralogy of Jurassic bedded chert overlying ophiolites in the North Apennines, Italy. – Chemical Geology **34:** 289–317.
Barrett, T.J. (1982): Stratigraphy and sedimentology of Jurassic bedded chert overlying ophiolites in the North Apennines, Italy. – Sedimentology **29:** 353–373.
Bigazzi, G., Bonadonna, F.P., Ferrara, G. & Innocenti, F. (1973): Fission track ages of zircons and apatites from Northern Apennines ophiolites. – Fortschr. Mineral. **50:** 51–53.
Bonatti, E., Honnorez, J. & Gartner, S. (1973) Sedimentary serpentinites from the Mid-Atlantic ridge. – J. Sed. Petrol. **43:** 728–735.
Bortolotti, V., Gardin, S., Marcucci, M. & Principi, G. (1994) The Nisportino Formation: a transitional unit between the Mt. Alpe Cherts and the Calpionella Limestones (Vara Supergroup, Elba Island, Italy). – Ofioliti **19:** 349–365.
Bortolotti, V., Cellai, D., Chiari, M., Vaggelli, G. & Villa, I.M. (1995): $^{40}Ar/^{39}Ar$ dating of Apenninic ophiolites: 3. Plagiogranites from Sasso di Castro, Northern Tuscany, Italy. – Ofioliti **20:** 55–65.
Bortolotti, V., Fazzuoli, M., Pandeli, E., Principi, G., Babbini, A. & Corti, S. (2001): Geology of central and eastern Elba island, Italy. – Ofioliti **26** (2a): 97–150.
Bouillin, J.-P., Poupeau, G. & Sabil, N. (1994) Etude thermo-chronologique de la dénudation du pluton du Monte Capanne (île d'Elbe, Italie) par les traces de fission. – Bull. Soc. Géol. France **165:** 19–25.
Carta geo-mineralogica dell'Isola d'Elba (1995) 1:50 000. – Società elaborazioni cartografiche (S.EL.CA.), Firenze.
Conticelli, S., Bortolotti, V., Principi, G., Laurenzi, M.A., D'Antonio, M. & Vaggelli, G. (2001): Petrology, mineralogy and geochemistry of a mafic dike from Monte Castello, Elba Island, Italy. – Ofioliti **26** (2a): 249–262.
Deino, A., Keller, J.V.A., Minelli, G. & Pialli, G. (1992): Datazioni $^{40}Ar/^{39}Ar$ del metamorfismo dell'Unità di Ortano–Rio Marina (Isola d'Elba): risultati preliminari. – Studi Geologici Camerti, Vol. Spec. (1992/2), CROP 1-1A: 187–192.
De Stefani, C. (1914): Fossili paleozoici dell'Isola d'Elba. – Rend. R. Acc. Lincei **23:** 906–913.
Dini, A., Innocenti, F., Rocchi, S., Tonarini, S. & Westerman, D.S. (2002): The magmatic evolution of the late Miocene laccolith-pluton-dyke granitic complex of Elba Island, Italy. – Geol. Magazine **139:** 257–279.
Dünkel, I. (2002): The genesis of East Elba iron ore deposits and their interrelation with Messinian tectonics. – Tübinger Geowiss, Arb. (A), **65**, 255 pp.

Dünkel, I., Kuhlemann, J. & Nohlen, U. (2003): Iron ore formation and neotectonic evolution in Elba (Tuscany, Italy) during Messinian plutonism. – N. Jb. Geol. Paläont., Abh., **230:** 391–407.

Duranti, S., Palmeri, R., Pertusati, P.C. & Ricci, C.A. (1992): Geological evolution and metamorphic petrology of the basal sequences of eastern Elba (complex II). – Acta Vulcanologica **2** (Marinelli Vol.): 213–229.

Erz, G. (2000) Sulfur isotope study on sulfides from eastern Elba island (Italy). – Unpubl. diploma thesis, Univ. Tübingen, 49 pp.

Frisch, W. & Meschede, M, (2007): Plattentektonik. Kontinentverschiebung und Gebirgsbildung. – 2. Aufl., Wiss. Buchges. u. Primus-Verlag, Darmstadt, 196 pp.

Keller, J.V.A. & Pialli, G. (1990): Tectonics of the island of Elba. – Boll. Soc. Geol. Ital. **109:** 413–425.

Le Maitre, R.W. (ed.) (2002): Igneous Rocks. A Classification and Glossary of Terms. – Cambridge University Press, 236 pp.

Lippolt, H.J., Wernicke, R.S. & Bähr, R. (1995): Paragenetic specularite and adularia (Elba, Italy): Concordant (U+Th)-He and K-Ar ages. – Earth Planet. Sci. Lett. **132:** 43–51.

Lotti, B. (1884): Carta geologica dell'Isola d'Elba alla scala 1 : 25 000. – Regio Ufficio Geologico d'Italia, Roma.

Lotti, B. (1886): Descrizione geologica dell'Isola d'Elba. – Mem. Descr. Carta Geol. d'Italia **2**, 254 pp.

Maineri, C., Benvenuti, M., Costagliola, P., Dini, A., Lattanzi, P., Ruggieri, G. & Villa, I.M. (2003): Sericitic alteration at the La Crocetta deposit (Elba Island, Italy): interplay between magmatism, tectonics and hydrothermal activity. – Mineral. Deposita **38:** 67–86.

Peccerillo, A. (2002): The Tuscan Magmatic Province. – In: Poli, G., Perugini, D., Rocchi, S. & Dini, A. (eds.): Miocene to Recent Plutonism and Volcanism in the Tuscan Magmatic Province (Central Italy). – Eurogranites 2002, Field Meeting Guide, 41–52.

Perrin, M. (1975): L'Ile d'Elbe et la limite Alpes-Apennin: données sur la structure géologique et l'évolution tectogénétique de l'Elbe alpine et de l'Elbe apennine. – Boll. Soc. Geol. Ital. **94:** 1929–1955.

Perrin, M. & Neumann, M. (1970): Présence au Nord-Est de l'île d'Elbe (Italie) d'une série de type „scisti policromi" à faune maestrichtienne. – Compte Rendu Acad. Sci. Paris, Sér. D, **270:** 2260–2263.

Perugini, D. & Poli, G. (2002): Chaotic mixing of magmas in the Tuscan Magmatic Province. – In: Poli, G., Perugini, D., Rocchi, S. & Dini, A. (eds.): Miocene to Recent Plutonism and Volcanism in the Tuscan Magmatic Province (Central Italy). – Eurogranites 2002, Field Meeting Guide, 67–76.

Rampone, E., Hofmann, A.W. & Raczek, I. (1998): Isotopic contrasts within the Internal Liguride ophiolite (N. Italy): the lack of a genetic mantle–crust link. – Earth Planet. Sci. Lett. **163:** 175–189.

Ramsay, J.G. & Huber, M.I. (1987): The Techniques of Modern Structural Geology. Vol. 2, Folds and Fractures. – Academic Press, London etc., 700 pp.

Rocchi, S., Westerman, D.S., Dini, A., Innocenti, F. & Tonarini, S. (2002): Two-stage growth of laccoliths at Elba Island, Italy. – Geology **30:** 983–986.

Serri, G., Innocenti, F. & Manetti, P. (2001): Magmatism from Mesozoic to Present: petrogenesis, time-space distribution and geodynamic implications. – In: Vai, G.B. &

Martini, I.P. (ed.): Anatomy of an Orogen: the Apennines and Adjacent Mediterranean Basins. – Kluwer Academic Publisher, 77–104.
Spohn, A. (1981): Die ophiolithführenden Gesteine von West-Elba: Stratigraphie, Tektonik, Metamorphose. – Berliner Geowiss. Abh., (A), **37**, 149 pp.
Streckeisen, A. (1976): To each plutonic rock its proper name. – Earth Sci. Rev. **12:** 1–33.
Trevisan, L. (1950): L'Elba orientale e la sua tettonica di scivolamento per gravità. – Mem. Ist. Geol. Univ. Padova **16:** 5–39.
Trevisan, L. & Marinelli, G. (1967): Carta geologica dell'isola d'Elba 1: 25 000. – Consiglio Nazionale delle Ricerche, Pisa.

Stichwortverzeichnis

1 = Seitenverweis auf den Text
1 = Hauptverweis
1 = Seitenzahl bezieht sich auf ein Farbbild, eine Abbildung oder Text *und* Abbildung

Die Stichwörter beziehen sich z.T. auch auf sachverwandte Wörter oder die zugehörigen Adjektive (z.B. Abschiebung, abschiebend, Abschiebungsfläche). Bei sehr häufig auftretenden Stichwörtern (Falten, Granit) sind nur die wichtigsten Stellen angezeigt (Hinweis: u.a.).

Ortsverzeichnis

1 = Seitenverweis auf den Text
1 = Seitenzahl bezieht sich auf ein Farbbild, eine Abbildung oder Text *und* Abbildung

Capo, Monte, Punta, Spiaggia etc. werden nachgestellt, nicht aber San(ta)

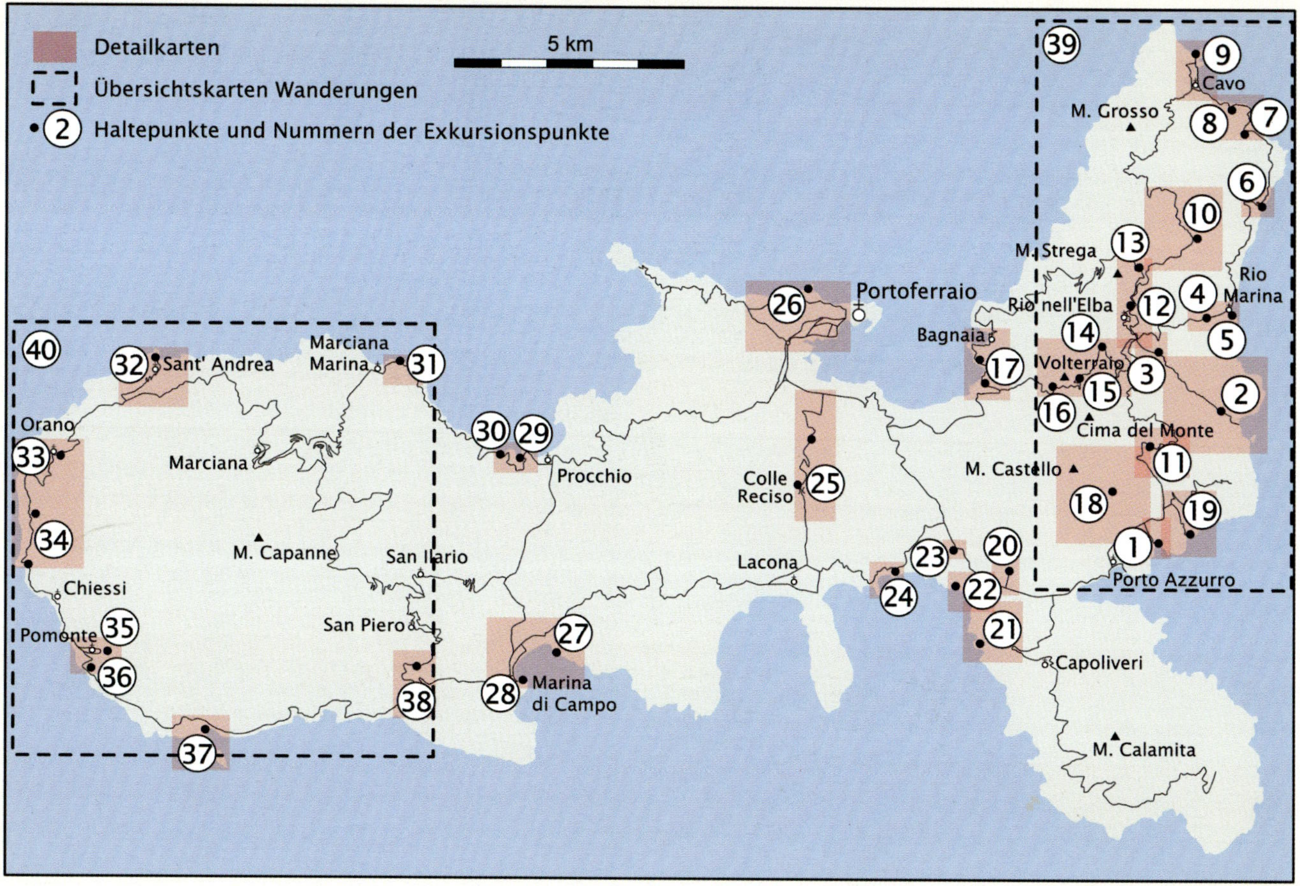
Detailkarten
Übersichtskarten Wanderungen
2 Haltepunkte und Nummern der Exkursionspunkte
5 km
Cavo
M. Grosso
M. Strega
Rio Marina
Rio nell'Elba
Volterraio
Cima del Monte
M. Castello
Porto Azzurro
Portoferraio
Bagnaia
Colle Reciso
Lacona
Capoliveri
M. Calamita
Marina di Campo
Procchio
San Ilario
San Piero
M. Capanne
Marciana
Marciana Marina
Sant' Andrea
Orano
Chiessi
Pomonte
1
2
3
4
5
6
7
8
9
10
11
12
13
14
15
16
17
18
19
20
21
22
23
24
25
26
27
28
29
30
31
32
33
34
35
36
37
38
39
40

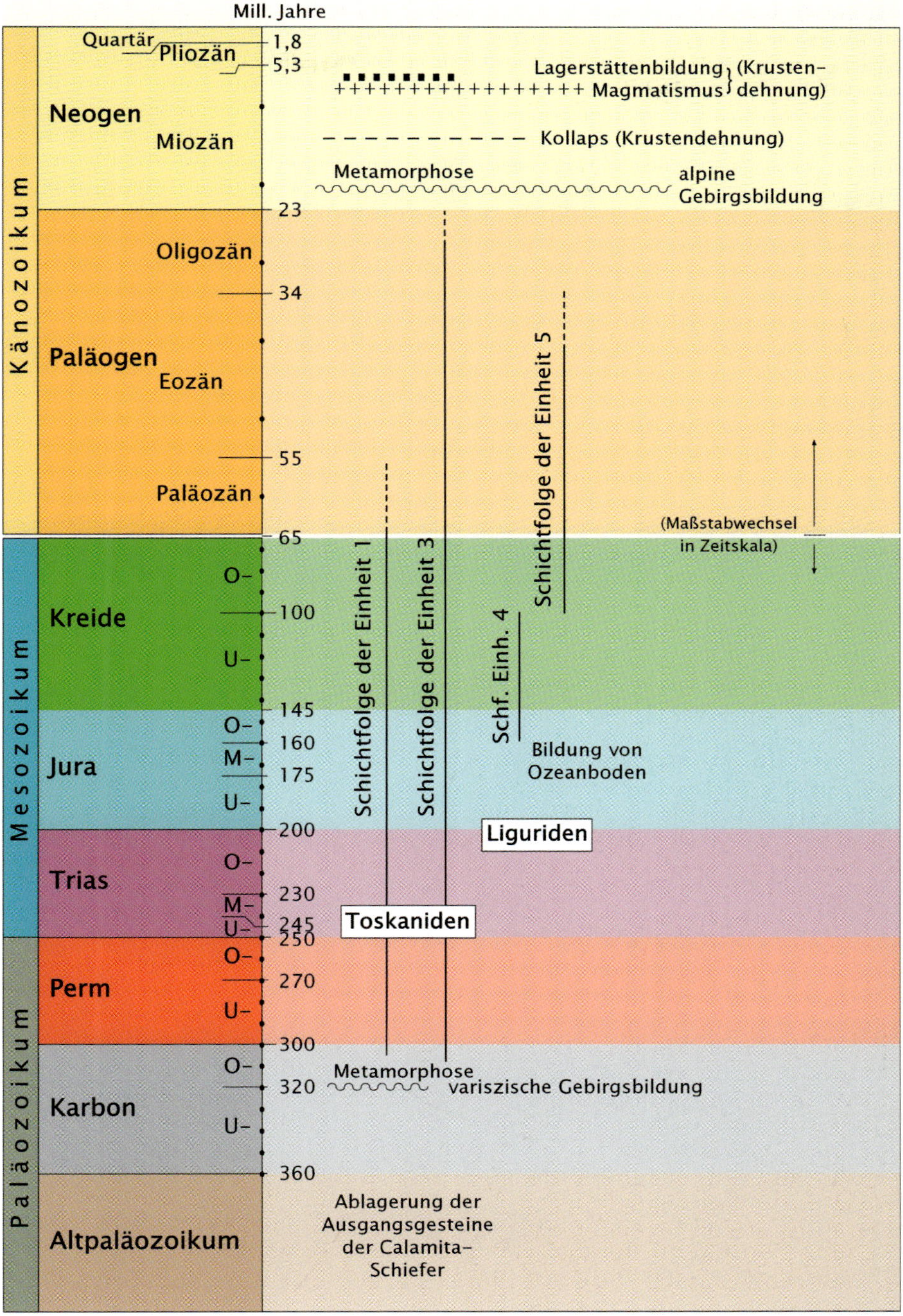

Mill. Jahre
Känozoikum
Mesozoikum
Paläozoikum
Quartär
Pliozän
Neogen
Miozän
Oligozän
Paläogen
Eozän
Paläozän
Kreide
O-
U-
Jura
O-
M-
U-
Trias
O-
M-
U-
Perm
O-
U-
Karbon
O-
U-
Altpaläozoikum
1,8
5,3
23
34
55
65
100
145
160
175
200
230
245
250
270
300
320
360
Lagerstättenbildung
Magmatismus
(Krusten-
dehnung)
Kollaps (Krustendehnung)
Metamorphose
alpine
Gebirgsbildung
Schichtfolge der Einheit 1
Schichtfolge der Einheit 3
Schf. Einh. 4
Schichtfolge der Einheit 5
(Maßstabwechsel
in Zeitskala)
Bildung von
Ozeanboden
Liguriden
Toskaniden
Metamorphose
variszische Gebirgsbildung
Ablagerung der
Ausgangsgesteine
der Calamita-
Schiefer